Einfach
liebenswert...
GG-DR 79
Ein schicker Wagen, ein flottes Automobil. Kurz: ein Coupé zum Verlieben. Stark mit 60 PS, luxuriös durch die finessenreiche Ausstattung, sicher durch die solide Konstruktion.
Und ein Höchstmaß an Kofferraum! Dennoch: bescheiden in Preis, Unterhalt und Pflege. Dahinter stehen das rationelle OPEL-Fertigungssystem und ein vorbildlicher Kundendienst.
OPEL
der Zuverlässige
REKORD Coupé
ein liebenswerter Wagen

Abb. 3

AUTOMOBILWERBUNG
IN DEUTSCHLAND 1948-1968

Bilder eines Aufstiegs

Michael Kriegeskorte

DuMont Buchverlag Köln

Eine seltene Doublette!

Hübsches Mädchen - schönes Auto, diese Paarung gibt es häufig. Unser Fotograf „schoß" aber einen Wagen, der sein Baujahr **und** seinen Preis auf der Stirn trägt: den Goliath-Personenwagen. Was der Hut der Dame kostet, stand allerdings nicht darauf.

Abb. 4

Inhalt

Vorwort

Kein Industriezweig symbolisiert die wirtschaftliche Erholung Westdeutschlands nach dem Zweiten Weltkrieg wie die Automobilbranche. Und das, obwohl gerade sie besondere Schwierigkeiten zu überwinden hatte.

Einerseits war schon vor Kriegsbeginn die Produktion von Personenkraftwagen vielerorts zugunsten der Herstellung von Kriegsmaterial ausgesetzt worden, seit dieser Zeit stagnierte auch die Entwicklung der Automobiltechnik. (Der einzige in den vierziger Jahren konstruierte Personenwagen, der *Käfer* von *Volkswagen,* hatte folgerichtig später einen beachtlichen Vorsprung.) Andererseits waren große Teile der Fabrikationsstätten von den Alliierten gezielt bombardiert worden, so daß eine geregelte Produktion erst nach Jahren des Wiederaufbaus möglich war. Trotzdem gelang es den westdeutschen Automobilfirmen innerhalb von zwei Jahrzehnten, den Anschluß an internationale Maßstäbe wiederherzustellen, sich sogar eine Spitzenposition zu erarbeiten.

Dieser Erfolg war nicht nur auf technologische und marktpolitische Ursachen zurückzuführen, auch die erfolgreiche Werbung in den Printmedien, der dieses Buch gewidmet ist, trug ihren Teil dazu bei. Deren Aufgabe war es, die sich abzeichnende »Vollmotorisierung« zu etablieren, fördernd zu begleiten und, wenn möglich, argumentativ zu unterstützen.

Zunächst waren es die zahlreichen Kleinhersteller, die mit Einfallsreichtum und Flexibilität auf den Markt drängten. Ihre Anzeigen waren wie die von ihnen angebotenen Fahrzeuge aufs Notwendigste reduziert – aber wie diese funktionierten sie. Diese Autowerbung bot, indem sie auf die existentiellen Nöte der Menschen einging, ein letztes Mal eine echte »Nutzpräsentation«: Die beworbenen Wagen transportierten Lasten oder mehrere Personen preiswert und ausreichend schnell über größere Strecken, ihre Dächer schützten vor Wind und Regen. Ihre Anschaffungs- und Unterhaltungskosten standen dazu in einem, wie die Anzeigen vorrechneten, vergleichsweise günstigen Verhältnis. Noch 1955 wurden zehn verschiedene Kleinstwagen erfolgreich vermarktet.

Den renommierten Automarken, die die Produktion nach dem Krieg wiederaufgenommen hatten, gelang es nur langsam und nicht in jedem Fall, ihre Vorkriegspositionen zurückzuerobern. Zunächst stellten sie sich den neuen Mitanbietern vornehmlich mittels reiner Präsenzwerbung. Mit ihrer wirtschaftlichen Erholung und der sich durch die allmählich gesättigten Absatzmärkte verschärfenden Konkurrenzsituation wandelten sich dann die Werbestrategien aller Automobilhersteller. Mehr und mehr verkamen ursprünglich sinnvolle Argumente zum Selbstzweck, unauffällig zunächst in Begriffen wie *PS:* Anfänglich eine Vergleichsgröße zum gewerblichen Lastentransport, wurde die Leistungsstärke des Motors zunehmend zum Angebot individueller Profilierung an die Fahrer.

Noch deutlicher wurde diese Richtung in der von den Autofirmen fest in den Anzeigen verankerten »Höchstgeschwindigkeit«. Diese im Grunde drittrangige und durchaus kontrovers diskutierbare Größe wurde in der westdeutschen Automobilwerbung zum kontinuierlich gesteigerten, herausragenden Kriterium hochstilisiert. (In amerikanischen Anzeigen der fünfziger Jahre tauchte sie dagegen sehr selten auf.) In den sechziger Jahren geht es dann nur noch um die Pflege des Markenimages und das sich daraus ergebende Identifikationsangebot an die Käufer – das Auto dient von nun an vorrangig der sozialen Differenzierung.

Neben diesen allgemeinen lassen sich in den Anzeigen auch zahlreiche markenspezifische Eigenheiten entdecken. Wenn etwa *Ford* schon früh mit Slogans wie »Viel für Ihr Geld« unfreiwillig (?) sein später in der Wirklichkeit bestätigtes »Viel Auto fürs Geld« vorwegnimmt. Oder wenn *Opel* selbst sein etwas biederes Image mit Sätzen wie »Grundsolide und zuverlässig« und der Abbildung von Ohrensesseln stützt. Auch das »Auf und Ab« der *Bayerischen Motoren Werke,* die zwischen dem unrentablen großen »Barockengel« und der kleinen in Lizenz hergestellten *Isetta* eine zukunftsträchtige Linie suchen, wird in ihrer Werbung sichtbar.

Andere, wie *Borgward,* offenbaren schon in der Vielzahl ihrer Anzeigen die Problematik einer uneinheitlichen Modellpolitik: Die Bremer waren unter den Automobilherstellern die besten Anzeigenkunden der Printmedien in den fünfziger Jahren (was bereits damals zu Veröffentlichungen wie der Anzeige Abbildung 4 führte). Doch auch die rege und sicher kostspielige Insertionstätigkeit konnte ihr Schicksal nicht abwenden, ein Hinweis auf die Grenzen der Werbung.

Nahezu ideale Möglichkeiten bot im Gegensatz dazu die Selbstbescheidung des *Volkswagen*-Werks auf einen Typ. Da eine spezielle Modellprofilierung in diesem Fall nicht notwendig war, konnten die Wolfsburger das aggressionsfreie, unbeschwerte Image ihres *Käfers* kultivieren.

Einen Grund für die zunächst stockende Umsatzentwicklung der *Daimer-Benz AG* – sie ist am Absatzboom der frühen fünfziger Jahre nicht beteiligt – zeigen auch ihre Anzeigen: Die edlen Luxuscabriolets wirken in der Werbung der Nachkriegszeit fast anachronistisch. (Aber ist es nicht verständlich, daß gerade die ältesten Autohersteller, die der exklusiven privaten ›Nutzung‹ des Automobils ihren Aufstieg verdanken, der Idee von Nobelkarossen am längsten nachhängen?) Später erwies sich dann das konsequente Festhalten an der teuren Oberklasse als klug, es verhalf den Stuttgartern zu relativer Unabhängigkeit von Absatzeinbrüchen, wie sie zum Beispiel in der zweiten Hälfte der sechziger Jahre den meisten westdeutschen Herstellern ernste Sorgen bereiteten.

Bemerkenswert ist auch der erste Auftritt der fernöstlichen Konkurrenz: Wie harmlos wirkten doch diese untermotorisierten Kleinstwagen – und ihre Anzeigen.

Es gibt Marken, die in diesem Buch nicht auftauchen, zum Beispiel *Porsche.* Der Grund dafür ist das höchst seltene Erscheinen von Anzeigen im untersuchten Zeitraum. Was bei *Porsche* leicht zu erklären ist: Im Jahr 1962 zum Beispiel verkauften die Zuffenhausener 8205 Autos – bei einem Exportanteil von 70 Prozent. Da war die Beteiligung am Kampf um ein »Stück vom großen Kuchen« unsinnig. (Zum Vergleich: *Volkswagen* setzte im gleichen Jahr über eine Million Fahrzeuge ab.)

Nicht zuletzt bilden die Anzeigen für alle, die an der Entwicklung des Automobildesigns interessiert sind, detailliertes Anschauungsmaterial. Die dem veränderten Zeitgeschmack und den technischen Möglichkeiten angepaßte Formgebung wird in ihnen besonders deutlich, da sie die jeweiligen Wunschbilder der Industrie transportieren. Wie im Zeitraffer wird der an sich schon zügige Modellwechsel der fünfziger und sechziger Jahre vorgeführt: vom Neoklassizismus der Vorkriegsformen über die amerikanisch beeinflußte Stromlinie bis hin zu einem eigenständigen europäischen Funktionalismus. Der Blick auf die Werbung, die sich ganz im grafischen Stil ihrer Zeit präsentiert, erlaubt schließlich auch ein nostalgisches Eintauchen in eine vergangene visuelle Realität.

1 »Kartoffelacker« oder Industriestandort – die Stunde Null

»Deutschlands Weg zum Frieden führt zum Bauernhof«, so formuliert der Staatssekretär im amerikanischen Schatzministerium, Henry Morgenthau jr., schon im September 1944 in seinem berühmten Plan für ein besiegtes Deutschland. Die Demontage der Industrie, die Zerstörung sämtlicher Bergwerke, die Entmilitarisierung und Zwangsarbeit für die deutsche Bevölkerung sollen das Land zu »einem einzigen großen Kartoffelacker« werden lassen.[1.1]

Auch wenn dieses Vorhaben nach einem Einspruch Englands nicht zur Durchführung gelangt, so sind doch die Produktionsstätten der deutschen Automobilindustrie vor allem in der Endphase des Zweiten Weltkriegs bevorzugtes Ziel der alliierten Bomberstaffeln. Eine entsprechende Aufstellung zeigt die Konsequenzen:

Mercedes-Benz, Sindelfingen	zu 85 % zerstört,
Mercedes-Benz, Gaggenau	zu 80 % zerstört,
Borgward, Bremen	zu 80 % zerstört,
Adler, Frankfurt	zu 80 % zerstört,
Mercedes-Benz, Untertürkheim	zu 70 % zerstört,
Volkswagen-Werk, Wolfsburg	zu 64 % zerstört,
Hanomag, Hannover	zu 60 % zerstört,
Maybach, Friedrichshafen	zu 50 % zerstört,
Opel, Rüsselsheim	zu 50 % zerstört,
Büssing, Braunschweig	zu 50 % zerstört,
BMW, München	zu 30 % zerstört,
BMW, Eisenach	zu 30 % zerstört,
Phänomen, Zittau	zu 30 % zerstört.[1.2]

Auch die Kölner *Ford*-Werke werden bombardiert, jedoch läßt ein kräftiger Westwind die für die Bombengeschwader als Orientierung abgeworfenen Lichtmarkierungen nach Osten abtreiben, so daß *Ford* vor der Zerstörung weitgehend bewahrt bleibt.[1.3]

Was noch übrig geblieben ist, wird von den Alliierten aufgrund der eingangs genannten Erwägungen oder als Reparationsleistung demontiert. Teile der *BMW*-Fertigungsanlagen taugen noch als Souvenirs für die amerikanischen Soldaten.[1.4] Noch 1947 werden die *Adler*-Werke, Frankfurt – eine der berühmtesten deutschen Automarken der Zwischenkriegszeit – vollständig demontiert. Auf diese Weise erübrigen sich die Pläne der Firmenleitung, die erfolgreiche *Trumpf*-Serie wieder auferstehen zu lassen, man konzentriert sich in Zukunft auf die Produktion von Schreibmaschinen.

Vor allem die UdSSR demontiert systematisch alle in ihrer Besatzungszone liegenden Fabrikationsstätten. So verschwinden die Anlagen der *Auto-Union*-Betriebe hinter der Demarkationslinie – *DKW*/Zschopau, *Wanderer*/Chemnitz und *Horch*/Zwickau – gen Osten. Die gesamte Fertigung des *Opel Kadett* wird in die UdSSR verfrachtet, dort erscheint er ab 1946 als *Moskwitsch.*[1.5] Von der Demontage des *Ambi-Budd*-Presswerks in Berlin-Johannisthal sind gleich vier deutsche Automobilwerke

Abb. 5
Ford
Ein amerikanischer Traum 1: Großzügig an der deutschen Nachkriegsrealität vorbei – Werbung für die weltweite »*FORD*-Familie«. Aus: *Das Beste aus Reader's Digest* 11/1957

betroffen: *Adler, BMW, Ford* und *Hanomag,* für die dort Karosserieteile gefertigt worden waren.[1.6]

Doch zunächst ein Blick zurück. Im Jahr 1937 waren die Anteile an der Gesamtzahl der zugelassenen Personenkraftwagen wie folgt verteilt:

Opel	75 803 entspricht	35,01 %,
Auto Union	54 756 entspricht	25,29 %,
Mercedes-Benz	23 679 entspricht	10,94 %,
Adler	17 177 entspricht	7,93 %,
Ford	16 141 entspricht	7,45 %,
Hanomag	8 411 entspricht	3,88 %,
BMW	6 891 entspricht	3,15 %,
Hansa	5 917 entspricht	2,53 %,
Stoewer	1 024 entspricht	0,42 %,
Maybach	151 entspricht	0,08 %.[1.7]

Diese Aufstellung zeigt zunächst zwei Dinge: Einerseits wurden schon damals die meisten Autos von den Firmen produziert, deren Namen uns auch heute noch vertraut sind; die großen Drei, *Opel, Auto Union* und *Mercedes-Benz,* beherrschen mit einem Anteil von fast drei Vierteln den Pkw-Markt, importierte Autos spielen keine Rolle. Andererseits sind die angegebenen Mengen relativ gering, verglichen mit der Nachkriegsproduktion. Im Jahr 1955 stellen schon allein die *Volkswagen*-Werke mit 280 000 Einheiten deutlich mehr Pkw her als alle deutschen Automobilfabriken im Deutschen Reich des Jahres 1937 zusammen.[1.8]

Welche Rolle spielte der Zweite Weltkrieg in diesem Zusammenhang? Durch ihn erfuhr der Maschinen- und Fahrzeugbau vor und in den Kriegsjahren mit 143 Prozent den größten Zuwachs an realer Bruttoproduktion.[1.9] Die Automobilindustrie profitierte vor allem von dem stark angestiegenen Bedarf an Lastkraftwagen für die rüstende Wirtschaft, die Polizei, die Partei, das Heer und die paramilitärischen Organisationen. Dabei waren die Hauptgewinner die beiden amerikanischen Firmen *Opel* und *Ford*. Diese beiden Marken, die schon den Pkw-Bereich mit mehr als 40 Prozent belieferten, steigerten ihren Anteil im Lkw-Bereich bis zum Jahr 1937 auf über 53 Prozent.[1.10]

Schon der Erste Weltkrieg hatte die Entwicklung und Produktion von Kraftfahrzeugen in Deutschland direkt und indirekt begünstigt. Zum einen durch den enormen Bedarf an Lastkraftwagen, deren massenhafter Absatz auch die technische Entwicklung beschleunigt hatte. Zum anderen entließ er Zehntausende von jungen Männern, die vor dem Krieg nicht im Traum daran gedacht hatten, Autofahren zu lernen, als perfekte Chauffeure. Diese Fahrer verfügten auch über das damals noch sehr notwendige Know-how in bezug auf die Technik ihrer Maschinen. Sie verstanden es, kleinere Pannen selbst zu beheben, Reifen aufzuziehen und bei Reparaturen – wenn nötig – zu improvisieren. Diese neue Kundenschicht verlangte jedoch nach anderen Automobilen als sie vor dem Krieg angeboten worden waren. Das bedeutete für die Automobilentwicklung eine einschneidende Zäsur; die Wagen verloren ihren Luxuscharakter und wurden zu normalen, für jedermann beherrschbaren Verkehrsmaschinen.[1.11]

Auch der Zweite Weltkrieg beeinflußt die Automobilentwicklung stark. Ein – vorläufig? – letztes Mal gewinnt der Aspekt des Nutzfahrzeugs die Überhand. Nach der Kapitulation beginnen praktisch alle Firmen zunächst mit der Herstellung kleiner Lastkraftwagen. Dafür werden von den Alliierten bevorzugt Genehmigungen erteilt. So erhalten die Kölner *Ford*-Werke schon Anfang Mai 1945 als erste deutsche Automobilfabrik die Erlaubnis zur Wiederaufnahme ihrer Produktion. Das erste Produkt, das am 8. Mai vom Band läuft, ist ein 3-Tonnen-Lkw. Erst 1948 wird mit der Produktion von Personenkraftwagen und Omnibussen begonnen.[1.12] Die Firma *Hanomag,* die vor dem Krieg noch ausschließlich Pkw produziert hat, stellt sich erfolgreich auf Lastkraftwagen um. *Mercedes-Benz* kann schon zwölf Tage nach der Kapitulation der deutschen Wehrmacht provisorisch seine Tore wieder öffnen und mit den Aufräumarbeiten beginnen. Noch 1945 werden in Mannheim und Gaggenau über 1000 leichte Lastkraftwagen hergestellt. Auch *Borgward* und *Opel* beginnen mit der Produktion von kleinen und mittleren Lkw, *Borgward* stellt 1946 und 1947 genau 1843 Dreitonner, und *Opel* im selben Zeitraum 4078 Lkw *Blitz* (1,5 t) her – 1949 dann bereits den 100 000sten seit 1938.

Den Bedarf an Pkw versuchen neben den etablierten Firmen zunächst zahlreiche Kleinbastler zu decken (siehe dazu Kapitel 2). Lediglich *Volkswagen* kann den Siegeszug für seinen *Käfer* relativ früh starten: Bis 1948 werden über 40 000 Exemplare abgesetzt, zunächst zwar vornehmlich an die alliierten Dienststellen und einige wenige Privatkäufer im Lande, aber schon 1947 werden die ersten 56 *Käfer* exportiert – nach Holland. Vorkriegswagen haben auf dem Markt der Pkw keine Chancen mehr. Das letzte Exemplar der legendären Marke *Maybach* wird 1949 auf der *Berliner Autoschau* für den fast anachronistischen Preis von 38 000 DM verkauft – zum Vergleich: Einen *VW Käfer* bekommt man Ende 1950 schon für 4400 DM.[1.13]

Abb. 7
Lloyd
Weder Zugschranken noch gefährliche Wegstrecken können die Badenixe vom Ziel ihrer Träume fernhalten – dank ihres *Lloyd*.
Aus: *Freundin* 15/1954

Abb. 8
Volkswagen
Der Star der aufgehenden westdeutschen Konjunktursonne erlebt die japanische Kirschblüte.
Aus: *1900 Jahre Köln* 1949

wagen gebaut werden. Nach acht relativ erfolglosen Jahren – die Aktionäre erhielten die ganze Zeit über keinen Pfennig Dividende – fusionierte die *NAMAG* 1914 mit der 1905 in Varel gegründeten »*Hansa*-Automobil-Gesellschaft« zur »*Hansa-Lloyd* Werke AG«. Dieses Unternehmen galt als richtungsweisend im Automobilbau und war wirtschaftlich gesund. Die gemeinsam gegründete Automobilfabrik zählte damit zu den größten deutschen Autoherstellern, beschäftigte zeitweise 5000 Personen und lieferte neben Pkw hauptsächlich Lkw für den Heeresbedarf, sowie Artilleriegeschosse, Traktoren und Feldküchen. 1929 erstand der Dreiradfabrikant Carl F. W. Borgward ein Mehrheitsaktienpaket des inzwischen angeschlagenen Unternehmens und rettet nach dem Konkurs so wenigstens die traditionellen Namen in seine Nachkriegsunternehmen hinüber (siehe Kapitel 4).[2.6]

Abb. 9
Fulda-Mobil
Science-fiction-Comic
oder Wirklichkeit?
Aus: *Orion* 12/1952

Die Abbildung 7 zeigt den *Lloyd P 400* in einer Anzeige aus dem Jahr 1954. Wie zahlreiche Werbungen der *Borgward*-Gruppe (siehe Abb. 34, 44) gleicht sich die äußere Form der Anzeige dem redaktionellen Teil der Zeitschrift an. Thema des ›Fotoberichts‹ ist die für die Deutschen nach dem Krieg so wichtige Bewegungsfreiheit. Drei Fotos illustrieren »Die einfache Rechnung vom ›schöneren Leben‹ «, ihre Bildunterschriften benennen genau die so lang entbehrten Lebensqualitäten: »Freiheit [...] Unabhängigkeit [...] Freude [...] Bequemlichkeit«. Und natürlich ›Reisefreiheit‹, die auch der Zug symbolisiert, die jedoch im Auto individuell wird: »[...] wann wir wollen und wo wir wollen«. Sogar ein kleines »Abenteuer« auf dem »glitschige[n] Wattenmeer« kann wieder riskiert werden – dank des »glänzend verteilte[n] Gewicht[s]«. Da sich der vorgestellte Autotyp auch als Schönheit profilieren soll, stellt man ihn neben eine – ausgesucht klein geratene – Badenixe, die ob so beeindruckender Konkurrenz noch schnell das eigene Aussehen überprüft. Daß das alles auch bezahlbar ist, führt die »einfache Rechnung vom ›schöneren Leben‹ « auf »DM« und »Dpf« vor. Und sie hat wohl nicht ganz unrecht damit, denn der *P 300/400* erreicht ein Jahr später nach *VW Käfer, Opel Rekord* und *Ford 12M/15M* die vierthöchste Produktionszahl in Westdeutschland.[2.7]

OBEN:
Abb. 10
BMW
»Herr R. H. in E.« dokumentiert die Benzinquittung »Maier«.
Aus: *Das Beste aus Reader's Digest* 12/1958

GEGENÜBER:
Abb. 11
Renault
Nur 4 Pferdestärken? Die Motorkraft spielt offenbar noch keine große Rolle.
Aus: *Das Beste aus Reader's Digest* 10/1953

Eine derartige Häufung von Verkaufsargumenten hat der *Käfer* von *Volkswagen,* für den hier eine der ersten offiziellen »Generalvertretung[en]«, das Kölner Autohaus Jacob Fleischhauer, Werbung betreibt, nicht nötig (Abb. 8). Jedoch setzt auch diese Anzeige, subtiler zwar und schon viel früher, nämlich 1949, auf die Darstellung des so lange herbeigesehnten Freiheitsgefühls. Wie das Ergebnis der erwähnten *Die-Welt*-Umfrage fordert, präsentiert sich ein Cabrio mit zwei Personen in einem fast japanisch anmutenden Kirschblüten-Idyll. Auch Frauenträume werden wahr: ›Sie‹ darf chauffieren. Das Fahrvergnügen und die Freude an der wiedergewonnenen Bewegungsfreiheit spiegeln sich in der Darstellung von Fahrtwind und Geschwindigkeit. Die im besten Sinne einfache Anzeigengestaltung symbolisiert die Souveränität dieses Autos; schon 1948 lassen die Absatzzahlen – es werden in Westdeutschland mit 19 127 Einheiten fast doppelt so viele *Käfer* verkauft wie sonstige Pkw – ahnen, daß hier ein Verkaufsweltmeister im Angebot ist.[2.8]

Ihr 4 PS lässt die Kurven zu Geraden werden
Die unglaubliche Straßenlage dieses Kleinwagens ist eine dauernde Quelle des Staunens bei internationalen Konkurrenzen. Der 4 PS erwarb sich seinen Ruhm in den Bergen. Auch bei großer Geschwindigkeit klebt er in den schärfsten Kurven auf der Straße. Sie bleiben immer Herr Ihres 4 CV und fühlen sich sicher ohne Rücksicht auf den Straßenzustand.
4-Sitzer 100 km/Std.
6 l auf 100 km
RENAULT
AUTOMOBILGESELLSCHAFT
FÜR DEUTSCHLAND GMBH
BADEN-BADEN
RHEINSTRASSE 13-15
181

Abb. 12
Messerschmitt
Denkbar einfach – auf das Notwendigste reduziert – transportieren sie trotzdem beide: Anzeige und Auto.
Aus: *Orion* 3/1955

Aus dem Angebot an motorisierten Dreirädern, die bis in die sechziger Jahre hinein zum Teil beachtliche Verkaufszahlen erreichen, ragt neben dem *Messerschmitt Kabinenroller* (Abb. 12) und der *BMW Isetta* (Abb. 10) besonders das *Fulda[-]Mobil* heraus (Abb. 9, 13). 1949 hatte der Journalist Norbert Stevenson mit der Konstruktion seines motorisierten Dreiradwagens begonnen. Mit Unterstützung des *Bosch*-Großhändlers Karl Schmitt, der in Fulda die »Elektro-Maschinenbau Fulda GmbH« besaß, erblickte 1950 das erste *FuldaMobil* das Licht der Welt. Der in der frühen Version *N 2* (Abb. 9) mit einer silbern glänzenden Karosserie versehene Kleinstwagen – er ist aus gehämmertem blankem Aluminium gefertigt – erhält vom Volksmund schon bald den Spitznamen »Silberfloh«. Die in der späteren Serienfertigung benutzte Technik der warmen Aluminiumblechformung führt zu dem in der Anzeige Abbildung 13 vorgestellten leicht futuristisch wirkenden rundlichen Modell *S 1*.[2.9]

Die *FuldaMobil*-Anzeige von 1952 (Abb. 9) zeigt die flotte Zeichnung eines Autos, das aus einem Science-fiction-Comic stammen könnte. Die dargestellte Situation demonstriert Besitzerstolz, der kleine Wagen wird mit Selbstbewußtsein gefahren und entsprechend bestaunt. Das ganze spielt sich in offensichtlich wohlhabenden Kreisen ab – gut gekleidete Paare demonstrieren geordnete Verhältnisse. Der Text der sehr einfachen Anzeige wird aber doch noch den besonderen Umständen der deutschen Nachkriegszeit gerecht: »zuverlässig [...] wirtschaftlich [...] billig [...] Kaum teurer als ein Motorrad mit Beiwagen.« Womit die potentiellen Käufer wieder auf dem Boden der Realität landen.

Ein Jahr später wird das neue Modell *S 1* (Abb. 13) auf der Düsseldorfer Ausstellung *Alle sollen besser leben* preisgekrönt. Das führt zu einer ausführlicheren Selbstdarstellung in formal aufwendigeren Anzeigen. Kein »billige[s] Kleinauto« mehr, sondern »Der Wagen für Sie!«. Aus dem »zuverlässigen 360 ccm Sachsmotor« ist der »zehntausendfach bewährte 360-ccm-Sachs-Motor« geworden. Sekundärargumente wie »Formschön« und »elegant« finden Eingang in die Verkaufsstrategie. Der Wagen ist zwar immer noch »nicht teuer [...]« aber inzwischen »[...] als ein mittleres[!] Motorrad mit Beiwagen«. Und von diesem Konkurrenten setzt man sich dann zusätzlich ab, denn »Zwei Personen können darin übernachten« – im *FuldaMobil.* Mit diesem Argument wird überhaupt verstärkt geworben; es gibt weitere Anzeigen, in denen Schnittzeichnungen die Benutzung der Liegesitze darstellen, was bei einer Gesamtwagenlänge von 285 cm gewiß nur für kleinere Mitmenschen nachzuvollziehen ist.

Es ist nicht festzustellen, ob es sich bei der Darstellung des *Messerschmitt KR 200* (Abb. 12) um ein Foto oder eine Zeichnung handelt, wahrscheinlich ist eine retuschierte Fotografie verwendet. Das darf vermutet werden, da auch die gesamte restliche Anzeige spritztechnisch bearbeitet wurde. So wirkt sie insgesamt immer noch leicht futuristisch. Dieser Eindruck wird auch dadurch verstärkt, daß der Wagen nicht im alltäglichen Gebrauchszusammenhang vorgestellt ist, sondern wie auf einem Lichtstrahl von einem fremden Stern herniederschwebt.

Wie anders präsentiert sich da die von *BMW* in Lizenz gebaute italienische *Isetta* (Abb. 10). Die *Bayerischen Motorenwerke* erwerben im Jahr 1954, also relativ spät, die Genehmigung, den *Iso Kabinenroller* für den deutschen Markt herzustellen. Sie haben mit ihren großen V8-Limousinen (Abb. 141, 143) eindrucksvoll an der Nachkriegsrealität vorbei gebaut und wollen sich nun noch schnell ein Stück vom Kuchen des Kleinwagenmarktes abschneiden, was auch gelingt. Bis 1962 werden über 160 000 Exemplare abgesetzt. Noch fast vierzig Jahre später spricht die *BMW*-Selbstdarstellung dankbar von seiner Kleinsten. Die *Isetta*-Lizenz verschaffte »in den kritischen Jahren Liquidität. Sie hilft, Verluste mit den großen V8-Limousinen eine Weile zu tragen«.[2.10]

Die *BMW-Isetta*-Anzeige Abbildung 10 gibt sich gleich in mehrfacher Hinsicht käufernah. Sie präsentiert das Ergebnis eines »Photowettbewerb[s]«, bei dem ein »Herr R. H. in E., der zweite Preisträger, [...] besonders gut gefahren« ist. Das Foto erzählt die Geschichte von einem Paar, das mit einer *BMW Isetta* 220 Kilometer für 6 DM gefahren ist. Wohin sie gefahren sind und was sie dort gemacht haben, bleibt der Phantasie des Beschauers überlassen. Nur, daß einer von den beiden beim Tanken den Namen »Maier« angegeben hat – ist es also nicht der Fotograf Herr H.? – läßt sich noch ablesen.

Im Grunde handelt es sich hier um eine Werbung, die der *Lloyd*-Anzeige Abbildung 7 sehr ähnlich ist. In beiden Fällen wird der Versuch unternommen, preiswerte Reisefreiheit mit dem angebotenen Automobil ursächlich zu verknüpfen. Nur stellt sich bei der *Isetta* ein beträchtlicher Teil dieser Verbindung automatisch durch die Interpretation der Fotografie her. Möglicherweise wird hierdurch der Werbeansatz nicht so bewußt wahrgenommen.

Ähnlich locker präsentiert die *BMW*-Anzeige Abbildung 21 die *Isetta* als ›Regendach‹. Wort und Bild heben dieses eigentlich recht harmlose Argument auf ein beachtliches Niveau. Das ist auch nötig, denn mit den technischen Daten des Kleinwagens – Einzylinder, 250 ccm, 12 PS – wäre auch kein Staat zu machen, sie bleiben

Abb. 13
Fulda-Mobil
Wie von einem anderen Stern und trotzdem ohne Chance.
Aus: *Orion* 12/1953

unerwähnt. Für alle, die es unbedingt genau wissen wollen, hat der Werbetext den abschließenden Rat: »Noch mehr sagt Ihnen eine Probefahrt mit der *Isetta.*«

Der enorme Bedarf an Kleinwagen ruft auch ausländische Anbieter auf den Plan. Der französische Autohersteller *Renault* bewirbt seit Beginn der fünfziger Jahre seinen *4 PS* in Westdeutschland (Abb. 11). Der Wagen war schon 1946 auf dem Pariser Autosalon der Öffentlichkeit vorgestellt worden, und insgesamt wurden von ihm über eine Million Exemplare hergestellt.

Sein Typenname *4 PS* – in Frankreich *4 CV* – geht wahrscheinlich auf die in Frankreich übliche Bezeichnung *CV* (Chevaux = Pferde) für Zylinder und nicht auf die in Deutschland früher üblichen Steuer-PS (261 ccm Hubraum = 1 Steuer-PS)[2.11] zurück. Trotzdem läßt der Einsatz dieses Namens den Schluß zu, daß die tatsächliche Motorleistung, die auch von den Mitanbietern in der Regel nicht genannt wird, noch von untergeordneter Bedeutung ist. Andernfalls hätten die Anzeigengestalter wohl kaum den Namen so mißverständlich in vier Pferde(-Stärken) umgesetzt, denn tatsächlich besaß der Wagen 21 Motor-PS, was aber nicht erwähnt wird.

Die Anzeige wirbt primär mit der Straßenlage des *4 PS,* und es gelingt ihr, diese grafisch durchaus schlüssig umzusetzen. Eine dynamische Zeichnung zeigt vier dahingaloppierende Pferde, deren Bewegung von einer grafischen Rundung aufgenommen und auf den *4 PS* umgeleitet wird. Wem die so entstehende S-Kurve zu eng für die demonstrierte Geschwindigkeit scheint, dem tritt der phantasiereiche Werbetext sogleich entgegen: »Die unglaubliche Straßenlage« weiß er, ist »eine dauernde Quelle des Staunens«. Überhaupt »klebt er in den schärfsten Kurven auf der Straße«, so daß man sich sicher fühlt »ohne Rücksicht [!] auf den Straßenzustand«. Das ist im zerstörten Deutschland möglicherweise auch von besonderem Nutzen, insgesamt jedoch geht die Anzeige auf spezifisch deutsche Nachkriegswünsche nicht ein.

Das tut, allerdings auf einer ganz anderen Ebene, die Werbung der Firma *Messerschmitt* (Abb. 12). Der 25jährige Ingenieur Fritz Fend hatte schon 1946, zunächst ohne Genehmigung der Alliierten, seinen »Technischen Fertigungsbetrieb Fritz M. Fend« gegründet, wo er an muskelbetriebenen Dreirädern für Beinamputierte und Schwerbeschädigte bastelte. Über einen 35-ccm-Hilfsmotor und den Kontakt zu dem berühmten Flugzeugkonstrukteur Professor Willy Messerschmitt kommt es 1953 schließlich zum ersten in Serie gefertigten *Messerschmitt Kabinenroller 175* mit 174 ccm und 9 PS. Die 3 Liter Benzinverbrauch und ein anfänglicher Preis von 2100 DM sowie eine Reihe von Verbesserungen in der Folgezeit bedeuten bis 1961 über 50 000 verkaufte Kabinenroller.[2.12] Die Anzeige (Abb. 12) stellt eine durchaus passende Umsetzung des beworbenen Kleinwagens dar: denkbar einfach in der Ausstattung – auf das Notwendigste reduziert –, transportiert sie nicht ohne Witz die wichtigsten Informationen. Was Handarbeit dort, ist Handschrift hier; wenn schon nur Kurzinformationen gegeben werden können, dann läßt sich das auch gleich zum Gestaltungsprinzip erheben: also Telegrammstil und -schreibweise. Abgeschnittene Telegrammstreifen haben eine beschnittene Fotografie und handgemalte Randstreifen zur Folge. Was wirklich wichtig ist, enthält der Text: »kabriolett [...] kette im ölbad [...] rückwärtsgang [...] panoramascheibe«. Das ist 1955 deutsche Wirklichkeit.

OBEN LINKS:
Abb. 14
NSU/Fiat
Ein Biedermann, der sich erfolgreich der deutschen Nachkriegszeit anpaßt – aus Italien.
Aus: *Das Schönste* 6/1957

OBEN RECHTS:
Abb. 15
NSU
Ein *Prinz* wie aus dem Märchen, aber für die ganze Familie.
Aus: *Constanze* 14/1960

Um wieviel weiter entwickelt präsentiert sich da die Anzeige des *Fiat Neckar* (Abb. 14). Das beginnende Wirtschaftswunder und der stark erhöhte Autoabsatz schufen das Phänomen ›Verkehr‹. Spielerisch und unbeschwert setzt die Anzeige den später so verbissen benutzten Slogan »Freie Fahrt für [. . .]« in die Welt. Auch wenn schon 1957 ein lächelnder, Vorfahrt gewährender Schutzmann nicht die Regel ist – jede Anzeige braucht etwas von einem realisierten Wunschtraum –, so läßt sich doch die veränderte Lage aus ihr ablesen. Die Werbung muß nicht mehr die grundsätzliche Fahrtauglichkeit des motorisierten Untersatzes nachweisen, sondern kann eine »sportlich-elegante Limousine« mit leistungsstarkem, »temperamentvolle[m] Motor« anbieten. Der Verbrauch ist gar nicht mehr so gering und wird deshalb zum niedrigen »Normverbrauch«. Der Wagen läßt sich dank der »4 Türen« und der »breite[n] Sitzbänke« nicht nur für den Familienausflug nutzen, sondern »nach Umklappen der hinteren Sitzbank und Rücklehne« auch zum Großraumtransporter umfunktionieren. Die unspektakuläre Zeichnung des *Neckar* vervollständigt das Bild einer etwas biederen Familienkutsche, die aber gut in die Welt des Wiederaufbaus paßt und daher bis 1969 fast 150 000 Käufer findet.[2.13]

Ob die in der Anzeige unten vermerkte Abgrenzung zu der »Motorradfabrik *NSU* Werke AG, Neckarsulm« (Abb. 15) die technische Entfernung zu der wiedererwachsenen Konkurrenz oder die Nähe zu dem berühmten italienischen Autohersteller *Fiat* demonstrieren soll, läßt sich nicht entscheiden. Der *Neckar* ist zwar offiziell das

OBEN:
Abb. 16
Fiat
Wird »serienmäßig als Kabrio-Limousine geliefert« - Italiens Kleinster.
Aus: *Hobby* 11/1958

GEGENÜBER:
Abb. 17
Zündapp
Hier sitzen sie immer in der ersten Reihe – im *Janus*, dem Doppelgesichtigen.
Aus: *Orion* 6/1958

Produkt einer Zusammenarbeit von *NSU*/Heilbronn mit dem Turiner Autohersteller aber im Grunde nur ein in Heilbronn zusammengebauter *Fiat*.

Daß sich der *NSU/Fiat* so deutlich vom Namensvetter abzusetzen sucht, hat folgenden Grund: Die aus der 1880 in Neckarsulm gegründeten »Neckarsulmer Strickmaschinenfabrik« hervorgegangene Automobilfirma *NSU* hatte 1929 aufgrund finanzieller Schwierigkeiten ihre gerade erstellten Fabrikationsgebäude in Heilbronn an den italienischen Konzern *Fiat* verkauft. Dieser hatte gleichzeitig damit das Recht erworben, in Deutschland Pkw unter dem Namen *NSU* anzubieten. Das hält aber *NSU*/Neckarsulm nicht davon ab, Mitte der fünfziger Jahre wieder mit einer eigenen Automobilfabrikation zu beginnen, deren erster Vertreter den Namen *Prinz* trägt (siehe auch Abb. 61).

Dieser *Prinz* wirbt um die gleiche Käuferschicht wie der *Neckar;* da er jedoch mit einem Verkaufspreis von 3600 DM deutlich ›billiger‹ ist als der Konkurrent (5700 DM), schildert er auch seine technischen Details sehr viel allgemeiner. Weder seine 2 Zylinder – zu 4 beim *Neckar* – noch die 20 PS – zu 38 beim Mitanbieter – finden in der Abbildung 15 Erwähnung. Statt dessen ›zeigt‹ sie im Foto den Spaß, den der Wagen zu bereiten imstande ist, und beschreibt ihn nicht nur. Der Text unterstützt diese Richtung mit fast fröhlichen Formulierungen: »Die chauffierenden Väter [. . .] haben ihre helle Freude an der prächtigen Motorleistung.« Diese Art von Öffentlichkeitsarbeit war so erfolgreich, daß vom *Prinz 1* bis *4* insgesamt über 600 000 Exemplare verkauft werden konnten, in den letzten Jahren seiner Produktion sogar deutlich mehr in Italien, dem Mutterland des Konkurrenten *Neckar*, als in Deutschland.

Aus Italien kommt seit 1957 der Nachfolger des legendären *Fiat Topolino* (Mäuschen), der neue *Fiat (nuova) 500.* Von den insgesamt fast vier Millionen verkauften

Drei verschiedene Autos
in einem JANUS:

1. raumbequemes Familienauto für vier Personen,
2. geräumiger Kombi fürs Geschäft,
3. Camping-Wagen mit Doppelbett für Reise, Erholung und Sport.

Ungemein praktisch und wirtschaftlich. Die Fachwelt sagt: Eine zukunftsweisende Kleinautokonstruktion!" Jetzt schon im JANUS zu haben. Zukunftsweisend liegen seine vier Sitze sicher Rücken an Rücken. Vier Augenpaare sehen hinten und vorn alles auf der Straße — genießen das „Breitwand"-Panorama nach allen Seiten.

Wer einmal JANUS Probe fährt, erkennt sogleich den großen Wert!

ZÜNDAPP
Janus 250
familiengerecht

Steuer und Haftpflicht pro Monat DM 11.35 Preis ab Werk **DM 3460.–**

Abb. 18
Renault
Eine *Dauphine* als Ersatz für den heißersehnten Paris-Urlaub.
Aus: *Das Beste aus Reader's Digest* 11/1958

Exemplaren gehen mehr auf den westdeutschen Markt als den Autoherstellern dort recht sein kann. Welch enormer Bedarf an Kleinstwagen noch 1957 herrscht, zeigt eine in jenem Jahr vom Verband der deutschen Automobilindustrie herausgegebene Produktionsaufstellung. Danach erfuhr die Klasse bis 0,5 Liter Hubraum im ersten Halbjahr 1957 mit einer Zunahme von 15 Prozent die stärkste Produktionssteigerung.[2.14] In diesem Moment kommt der neue *Fiat 500* also gerade recht.

Seine Werbung (Abb. 16) stellt die bescheidenen Vorzüge des Wagens geschickt in den Vordergrund: sein putziges Aussehen – »Elegante Ausstattung [...] Verchromte Zierleisten und Stoßstangen« – und seinen Preis. Tatsächlich erweist sich dieser Weg als richtig, der Wagen verkauft sich gut. Auch die Presse charakterisiert ihn positiv; der »mit italienischem Geschmack [...] hübsch gestaltete [...] serienmäßig als Kabrio-Limousine gelieferte Wagen« biete »das Gefühl absoluter Gebor-

Abb. 19
Lloyd
Jung, informativ, sachlich – ein Identifikationsangebot für die Zukunft.
Aus: *Für Sie* 21/1958

genheit«, schreibt sie.[2.15] Aber das ist sicher nur einer der Gründe für die fast zwanzig Jahre währende Affäre der westdeutschen Autofahrer mit diesem italienischen Kleinstwagen.

Eines der auffälligsten Automobile der fünfziger Jahre bewirbt eine Anzeige der Firma *Zündapp* (Abb. 17). Der aus dem Prototyp *Dornier Delta* entwickelte *Zündapp Janus 250* legt »seine vier Sitze sicher Rücken an Rücken«. Auf dieses augenfällige Merkmal setzt auch die Werbung in Bild und Text: »Vier Augenpaare sehen hinten und vorn alles auf der Straße.«

Die Motorradfabrik *Zündapp* hatte sich 1955 nach einem mißglückten Versuch das *FuldaMobil* (Abb. 9, 12) in Lizenz zu bauen, dem von Claudius Dornier jr. entwickelten *Delta* zugewandt. Nach einer intensiven Vorbereitungsphase kommt 1957 der technisch relativ weit entwickelte *Janus 250* auf den Markt. Besonders die Straßenlage hat es den Autotestern sogleich angetan: »Es gibt noch keinen Kleinwagen, der es an Federungskomfort und Straßenlage mit dem *Janus* aufnehmen kann«, lobt die Fachzeitschrift *Der Kleinwagen*.[2.16]

Ähnliches weiß auch die Anzeige Abbildung 17 zu verkünden: »Die Fachwelt sagt: Eine zukunftsweisende Kleinautokonstruktion!« Sie vergißt jedoch nicht, auch auf die besonderen Ansprüche der Käufer einzugehen: »Familienauto [...] Kombi fürs Geschäft [...] Camping-Wagen mit Doppelbett für Reise, Erholung und Sport.« Noch immer ist ein Dach überm Kopf bei Regen ein Verkaufsargument, das die Konkurrenz Motorrad aus dem Felde schlägt. Auf die technische Seite des angebotenen Fahrzeugs wird dagegen überhaupt nicht eingegangen.

Das tut die *Zündapp*-Werbung auch dann nicht, wenn sie ganz auf das Argument ›Nutzfahrzeug‹ setzt (Abb. 22). Lediglich Anschaffungspreis und Unterhaltskosten werden mitgeteilt. Die humorvolle Illustration und der gereimte Werbetext haben durchaus Niveau, ob man jedoch 1958 auf so unernste Weise zum Autokauf überreden kann, darf bezweifelt werden. Nur die übergroße Heckklappe wäre auch noch dreißig Jahre später ein erfolgreiches Verkaufsargument. Leider erweist sich der eingesetzte 250-ccm-Einzylinder-Motor für das Auto als zu schwach, beziehungsweise bei voller Belastung als zu laut, und so stellt *Zündapp* nach knapp 7000 hergestellten Einheiten sein Engagement auf dem Automobilsektor wieder ein.

Einen eindeutigen, wenn auch völlig anders gearteten Ansatz bietet die *Renault-Dauphine*-Anzeige Abbildung 18. Ein ›französisches‹ Auto wird im Bild von einer im Text als eine »Pariserin« präsentiert. Wer sich den Traum von einer Paris-Reise mit Kontakt zu einer seiner Bewohnerinnen – wahrscheinlich einer der häufigsten deutschen Wünsche in den Fünfzigern – nicht erfüllen kann, soll sich ersatzweise eine *Dauphine* kaufen. Denn »Ihre *Dauphine* ist genau wie sie, elegant und unbekümmert, sprühend und temperamentvoll [...]«. Besonders die drei Auslassungspunkte – nach Duden: »das Verschweigen eines Gedankenabschlusses«[2.17] – geben die Richtung der beabsichtigten Gedankenführung an. (Ein wichtiger Grund für diese Projektion dürfte die Tatsache sein, daß das französische Wort für ›Automobil‹, ›la voiture‹, weiblichen Geschlechts ist. Für die Franzosen ist das Auto also weiblich.)

Die Vorstellung des Wagens wird dem gewählten Ansatz textlich und bildlich vollkommen untergeordnet. Es darf bezweifelt werden, daß er aufgrund dieser Darstellung auf der Straße wiedererkannt wird. Auch seine Charakterisierung im Text – mit »4 Sitze – 4 Türen – 115 km/h – 6 Liter pro 100 km« denkbar knapp – profiliert ihn nicht gerade gegenüber den Mitanbietern. Es ist durchaus denkbar, daß *Renault* Frankreich, von den enormen Verkaufszahlen ihrer *Dauphine* im eigenen Land – sie überschritt als erstes französisches Auto die Schwelle von zwei Millionen verkauften Exemplaren – geblendet, die besondere Situation Westdeutschlands außer acht läßt. Jedenfalls ist die *Dauphine* in Deutschland nicht der erhoffte Verkaufsschlager, und auch der Versuch, sie in Nordamerika als *Käfer*-Konkurrenz abzusetzen, endet erfolglos.

1957 kommt der *Lloyd 600* von *Borgward* als *Lloyd Alexander* auf den Markt, die Abbildung 19 zeigt eine Werbung aus dem Jahr 1958. Mit 176 516 Exemplaren wird er *Borgwards* Verkaufsschlager, von keinem anderen Typ verkauft der Bremer Autohersteller mehr.

Die Anzeige offenbart durchaus einige Gründe für den großen Erfolg des *Alexander.* Sie enthält zudem alles, was effektive Werbung zu diesem Zeitpunkt bieten kann:

Abb. 20
Glas Goggomobil
»Ein neuer Wagen« für den Himmelsboten – gut genug für die Erdenbewohner?
Aus: *Madame* 10/1958

eine emotionale Abbildung, die ein Lebensgefühl vermittelt; die in großen Lettern gesetzte Modellbezeichnung als Blickfang und kompositorischen Schwerpunkt; ein modernes, schnell wiedererkennbares Firmenlogo; einen Slogan, der hinführt auf die ausführliche Sachinformation zum technischen Stand des Wagens. Sogar ein »Gutschein für kostenlose Zusend[un]g« einer Informationsmappe ist grafisch so eingebaut, daß er nicht stört. Ungewöhnlich ist die Vorstellung von gleich drei verschiedenen Modellversionen mit entsprechender Preisangabe. Der Text läßt auf professionelle Macher schließen: Im Slogan wird nicht nur ein neues Gesicht vorgestellt, sondern gleich »Mehr als ein neues Gesicht«, und »Noch mehr [. . .]« impliziert, daß vorher schon viel vorhanden war. Schließlich gehört auch das Wort »modisch« noch nicht zum Alltag der Werbesprache.

Was diese Werbung von den bisher betrachteten noch unterscheidet, ist die Tatsache, daß hier nicht primär mit optimaler Anpassung an Nachkriegsverhältnisse, also mit niedrigem Verbrauch und Unterhalt, Regensicherheit, straßenzustandsunabhängigem Fahrverhalten, geringem Anschaffungspreis und ähnlichem geworben wird, sondern in Konkurrenz zu den Mitanbietern mit den besonderen technischen Vorzügen des Autos. Insofern handelt es sich um eine zukunftsorientierte, vielseitige Anzeige, die ihren Teil dazu beigetragen haben dürfte, daß der *Alexander* zu seiner Zeit in der Gruppe der Kleinwagen hinter dem Klassenprimus *VW Käfer* die höchsten Absatzzahlen verzeichnet.

Derartiges läßt sich von der *Goggomobil*-Anzeige Abbildung 20, ebenfalls aus dem Jahr 1958, sicher nicht behaupten. Ein kurzer Vergleich mit der vorigen *Lloyd*-Werbung zeigt prägnante Unterschiede. Die in den Bildelementen angebotene Identifikation des irdischen »neuen Wagen[s]« mit einem barocken Himmelsgefährt mutet

OBEN:
Abb. 21
BMW
Gekonnt umgesetzt, trägt auch ein schwaches Argument eine Anzeige.
Aus: *Das Beste aus Reader's Digest* 11/1958

GEGENÜBER:
Abb. 22
Zündapp
Angeboten wie ein Spielzeugauto, trotz der zukunftsträchtigen Ladeklappe.
Aus: *Hobby* 11/1958

doch recht altmodisch an, und auch die verschnörkelte Handschrift weist eher in die Vergangenheit. Die etwas biedere, sehr allgemeine Wortwahl: »seine Fahrsicherheit [...] dieser bildschöne Viersitzer [...] grundsolide Konstruktion [...] niedrige Haltungskosten« verrät nichts Konkretes über die technische Seite des bayerischen Gefährts. Erst als der Wagen mit einem leicht gewandelten Image (siehe Abb. 60) angeboten und später in *Isar* umbenannt wird, gelingt es, fast 87 000 Exemplare von ihm abzusetzen.

Die *Hans Glas GmbH* hatte 1951 mit der Produktion eines *Goggo Motorrollers* ihre Aktivitäten auf dem Kraftfahrzeugmarkt begonnen. Das aus einer hundert Jahre alten Landmaschinenfabrik hervorgegangene Unternehmen verfügte in der Folge zeitweise über 4000 Beschäftigte. Ihr berühmtestes Erzeugnis ist das denkbar einfache *Goggomobil 250* und *400.* Da es mit dem alten Führerschein der Klasse IV gefahren werden durfte, überlebte es den eigenen Hersteller am längsten. Erst 1969, nach 280 739 Exemplaren, stellt *BMW,* die die völlig überschuldete *Glas GmbH* 1966 übernommen hatte, diese Produktion ein.[2.18]

Der ZÜNDAPP-JANUS
ist zumal
als Lieferwagen ideal.
Wer logisch denkt und schnell begreift,
kauft nur, was gründlich ausgereift.
ZÜNDAPP
Janus 250
familiengerecht
Steuer und Haftpflicht pro Monat DM 11.35
Preis ab Werk DM 3390.–

Zwanzig Jahre später sind die meisten der in diesem Kapitel vorgestellten Kleinwagen verschwunden. Ein Blick auf die Pkw-Verkaufsstatistik sagt etwas über die Hintergründe: 1953 sind in Westdeutschland circa 1,1 Millionen Pkw angemeldet, davon nur ungefähr 13,7 Prozent, also rund 150 700 Fahrzeuge von Arbeitern, Angestellten und Beamten.[2.19] Im selben Jahr werden von den beiden Kleinwagen von *Auto Union* und *Borgward,* dem *DKW F 89* und dem *Lloyd 300/400,* mit 35 725 Exemplaren mehr als von allen *Ford*-Modellen (Mittelklasse) zusammen verkauft.[2.20] Mit der zunehmenden wirtschaftlichen Gesundung erhöht sich der Anteil der Arbeiter, Angestellten und Beamten am Pkw-Gesamtumsatz bis zum Jahr 1964 auf fast 66 Prozent, bei einem Wagenbestand von circa 7,7 Millionen.[2.21] Der frühe Einsatz für Autos über 1 Liter Hubraum – *Opel, Mercedes-Benz* und *VW* investieren von 1948 bis 1955 fast 1,25 Milliarden DM[2.22] – macht sich für die großen Hersteller bezahlt, sie beherrschen nun den Markt. Für die anderen wird es eng, wer die notwendigen Investitionen zum Einstieg in die Mittelklasse nicht aufbringen kann, wird entweder geschluckt oder stellt die Fabrikation ganz ein.

Die *Volkswagen*-Werke profitieren am meisten von der Entwicklung des Marktes. Während sich ihr *Käfer* direkt nach dem Krieg aufgrund seiner schnellen Verfügbarkeit verkauft, wächst ihm im Lauf der Jahre in dem Maße, wie die Mittelklassekonkurrenz stärker wird, die Käuferschicht nach, bis hin zu seiner Zeit als Zweitwagen.

3 Ein schwieriger Neuanfang – *Auto Union*

GEGENÜBER:
Abb. 23
Auto Union
»Gute Werbebeschriftung«
durch die »glatten Seitenflächen«
der »Stahlblechbekleidung«.
Aus: *Das Beste aus Reader's Digest*
5/1953

Von den erfolgreichen deutschen Autoherstellern der Vorkriegszeit sind die *Auto-Union*-Werke am härtesten durch die Demontagen der UdSSR getroffen. Was noch steht, ist im russischen Sektor unerreichbar. Lediglich fünf Filialen und das Holzkarosseriewerk in Berlin-Spandau sind verfügbar. Da jedoch in Westdeutschland noch mehr als 60 000 *DKW*-Wagen im Einsatz sind, wird schon 1945 mit der Gründung eines »Zentraldepots für *Auto Union* Ersatzteile GmbH« in Ingolstadt an die Vorkriegsaktivitäten angeschlossen.[3.1]

1932 war durch den Zusammenschluß der Firmen *Audi, DKW, Horch* und *Wanderer* die *Auto Union AG* gegründet worden. (Die vier *Audi*-Ringe erinnern noch heute an die beteiligten Firmen.) Aus anfänglich 4000 Mitarbeitern entwickelte sich bis zum Ende der dreißiger Jahre Deutschlands zweitgrößter Kraftfahrzeughersteller. Das Angebot reichte vom preiswerten Motorrad bis zur Luxuslimousine.

Mit einem Motorrad, der *DKW RT 125,* beginnt auch die 1949 neu gegründete »*Auto Union* GmbH« ihre Produktion. Aber schon ein Jahr später kommt der im ehemaligen Düsseldorfer *Rheinmetall*-Werk zusammengebaute *DKW F 89 P Meisterklasse* auf den Markt. Das Besondere an den von *Auto Union* in den Folgejahren angebotenen Pkw – nur eine der zehn vorgestellten Anzeigen verrät es – ist: Alle Motoren sind Zweitakter. Über den Dreizylinder-Zweitakt-Vergasermotor von 1953 schreibt Hans-Christoph Graf von Seherr-Thoss in seinem Standardwerk *Die deutsche Automobilindustrie:* Dieser Motor ist Vollendung und Schlußstein des Pkw-Zweitaktmotors in Deutschland.«[3.2] Die Motoren gelten als außerordentlich langlebig und belastbar, auch die Werbung ist darauf abgestellt (siehe Abb. 26).

DKW-Universal, jetzt mit stabiler Stahlblechbekleidung aller Seitenflächen: ideal für alle, die ihren Lieferwagen auch für Wochenendfahrten benützen wollen. Als Reisewagen hat er Platz für 4 bis 5 Personen mit viel Gepäck, als Nutzfahrzeug bietet er 2 qm völlig glatter Ladefläche für den Transport von Gütern. Neu: DKW-Stadtlieferwagen, für Unternehmen, die einen leichten, schnellen und repräsentativen Wagen für die rasche Bedienung ihrer Kunden benötigen. Er ist ebenfalls ringsum mit Stahlblech bekleidet. Sein Nutzraum umfaßt 1,7 cbm; die glatten Seitenflächen lassen gute Werbebeschriftung zu.

OBEN:
Abb. 24
Auto Union
Welcher Mann nimmt »auf die Wünsche der Frau in besonderer Weise Rücksicht«?
Aus: *Constanze* 16/1952

GEGENÜBER:
Abb. 25
Auto Union
Die schönen Dinge des Lebens – und der neue *DKW*.
Aus: *Constanze* 14/1951

Der in einer Anzeige vom Mai 1953 beworbene *DKW Universal* (Abb. 23) war bis März desselben Jahres in einer Holz-Stahl-Gemischtbauweise erstellt worden. Folgerichtig ist das Hauptargument des Werbetextes die »Stahlblechbekleidung aller Seitenflächen« und die sich daraus ergebende »gute Werbebeschriftung«. Große Fotografien belegen beides eindrucksvoll. Bloße Demonstration der schönen Form ist überhaupt das Auffälligste an den Anzeigen für diesen Typ, Parallelen finden sich nur noch bei der *Isabella* von *Borgward* (Abb. 45) und den großen *Opel*-Limousinen (Abb. 95, 101) – ausnahmslos repräsentative Wagen.

›Sehen und gesehen werden‹, könnte auch das Motto der beiden *DKW*-Anzeigen von 1951 und 1952 (Abb. 24, 25) lauten – als Cabriolet ist der beworbene Wagen geradezu prädestiniert dafür. Inwieweit jedoch Geräumigkeit, elegante Form und vorbildliche Innenausstattung »Vorzüge« sein sollen, »die verraten, daß bei der Konstruktion [...] auf die Wünsche der Frau in besonderer Weise Rücksicht genommen wurde«, ist zunächst nicht erkennbar. Oder soll damit angedeutet werden, daß bequemer, eleganter Luxus spezifisch weibliche Bedürfnisse sind? Dann allerdings handelt es sich hier um ein Werbeargument, welches sich an die Männer richtet. Denn sie sollen sich mit diesem Auto bei den Frauen besonders profilieren können. Wahrscheinlich ist der Fahrersitz deshalb noch leer.

Gleich zwei junge Frauen unterstützen in der Abbildung 25 wie dekoratives Beiwerk die elegante Erscheinung des *DKW:* Schönheit zu Schönheit – der Fahrer bleibt im Dunkeln. Mit dem Auto werden hier »Sommerfreuden« angeboten, die die beiden Frauen indirekt mit einschließen: eine Reise zu dritt. Die weiteren Bildelemente spiegeln und ergänzen die äußere Form des Wagens: das helle Haus mit dem sich nach oben verjüngenden dunklen Dach und die barocke Puttengruppe auf dem standfesten Sockel. Tradition, zeitloser Stil und finanzielle Unabhängigkeit bilden ein Ambiente, das sich automatisch auf den angebotenen Pkw überträgt. Nach Krieg und Not sind diese Werte zunächst auch in der Autowerbung höher eingestuft als

AUTO UNION
Sommerfreuden
mit dem neuen DKW
AUTO UNION G·M·B·H

OBEN LINKS:
Abb. 26
Auto Union
»Wie ein Brett« lag der Wagen auf der Straße, »daß es mir grauste«, weiß der Meister.
Aus: *Das Beste aus Reader's Digest* 8/1954

OBEN RECHTS:
Abb. 27
Auto Union
Die »Schönheit aus dem Windkanal« reduziert den »Windwiderstand« und macht »bodenunempfindlich«.
Aus: *Freundin* 9/1959

zukunftsorientierte Technik und modernes Design (vgl. Abb. 2, 68, 69, 70, 121, 143).

Ein Interview ist Grundlage der Beweisführung in Abbildung 26. Der »bekannte Autosportler Walter Schlüter« hat 1954 die europäische Meisterschaft für serienmäßige Tourenwagen gewonnen und wird daher zum Siegerauto befragt. Seine blumigen Ausführungen übertreffen leicht jeden professionellen Werbetext. Schon beim ersten Kontakt mit dem Wagen, da »passierte das Unwahrscheinliche: ein *DKW*-3-Zylinder lief mir einfach davon. [. . .] Er lag auf der rutschigen Straße ›wie ein Brett‹ und hielt dabei ein Tempo, daß mir grauste. Obwohl ich doch auch nicht gerade ängstlich fahre.« Das sei der Grund dafür gewesen, erzählt er, daß er sich entschloß, mit ihm »ein paar Runden auf dem Nürburgring zu drehen«. Wo er dann gleich seine »schnellste Runde heraus[holte]«, schneller als mit seinen »früheren, superschnellen Wagen«. So fühlt er sich in dem *DKW* »sicher wie in keinem anderen Wagen«. Bemerkenswert ist, daß sich die Anzeige mit dieser Anpreisung auch an die »Käufer eines Gebrauchtwagens« wendet, was umgekehrt den Wiederverkaufswert in den Augen der Erstkäufer erhöht.

Was der *DKW*-Dreizylinder seit 1953 mit 896 ccm leistet, holt der fast baugleiche *Auto Union 1000* seit 1957 aus 996 ccm (Abb. 27). Allerdings erklärt er seinen Erfolg mit der »Schönheit aus dem Windkanal«, denn, was »technisch richtig ist, ist auch ästhetisch schön«. Gleich dreimal bietet die Anzeige seine eleganten Linien in der reinen Seitenansicht – nach Meinung der Gestalter offenbar seine ›Schokoladenseite‹. Das weiße Dach, die obligatorischen Weißwandreifen und eine Menge Chromleisten spiegeln vor einer eleganten Pariser Parfümerie den ›Glanz der Nacht‹. Nüchterne Größenangaben wie PS-Zahlen, Höchstgeschwindigkeit, Hubraum und ähnliches, mit denen die Konkurrenz schon lange wirbt, passen hier nicht her, für »bewußte Fahrer« reicht das »sichere Temperament«.

Abb. 28
Auto Union
Die »Spitzengeschwindigkeit von über 120 km/st [kann] ohne jede Bedenken pausenlos durchgehalten werden.«
Aus: *Das Beste aus Reader's Digest* 3/1955

Erneut mit einer ›Reise zu dritt‹ wirbt die Anzeige oben (Abb. 28) für ein traumhaftes Viersitzer-Cabriolet von *Auto Union*. Passen, wie beim Zweisitzer, nur zwei ins Auto, so muß ein Platz frei bleiben; die Demonstration ›normaler‹ Beziehungen wird offenbar nicht als werbewirksam angesehen.

Neben dem Anlaß für die zahlreichen großen Fotografien – »Die *DKW*-Cabriolets sind wirklich bestechend schön – das zeigen diese Bilder!« – verbalisiert der Anzeigentext die Gründe für eine Cabrio-Fahrt so: »die Schönheit der Natur unmittelbar« erleben, »Luft und Sonne in vollen Zügen« genießen. Gemeint ist damit jedoch die bloße Freude an der Autofahrt: »Spitzengeschwindigkeit von über 120 km/st auf der Autobahn [...] pausenlos durchgehalten« – bei allem »erdenklichen Reisekomfort«. Auch hier findet man keinerlei technische Angaben, jedoch eine umfangreiche Aufzählung positiver Eigenschaften, wie sie einem *Rolls-Royce* zur Ehre gereichten: »geräumig und bequem, schnell und wendig, [...] leicht und geschmeidig, sicher und zuverlässig«.

Abb. 29
Auto Union
Der richtige Rahmen macht etwas – auch aus 996 ccm.
Aus: *Neues Rheinland* 12/1958

Während die Abbildung 28 noch den – wenn auch fast zweckfreien – Alltagseinsatz des Autos vorführt, so dominiert in der Anzeige Abbildung 29 die Repräsentationsfunktion. Dem ausgewählt schönen Ambiente – eine parkähnliche Anlage am Seeufer mit herrschaftlichen Gebäuden im Hintergrund – gleicht sich der Wagen mit seinen eleganten, verchromten Rundungen, Weißwandreifen und seinem weißen Dach perfekt an. Ein gut gekleidetes junges Paar demonstriert gepflegtes Nichtstun. Der extrem reduzierte Werbetext – neben dem Firmenlogo nur die französische Typenbezeichnung *»Auto Union 1000 Coupé de Luxe«* – fügt sich in traditionell verschnörkelten Lettern unauffällig in die rechte untere Ecke.

In all der – gestellten – formalen Harmonie stört letztendlich nur der arg in den Vordergrund gedrängte, vom Bildausschnitt etwas unschön abgeschnittene Wagen. Um diesem Manko zu begegnen, ist die Fotografie mit einem kräftigen blauen und schwarzen Rahmen versehen – erneut eine geschickte Visualisierung der gepflegten ›Kreise‹, in denen die Szene angesiedelt ist. In seinem ersten Jahr, 1958, aus dem diese Anzeige stammt, lassen sich von dem *1000 Coupé de Luxe* mit Hilfe einer derartigen Selbstdarstellung aus dem Stand 22740 Exemplare verkaufen, fast so viele wie vom *Mercedes 190* (23982) und der *Borgward Isabella* (29889).[3.3]

Abb. 30
Auto Union
Die deutsche Wunschfamilie: Harmonie, Vergnügen, Freude – glücklich, sicher, bequem, leise, solide, wirtschaftlich, gediegen, günstig.
Aus: *Neue Illustrierte* 46/1962

›Harmonie‹ ist auch das beherrschende Thema der Anzeige Abbildung 30 von 1962. »Glückliche Gesichter« strahlen den Beschauer an, voller »Freude über ein bequemes, sicheres und wirtschaftliches Automobil« – da wird sogar aus einem ›normalen‹ ein »Ferienkofferraum«. Als sei Harmonia nur die Tochter der Aphrodite und nicht auch des Ares, demonstriert ein junges Paar mit Schwiegermutter und Kind, was unter einer ›glücklichen Familie‹ zu verstehen sei. Der Werbetext unterstützt diese Projektion, der Wagen habe »gediegenen« Komfort, sein Stahlrahmen sei »solide«. Die überholte Gleichung »*DKW* = Sicherheit« wandelt sich zum »sicheren Vergnügen«.

Noch lehnt es *Auto Union* offensichtlich ab, mit konkreten technischen Daten gegen die Konkurrenz anzutreten. Doch ein Blick auf die Anzeigen, die sich schon zu diesem Zeitpunkt mit Zahlen profilieren (Abb. 67, 97), macht auch klar, daß es sich dabei nur um größere Wagen handelt. Die Mitanbieter der Klasse bis 800 ccm (Abb. 61, 146) schildern die Vorzüge ihrer Wagen durchweg pragmatisch – und verkaufen trotzdem sehr gut. Noch 1962 setzt die *Auto Union* vom *DKW Junior* 83778 Exemplare ab.

Das Auto Union-DKW-Programm '64

(von DM 5100,- bis DM 10950,-)

DKW F 11.
Durch und durch wirtschaftlich. Günstig in Anschaffung, Steuer und Versicherung. 7,3 l Normverbrauch. Frischöl-Automatik. Ein echter Fünfsitzer mit solidem Komfort. DM 5.100,–

DKW F 12.
Alles drin, alles dran – vom SKAI-Polster bis zu den Velours-Teppichen, von den Scheibenbremsen bis zu den beiden Rückfahrscheinwerfern – alles serienmäßig. DM 5.690,–

DKW F 12 Roadster.
Offen, sportlich, komfortabel. 45 PS, hohe Beschleunigung, Scheibenbremsen, vollversenkbares Verdeck, vollausnutzbarer Ferienkofferraum. DM 7.250,–

DKW F 102.
Der neue, große DKW – gebaut nach der Formel des Fortschritts. 60 PS, Frontantrieb, Scheibenbremsen, versiegeltes Kühlsystem, kompletter Komfort – alles ohne Aufpreis. DM 7.200,–

AUTO UNION 1000 Sp Roadster.
Schnittig und sportlich. 55 PS (0-80 km/h in 10,5 sec.). Frontantrieb, Scheibenbremsen, Frischöl-Automatik, Stahlrahmen. Großer Kofferraum, Liegesitze. DM 10.950,–

AUTO UNION Munga.
Das ideale Mehrzweckfahrzeug für Land-, Forst- und Bauwirtschaft. Robuster Motor. Getriebe mit 8 + 2 Schaltstufen für jedes Gelände. In drei Ausführungen ab DM 9.525,–

DKW-Schnellaster (Pritsche).
Robuster, temperamentvoller DKW-Motor, 40 PS, Frischöl-Automatik, Frontantrieb, Stahlrahmen. 1 t Tragkraft. Außerordentlich niedrige, ebene Ladefläche. DM 6.985,–

DKW-Schnellaster (Kasten).
Technische Daten wie Pritschenwagen. Geräumiger, stabiler und eleganter Aufbau. Große Türen. DM 7.200,– Fahrgestell für Sonderaufbauten: DM 6.275,–

Häufiger werden nur die größeren Wagen verkauft, der *VW Käfer,* der *VW 1600,* der *Opel Rekord* und der *Ford 17 M.* Und der Trend geht unaufhaltsam zu 1,2 bis 2 Liter Hubraum; schon drei Jahre später kommen allein aus Westdeutschland zwanzig Wagen, von denen größere Stückzahlen verkauft werden als vom kleinen *DKW,* alle mit hubraumstarken Motoren – die Nennung der technischen ›Größen‹ ist inzwischen zur Norm geworden.[3.4]

Auf eine formale Besonderheit der Anzeige sei hier noch hingewiesen: Da der beworbene Wagentyp auf der Fotografie nicht zu identifizieren ist, muß er, um auf der Straße wiedererkannt zu werden, unter dem Foto klein, aber vollständig, als Strichzeichnung, wiederholt werden.

OBEN:
Abb. 32
Auto Union
»Rationalisierung« ist, wenn man »das Gute mit weniger Aufwand noch besser« macht.
Aus: *Quick* 40/1964

GEGENÜBER:
Abb. 31
Auto Union
›The last parade ...‹
Aus: *Auto Motor und Sport* 7/1964

Im Jahr 1964 hat sich die Situation der *Auto Union GmbH* grundsätzlich verändert. Zwischenzeitlich zum *Mercedes-Benz*-Konzern gehörig (1958–1964), unter dessen Federführung die Entwicklung eines neuen Viertakters beginnt, wird sie am 16./21. 12. 1964 vom *Volkswagen*-Werk übernommen.[3.5] In einer der letzten Anzeigen der *Auto Union* (Abb. 31) ist wie in einer Parade zur Rettung des bedrohten Namens die ganze ›Mannschaft‹ angetreten: angeführt vom *DKW F 102,* dem »neue[n], große[n] *DKW* – gebaut nach der Formel des Fortschritts«, dahinter zwei Limousinen, zwei Cabriolets, zwei Lieferwagen und der Bundeswehr-*Munga.* Tatsächlich sichert der *F102* indirekt das Überleben der traditionellen Marke. In seiner Karosserie wird der von *Mercedes-Benz* entwickelte Motor erprobt und bildet so den Grundstein für weitere *Auto-Union*-Fahrzeuge. Für diese neue Wagengeneration wird aber der Name *Audi* gewählt, da auch der Vorkriegs-*Audi* von einem Viertakter angetrieben worden war. Gleich dem ersten neuen *Audi* mit Viertaktmotor gelingt der Anschluß an die technische Zukunft – schon im Jahr 1966 werden unter *VW*-Leitung mehr *Audi*-Pkw verkauft als 1965 von allen *Auto-Union/DKW*-Modellen zusammen.[3.6]

Vorher müssen aber noch alle ›Altlasten‹ veräußert werden. Dazu dienen ›Sonderangebots‹-Anzeigen wie die aus dem Herbst 1964 (Abb. 32). Nicht ›preiswerter‹ sind die alten *DKW*-Fahrzeuge geworden, sondern »billiger«, im Schnitt um 350 DM. Argumente auf einfachstem Niveau müssen herhalten, um den Ausverkauf zu erklären: »*Auto Union* ist eine grosse Firma. [...] Das *Volkswagenwerk* ist eine noch grössere Fabrik. [...] Und darum müssen *Auto Union* und *Volkswagenwerk* [...] zusammenarbeiten.« Aber es kommt noch besser: »Rationalisierung« ist, wenn man »das Gute mit weniger Aufwand noch besser« macht. Der eigentliche »Erfolg der Zusammenarbeit zwischen *Auto Union* und *Volkswagenwerk*« besteht darin, daß zwei Jahre später keine Autos mit *DKW*-Zweitaktmotoren mehr angeboten werden.

4 Aufstieg und Fall – C. F. W. Borgward

Am 10. November 1890 wurde in Hamburg-Altona Carl Friedrich Wilhelm Borgward »zum Unternehmer geboren«, wie er sich später vom eigenen *Borgward-Kurier* gern charakterisieren ließ.[4.1] Nach einer Schlosserlehre besuchte er zunächst die Höhere Maschinenbauschule und machte dort das Abschlußexamen. Erste Berufserfahrungen erwarb er als Konstrukteur bei einer Eisenwarenfirma in Bremen und Berlin, bevor er 1915 im Ersten Weltkrieg an die Ostfront geschickt wurde. Noch im selben Jahr kehrte er verwundet zurück und wurde Kontrollingenieur eines Gaswerks, ehe er sich 1919 im Alter von 29 Jahren als Teilhaber der »Bremer Reifen Industrie GmbH« selbständig machte. Nach der Umstellung der Fabrikation auf Autoteile und die Umbenennung der Firma in »Bremer Kühlerfabrik Borgward & Co.« bastelte er 1921 seinen ersten Kleinwagen zusammen, einen offenen Zweisitzer mit wassergekühltem Zweizylinder-Zweitaktmotor.[4.2]

Mit diesem Kleinwagen begann die vierzigjährige Geschichte der Autofirma *Borgward,* zunächst allerdings unter dem Namen *Hansa-Lloyd AG,* von der Carl Borgward 1929 für 175 000 Reichsmark die Aktienmehrheit erworben hatte. Die bereitwillige Umstellung auf Rüstungsprodukte für den Zweiten Weltkrieg brachte der Firma stattliche Zuwachsraten: 1940 arbeiteten bei *Borgward* fast 8000 Menschen, ausschließlich in der Produktion von Rüstungsgütern, noch 1944 wurden 1000 Häftlinge des KZ Neuengamme beschäftigt.[4.3] 1945 wurde die erst 1938 eingeweihte Produktionsstätte Bremen-Sebaldsbrück, »die seinerzeit modernste Autofabrik Deutschlands«, zu 80 Prozent zerstört, Borgward wurde von den Amerikanern interniert.[4.4]

Wie bei fast allen Automobilherstellern werden nach Kriegsende zunächst – in Abwesenheit von Carl Borgward – Kleinlastwagen montiert; die Voraussetzungen dafür sind günstig, denn das Magazin ist kaum zerstört. Als Borgward im Juli 1948 aus der Gefangenschaft heimkehrt, sind schon 2700 Lkw des Typs *B 3000* fertiggestellt. Er widmet sich jedoch sofort dem Personenwagenbau und kann schon ein Jahr später auf dem *Genfer Salon* die erste deutsche Pkw-Nachkriegsproduktion,

Abb. 33
Borgward
Deutschlands erstes zur Serienreife entwickeltes »automatische[s] Getriebe«.
Aus: *Das Beste aus Reader's Digest* 12/1952

den *Hansa 1500,* präsentieren. Es ist der erste deutsche Wagen mit Pontonkarosserie. 1952 folgen der *Hansa 1800* und der *Hansa 2400,* wieder ein Jahr später der *Hansa 1800 Diesel.* Doch die Verkaufserwartungen an diese Baureihe erfüllen sich nicht: Bis 1954 werden nur knapp 34 000 Exemplare abgesetzt[4.5] – trotz anerkannter Qualitäten. So telegrafiert die *Frankfurter Allgemeine Zeitung* am 18. 2. 1953 an die Werbeabteilung von *Borgward:* »Soeben von der Reise zurückgekehrt, möchten wir Ihnen eiligst unsere Bewunderung über den neuen *1800-Diesel* Ausdruck geben. Der Wagen hat sich über 2.000 Kilometer Alpenfahrt glänzend bewährt.«[4.6]

Eine Anzeige aus dem Jahr 1952 (Abb. 33) zeigt den *Hansa 2400,* einen Sechszylinder, der als Konkurrenz zum *Opel Kapitän* und zum *Mercedes 220* gedacht ist. Der *Mercedes* ist zwar ein aktuelles, erst 1951 vorgestelltes Modell mit neu entwickeltem Motor, sein Äußeres erinnert jedoch stark an seinen Vorgänger aus den dreißiger Jahren. Der *Opel Kapitän* des Jahres 1952 wirkt sehr amerikanisch, da seine Karosserie dem *Chevrolet* Modell 1947/48 nachempfunden ist. An diesen beiden Wagen profiliert sich die *Borgward*-Werbung: Abgebildet ist ein Großraumwagen vor einer amerikanisch anmutenden Architekturkulisse (vgl. Abb. 69).

Ein schlauer Fuchs

Die Schnitzeljagd ist eigentlich vom Ski-Sport her bekannt, wo der Fuchs — ein ausgezeichneter Skiläufer — von einer ganzen Meute von Jägern verfolgt, Spuren und ausgestreute Papierschnitzel im weißen Schnee hinterläßt. Gerade hier zeigt sich die Pfiffigkeit des Fuchses, der durch Hakenschlagen seine Jäger irrezuführen hat. Diesen lustigen Sport haben sich auch die Autofahrer zu eigen gemacht. Bei einer solchen Verfolgungsfahrt, die jüngst im norddeutschen Raum ein Rudel von Autofahrern entfesselte, gelang es dem Fuchs (und der Füchsin) mit Hilfe ihres schnellen Goliaths die Verfolger allesamt abzuschütteln.

Neben dem Fuchs *am Steuer saß eine ebenso schlaue Füchsin, die außer der Orientierung nach der Karte mit Raffinesse die Papierschnitzel zu streuen hatte.*

Durch den Nebel des frühen Morgens *jagt der Fuchs mit kurzem Zeitvorsprung über die regennassen Straßen. Durch die hervorragende Straßenlage des Goliaths können die scharfen Kurven und schlechten Straßen der vorgesehenen Strecke selbst bei diesem Wetter mit einem „Affenzahn" genommen werden.*

„Die haben wir schön abgehängt!" *lacht sich die Füchsin ins Fäustchen, während die beiden sich in aller Seelenruhe am Zielort Kaffee und Kuchen schmecken lassen. Der treue Goliath wartet indessen vor der Tür auf die ersten Verfolger.*

GOLIATH-ANZEIGE · FOTOS: GEORG SCHMIDT

Abb. 34
Goliath
»Ein schlauer Fuchs« hat »eine ebenso [!] schlaue Füchsin« zur Seite – im Jagdspiel des Lebens.
Aus: *Constanze* 3/1952

Abb. 35
Borgward
»Der neue *Borgward Hansa 1500*« oder die *Isabella?*
Aus: *Das Beste aus Reader's Digest* 8/1954

Offensiv werden die technischen Daten des Motors eingesetzt: »6 Zylinder« haben auch die Mitanbieter, aber der *Hansa 2400* hat 2 PS mehr als der *Mercedes,* 24 mehr als der *Opel,* auch die angegebene Höchstgeschwindigkeit liegt weit über der der Mitanbieter. Aber die Pontonform kommt beim Publikum nicht so gut an wie erhofft; auch erweist sich das angebotene, von *Borgward* zur Serienreife entwickelte vollautomatische ›Strömungsgetriebe‹ als sehr anfällig. So können von dem vergleichsweise teuren Fahrzeug nicht mehr als 1032 Exemplare verkauft werden.[4.7]

Völlig ohne Automobiltheorie bietet *Borgward* im selben Jahr den *Goliath* an – nicht einmal die Typenbezeichnung ist angegeben: es ist der *GP 700.* Statt dessen führt die Anzeige (Abb. 34) ein Spiel vor, das die Rolle der Frauen im Wiederaufbau würdigt. Ganz im redaktionellen ›Stil‹ einer Zeitschrift wird von einer »Jagd« berichtet, in der »eine ganze Meute von Jägern« einen hakenschlagenden »Fuchs« verfolgt. Als habe es den Krieg nie gegeben, wird im Spiel wieder das Leben geübt. Nur tut man(n) nun gut daran, eine »ebenso [!] schlaue Füchsin« zur Seite zu haben. Diese

Abb. 36
Borgward
»Nie ein besseres Fahrzeug als diesen Wagen gefahren« – den Diesel oder den Benziner?
Aus: *Orion* 4/1954

darf sich allerdings nicht zu weit von der ihr vorbestimmten Rolle entfernen, davon zeugt nicht nur ihre Plazierung auf dem Beifahrersitz. Sie ist das dekorative Accessoire der Anzeige, zuständig für den unernsten Teil des Lebens: »Die haben wir schön abgehängt.« Und sie darf die Papierschnitzel streuen – »mit Raffinesse«, wie sie den Frauen nun mal zu eigen ist.

Was der *Hansa 2400* (Abb. 33) eindrucksvoll mit Zahlen belegen kann, muß dem *GP 700* blumenreich angedichtet werden. Der »schnelle *Goliath* [. . .] jagt [. . .] über die regennassen Straßen. Durch die hervorragende Straßenlage [. . .] können die scharfen Kurven und schlechten Straßen [. . .] mit einem ›Affenzahn‹ « gefahren werden. Und wenn sich das siegreiche Paar dann »in aller Seelenruhe [. . .] Kaffee und Kuchen schmecken« läßt, wird das Auto gar zum »treue[n]« Gefährten, mit dessen Hilfe noch ganz andere Lebenshürden ›genommen werden‹ können.

Daß der 1954 vorgestellte »neue *Hansa 1500*« nicht von Anfang an *Isabella* heißt, beweist eine frühe Anzeige (Abb. 35). Ursprünglich war der südländische Frauenname lediglich als Tarnbezeichnung unter den an der Entwicklung des *Borgward Hansa 1500* beteiligten Ingenieuren gedacht. Es wird erzählt, daß Carl Borgward auf die Frage, was man dem neuen Wagen denn auf den Kühler schreiben solle, nur lakonisch geantwortet habe: »Das ist mir ziemlich egal. Meinetwegen schreibt *Isabella* dran.«[4.8] Offenbar wurde auch die Werbeabteilung von *Borgward* von dieser Entwicklung überrascht, denn noch herrschen in der Anzeige, abgesehen von den *zwei* jungen Frauen neben dem Fahrer, zeittypische Nierenformdynamik und denkbar knappe technische Informationen vor.

Welche Offenbarung der neue Name für die Anzeigentexter bedeutet haben muß, demonstriert dann eine spätere Anzeige (Abb. 38). Was anfänglich fehlte, wird nun um so heftiger nachgeholt: »Nicht von Ungefähr fiel dem neuen *Borgward* dieser Name zu.« Der Versuch einer Begründung klingt fast prophetisch: »In seinem Klang liegt ein funkelnder, voll ausschwingender Akzent.« Endlich geht es nicht mehr nur um ein Auto: »in seinem Wortsinn [liegt] das Gleichnis der Harmonie seiner Linien.« Bei so viel verbaler Begeisterung können die Grafiker nicht zurückstehen: auf drei Vektoren trägt es die ›schöne Linie‹ vor lauter Dynamik aus der Kurve – und wieder herein. Aber immerhin werden auf diese Weise drei Ansichten der eleganten Karosserie dargeboten, deren Schönheit auf Anhieb Scharen von Käufern findet: In den nächsten sieben Jahren werden über 200 000 Exemplare der *Isabella* abgesetzt.[4.9]

»Größte Automobilfabrik Deutschlands im Privatbesitz« heißt es in einer anderen Anzeige aus dem Jahr 1954 (Abb. 36). Tatsächlich gibt es in dieser Hinsicht nur einen Konkurrenten: Hans Glas aus Dingolfing in Niederbayern. In bezug auf Produktpalette und technische Innovationskraft ist Carl Borgward der einzige in Westdeutschland, der den großen Automobilgesellschaften Paroli bietet. Was die Familie Glas nicht kann, Borgward macht es möglich: Er investiert allein bis 1951 200 Millionen DM aus eigenen Mitteln.[4.10] Aber er ist eigensinnig, er gilt als einer, der von seinen Mitarbeitern alles verlangt – und von seinen Automobilen. Die Anzeigentexte benennen diese Ansprüche. »In Laufruhe und Großräumigkeit unerreicht«, heißt es in der Abbildung 37. Ein »Wagen der Vollkommenheit« ist der *Hansa 1800* (Abb. 36), und »nie ein besseres Fahrzeug gefahren« ist »ein Urteil von ungezählten«. Eine weitere Werbung verspricht dem potentiellen Kunden, »Herr über Raum und

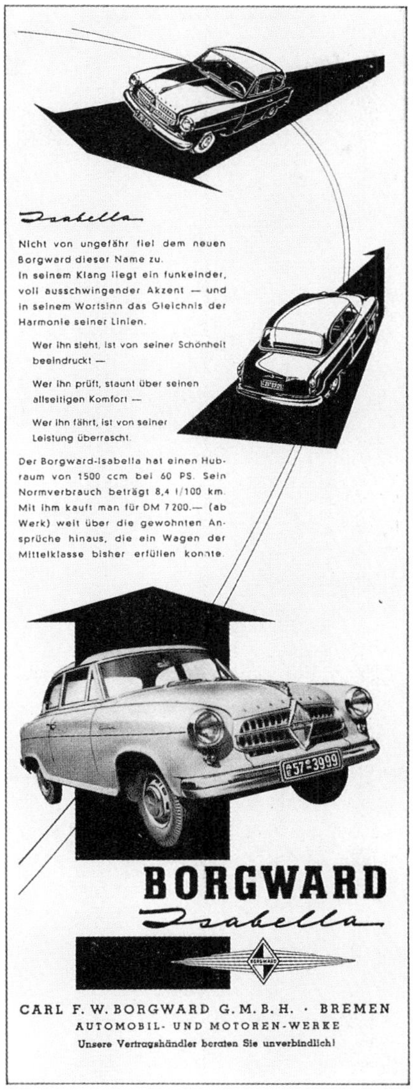

Zeit zu sein« mit einem Automobil aus dem Hause *Borgward* – wo auch der »einzige deutsche Wagen mit der Ideal-Konstruktion« geschaffen wurde (Abb. 43). Diese Linie setzt sich vor allem bei den größeren Fahrzeugen fort, wobei Angaben über technische Größen mehr und mehr verschwinden (vgl. Abb. 47, 48, 50, 51, 56). Es darf vermutet werden, daß die Wirkung verbaler Suggestionen dieser Art im Lauf der Jahre gegenüber den von der Konkurrenz zunehmend vorgeführten technischen Innovationen nachläßt.

Die vier Anzeigen Abbildung 35 bis 38 leben von ihrer grafischen Dynamik: Kurvenlinien, Rundbögen, Vektoren, Streifen und Raster. Das Auto wird in perspektivischer Verzerrung, gemalt und im Foto, zum Spielball der Bewegungsdarstellung. Seine Präsentation ist dem Gestaltungsprinzip der Anzeige untergeordnet. In den Abbildungen 35 und 36 findet man die in den frühen fünfziger Jahren häufig eingesetzte Nierenform – größer als das beworbene Fahrzeug. Die Wagen sind entweder gezeichnet oder im Foto freigestellt und so den grafischen Elementen formal angeglichen. Dabei sind die Möglichkeiten der nachträglichen Karosserieverschönerung großzügig ausgenutzt, die Fahrzeuge wirken länger, breiter, insgesamt größer als sie in Wirklichkeit sind. Tatsächlich halten nicht alle Autohersteller derartige ›Nachbesserungen‹ für nötig, wie etwa die Anzeigen der *Auto Union* zeigen (Abb. 23–32).

OBEN LINKS:
Abb. 37
Borgward
Mit »Beschleunigungszeiten«, »Höchstgeschwindigkeit« und »Geräuschentwicklung des Motors« Werbung für einen Diesel-Pkw.
Aus: *Elegante Welt* 6/1953

OBEN RECHTS:
Abb. 38
Borgward
Endlich *Isabella* – aber noch »D e r *Borgward-Isabella*«.
Aus: *Orion* 9/1954

Abb. 39
Lloyd
Weg vom »Leukoplastbomber«-Image mit Hilfe einer »Ganzstahlkarosserie«.
Aus: *Orion* 2/1955

Nachdem *Borgward* 1949 mit dem *Hansa 1500* den ersten deutschen Pkw mit Pontonkarosserie vorgestellt, ein Jahr später das erste automatische Getriebe auf den Markt gebracht hat, ist der 1952 präsentierte *Hansa 1800 Diesel* der zweite deutsche Wagen, der von einem Diesel-Motor angetrieben wird (Abb. 37).[4.11] Unter diesem Aspekt müssen die Werbeargumente gesehen werden: »Beschleunigungszeiten [...] Höchstgeschwindigkeit [...] Geräuschentwicklung« und »Diesel-Öl-Geruch« sind Punkte, die normalerweise für den Otto-Motor sprechen. Autos mit Diesel-Motor müssen sich diesbezüglich mit weitverbreiteten Vorurteilen auseinandersetzen. Das in dem von der Anzeige zitierten Leserbrief nicht erwähnte Hauptargument *für* den Diesel-Motor, der niedrige Verbrauch, wird – etwas geschönt, andere Quellen sprechen von 8 Litern pro 100 Kilometer[4.12] – unter den technischen Angaben versteckt. Man muß sich vergegenwärtigen, daß der Preisunterschied zwischen Diesel und Benzin 1953 erheblich ist: 10 Liter Benzin kosten 6,90 DM, 6,5 Liter Diesel aber nur 2,47 DM.[4.13] Auch wenn man »dafür [...] etwas mehr Leerlaufgeräusch in Kauf nehmen muß« – so das Ergebnis der Tester –, »kann man mit gutem Gewissen sagen: Der *Borgward*-Diesel ist n o c h besser als sein Ruf«.[4.14]

Am 2. Februar 1949 läßt Carl Borgward die Firma *Lloyd* als dritte Automobilfabrik wieder ins Bremer Handelsregister eintragen (siehe Kapitel 2).[4.15] Ziel der neuen Fertigungsstätte ist ein möglichst preiswerter Kleinwagen, der dann ein Jahr später unter der Bezeichnung *LP 300* auf den Markt gebracht wird. Er kostet 3324 DM – sein Austauschmotor 98 DM – und gilt bald als »ein primitives, aber bereitwilliges

Abb. 40
Lloyd
Die Angst des Fahrers vor dem Höhepunkt?
Aus: *Orion* 6/1955

Fortbewegungsmittel«.[4.16] Bis Ende 1952 werden von dem mit einem 10 PS starken 293-ccm-Motor ausgestatteten Wagen über 18 000 Exemplare ausgeliefert.[4.17] Im Volksmund heißt er schnell »Leukoplastbomber«, da seine Karosserie aus mit Kunstleder bezogenen Sperrholzplatten besteht. Selbst ein zweisitziges Coupé und eine Kombiausführung werden erfolgreich angeboten.

Der Erfolg ermutigt *Borgward* zu weiteren Investitionen: Auf der *Internationalen Automobil-Ausstellung* 1953 in Frankfurt wird der *Lloyd LP 400* mit einem 400-ccm-Motor vorgestellt. In der Folge werden schrittweise die Seitenteile, die Motorhaube, dann das Heck und das Dach durch Stahlblechteile ersetzt, bis schließlich von November 1954 an das Fahrzeug »in Ganzstahl« beworben werden kann (Abb. 39). Die Werbung setzt zunächst ganz auf das neue Karosseriematerial, das dem Kleinwagen endgültig die Zugehörigkeit zur großen Autofamilie sichert. Leistungsdaten werden nicht genannt, lediglich die günstigen Unterhaltskosten, der »Kraftstoff-Normverbrauch«, die Jahressteuer und die Versicherungsprämie sind angeführt. In

Abb. 41
Goliath
»[B]ergfreudig« und »wendig« – kein *Goliath* aus dem Geschichtsbuch.
Aus: *Die Kunst* 8/1955

Verbindung mit der in der Zeichnung geschönten Karosserie – »Äußerlich formvollendet, innen mit letzter [!] Geschicklichkeit genutzt« – präsentiert sich ein durchaus attraktives Kleinauto, von dem bis 1957 fast 110 000 Exemplare ausgeliefert werden.[4.18]

Es spricht sich jedoch herum, daß der (›Wer den Tod nicht scheut, fährt‹-)*Lloyd* mit seinem 13-PS-Zweitakter etwas untermotorisiert ist. Mit Anzeigen wie auf der Abbildung 40 soll dem reiselustigen deutschen Autofahrer die Angst vor der Steigung genommen werden. Offensiv wird das scheinbare Hindernis zum Wunschziel erklärt: »Berge [. . .]? Der *Lloyd* ist hierfür gerade richtig«. Der Motor habe »sich besonders in den Bergen tausendfach bewährt«. Da sich die eingesetzte Fotografie aufgrund der senkrecht wachsenden Bäume nicht ausreichend schrägstellen läßt, zeigt eine kleine Zeichnung, wie beeindruckend steil 31,5 Prozent Steigung in der Theorie sind. Dafür wird dann auf die genaue Angabe der Zuladung in der Praxis dieses Extremfalles verzichtet; ebensowenig wird klar, ob es sich bei dem abgebildeten Fahrzeug noch um eine Sperrholzkarosserie oder schon um die schwerere Ganzstahlausführung handelt.

Immer noch ohne jede Typenbezeichnung wird der *Goliath,* es ist inzwischen der *700 GP E,* in den Anzeigen von 1955 (Abb. 41) beworben. Nur relativ wenige *Borgward*-Händler haben sich bereit erklärt, neben den großen *Hansa*-Limousinen auch den *Goliath* anzubieten.[4.19] Mit seinem 688-ccm-Zweitakt-Zweizylindermotor leistet der »E(inspritzer)« aber immerhin 29 PS und kann mit einer Höchstgeschwindigkeit von 110 Kilometern pro Stunde aufwarten. Da die einzige Konkurrenz seiner Klasse, der *DKW Sonderklasse,* jedoch eine größere und kräftigere Maschine und eine entsprechend höhere Spitzengeschwindigkeit bietet, profiliert sich der *Goliath* auf den Gebieten, auf denen er überlegen ist: sein »vollsynchronisiertes 4-Gang-

Abb. 42
Goliath
Die Suggestivkraft der Fotografie.
Aus: *Das Beste aus Reader's Digest* 6/1955

Getriebe«, sein »Frontantrieb«, sein größeres Platzangebot und sein »großer Kofferraum« sind die Hauptargumente des Werbetextes. Daß dieser Weg erfolgreich ist, zeigen die Verkaufszahlen, denn trotz motorischer Unterlegenheit können 1955 fast 10 000 Exemplare ausgeliefert werden.[4.20]

Bemerkenswert ist die souveräne grafische Umsetzung des Anzeigenslogans »Fahrsicher und schnell«. Die stilisierten Straßenkurven werden von den Rundungen des Wagens aufgenommen und aufgelöst, während sich die ›schnelle‹ gerade Straße in den Zeilen des Werbetextes widerspiegelt.

Hat diese Werbung einen eher theoretischen Ansatz, so führt eine andere (Abb. 42) den praktischen Einsatz des *Goliath* vor. Zwei konkrete Fotografien bilden den ›wirklichen‹ Hintergrund für die fiktiven Ausführungen des Werbetextes, hier in Form von Bildunterschriften. Ob die im oberen Foto versammelten fünf Personen tatsäch-

Abb. 43
Goliath
Bescheidenheit ist eine Zier, ...
Aus: *Das Schönste* 6/1957

lich ohne weiteres in den Wagen passen, ist ebenso ungewiß wie die suggerierte Schnelligkeit des im unteren Foto vorgeführten Überholvorgangs. Folgt man jedoch dem Anzeigentext, so vervollständigt man die Situationsfotos gedanklich zu den beabsichtigten Projektionen. Das ist allerdings nur deshalb problemlos möglich, weil in der Werbung der Klasse bis 1000 ccm noch keine Profilierung über theoretische Motordaten üblich ist.

Mit der Abkehr vom Zweitaktprinzip bekommt der 1957 vorgestellte neue *Goliath 1100* auch einen auf 1093 ccm vergrößerten Hubraum – und nennt folgerichtig seine Motorstärke in PS (Abb. 43).

Es gibt zwei Gründe für diese gravierende Änderung der Firmenpolitik bei *Borgward.* Zum einen sind die Möglichkeiten der Leistungssteigerung beim Zweitakter trotz Einspritzung und neuer Vergasersysteme begrenzt – vom *GP 700* aus dem Jahr 1950 bis zum *GP 900 E* wurde die Motorstärke schrittweise von 24 auf 40 PS erhöht. Zum anderen sind die Ansprüche der deutschen Autofahrer an die Motorkultur gewachsen; die Anteile der Wagen mit Zweitaktmotor an den gesamten Zulassungszahlen haben rapide abgenommen.[4.21] So entschließt man sich bei *Borgward* nicht nur zum Viertakter, sondern auch zu vier Zylindern in einem Boxer-Leichtmetallmotor. Das ist für den Frontantrieb tatsächlich eine sehr gute Lösung, die von der Werbeabteilung auch gleich mit der *Borgward*-eigenen Bescheidenheit umgesetzt wird. »Einziger deutscher Wagen mit der Ideal-Konstruktion« lautet der neue Vorstoß in Richtung Klassenprimus *VW Käfer.* Aber natürlich reichen der größere Innenraum und das »sperrsynchronisierte« Getriebe allein nicht aus, um dem *Volkswagen* ernsthaft Konkurrenz zu machen. Da der *Goliath 1100* auch noch 2200 DM teurer ist als der *VW,* dürfen die im ersten Produktionsjahr verkauften fast 15 000 Wagen durchaus als Achtungserfolg angesehen werden.[4.22]

Abb. 44
Lloyd
»Kein Experiment« auf dem Weg zur »Vollmotorisierung« eingehen, sondern »gegen jedes Risiko« das kaufen, was »tausendfach bewährt« ist.
Aus: *Film und Frau* 27/1957

Das von der Anzeige in den Vordergrund gestellte neue Antriebsaggregat – von *Borgward* auch im Kleinlaster *Expreß 2000* eingesetzt – kommt sehr gut an: »Der Motor ist ein ganz großer Wurf.«[4.23] Aber der Begriff *Goliath* ist aus Dreirad- und Zweitakter-Zeiten zu negativ belastet, um mit ihm große Absatzzahlen zu erreichen. Die Tatsache, daß der Name *Borgward* in der Anzeige nicht auftaucht, offenbart möglicherweise die diesbezüglichen Berührungsängste der Mutterfirma. Also muß der *Goliath 1100* ein Jahr später sterben, um unter der Bezeichnung *Hansa 1100* ein neues Leben zu beginnen (Abb. 53).

1955 bekommt auch der ehemalige »Leukoplastbomber« von *Lloyd* einen Viertaktmotor, allerdings wird die Zylinderzahl – zwei in Reihe – nicht erhöht. Der Hubraum wird auf 600 ccm vergrößert, was die Motorleistung auf 19 PS ansteigen läßt. Er heißt nun *Lloyd 600/Alexander* und verkauft sich schon in seinem zweiten Jahr besser als jeder andere Wagen seiner Klasse.[4.24] Das positive Image verdankt er vor allem seinem kultivierten Äußeren,[4.25] und in diese Richtung zielt nun auch die Anzeigenwerbung (Abb. 44).

Zwei Fotografien zeigen ein junges, offensichtlich gutsituiertes Paar beim Autokauf. Die dargestellte Gesprächssituation im trauten Heim zeugt von gemeinsamer Meinungsbildung der beiden – den Schlüssel jedoch erhält demonstrativ der Ehemann, seine Frau hat schon auf dem Beifahrersitz Platz genommen. Kinder tauchen nicht auf, jedoch ein schmuckes Eigenheim im Bildhintergrund. Der umfangreiche Anzeigentext sucht den schon einige Jahre andauernden Verkaufserfolg des *Lloyd* zu konsolidieren. Mit dem Vorschlag »Testen Sie ihn selbst« wird dieser Ansatz auf die potentiellen Käufer übertragen. Auch sie sollen »gegen jedes Risiko« das, was sich »vieltausendfach bewährt« hat, wählen, »kein Experiment« eingehen. »Gediegene« Eleganz muß auf dem Weg zur »Vollmotorisierung« aus-

OBEN:
Abb. 45
Borgward
Es ist erreicht: Nichts lenkt mehr ab vom Eigentlichen.
Aus: *Orion* 8/1957

GEGENÜBER:
Abb. 46
Borgward
Ein Traum von einer *Isabella.*
Aus: *Das Schönste* 6/1957

reichen. »Sicherheit um jeden Preis« – auch den der Technikinnovation? –, das Erreichte sichern, nicht die ›Katze im Sack‹ kaufen, sind die Hauptargumente zur Abgrenzung gegenüber der Konkurrenz. Machen sich vielleicht auch hier erste Anzeichen für die gegen Ende der fünfziger Jahre beginnende politische Restauration bemerkbar?

Davon ist die in einer anderen *Borgward*-Anzeige (Abb. 45) dargestellte Situation nicht nur räumlich weit entfernt. Italien ist für die meisten Deutschen Ziel aller Reiseträume. Die Alpen Richtung Süden überwunden zu haben, noch dazu mit einem derart vorzeigbaren Produkt des deutschen Wirtschaftswunders, ist eine nahezu perfekte Werbeprojektion. Die *Borgward*-Werbeabteilung hat allen Grund, sich auf die Wirkung der bloßen Fotografie zu verlassen – und die notwendige Souveränität, denn der als *Isabella* bekannt gewordene *Borgward Hansa 1500* ist inzwischen so erfolgreich, daß man sich ein derartiges Experiment erlauben kann. Der Inhalt des Fotos ersetzt jeden Werbetext: Wie so oft, sind *zwei* Frauen und *ein* Mann abge-

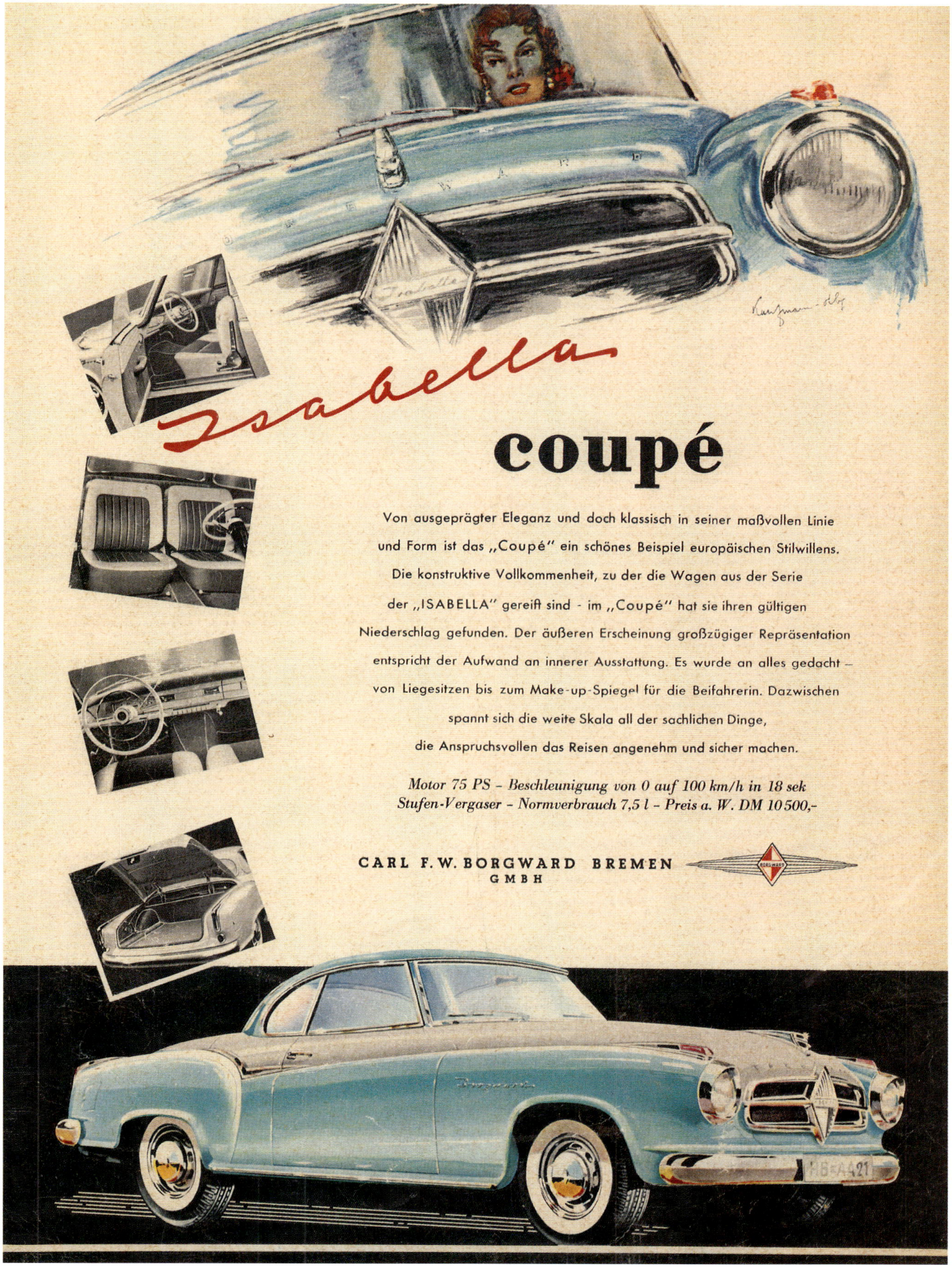
Isabella
coupé
Von ausgeprägter Eleganz und doch klassisch in seiner maßvollen Linie
und Form ist das „Coupé" ein schönes Beispiel europäischen Stilwillens.
Die konstruktive Vollkommenheit, zu der die Wagen aus der Serie
der „ISABELLA" gereift sind - im „Coupé" hat sie ihren gültigen
Niederschlag gefunden. Der äußeren Erscheinung großzügiger Repräsentation
entspricht der Aufwand an innerer Ausstattung. Es wurde an alles gedacht –
von Liegesitzen bis zum Make-up-Spiegel für die Beifahrerin. Dazwischen
spannt sich die weite Skala all der sachlichen Dinge,
die Anspruchsvollen das Reisen angenehm und sicher machen.
Motor 75 PS - Beschleunigung von 0 auf 100 km/h in 18 sek
Stufen-Vergaser - Normverbrauch 7,5 l - Preis a. W. DM 10 500,-
CARL F. W. BORGWARD BREMEN
GMBH

Abb. 47
Borgward
Der wirklich »Anspruchsvolle« wählt den ruhenden Verkehr.
Aus: *Westermanns Monatshefte* 4/1958

bildet – der potentielle Autokäufer darf sich in die Rolle des Fotografen hineinversetzen. Dabei macht der Wagen den jungen Frauen durchaus Konkurrenz, nicht nur durch den Namen, auch seine rot lackierten Rundungen weisen ihn als durchaus sinnliches Objekt der Begierde aus.

Vom großen Erfolg der *Isabella* ermutigt, bringt *Borgward* drei weitere Modellvarianten auf den Markt: die *Isabella TS* (1955), die *Isabella coupé* (1957) und die *Isabella (TS) de Luxe* (1957) (siehe Abb. 46–48).

Die *Isabella-coupé*-Anzeige Abbildung 46 von 1957 bietet den ›geschlossenen Zweisitzer‹ »aus der Serie d e r ›*Isabella*‹« nun eindeutig mit weiblichem Geschlecht an. Gleich einem Traumbild hat sich aus dem Fahrzeug die leicht impressionistisch gemalte Einheit aus Wagen und rothaariger Spanierin gelöst. Auch der Anzeigentext benutzt eine Werbesprache, die für ein Automobil ebenso wie für eine Frau gelten könnte. »Von ausgeprägter Eleganz« sei dieser Traum der potentiellen Käufer und dient »der äußeren Erscheinung« zu »großzügiger Repräsentation«. Viele »sachliche Dinge« werden geboten, aber auch »Liegesitze« und der »Make-up Spiegel für die Beifahrerin« – ›Beifahrer‹ sind offenbar immer weiblich.

Im Gegensatz zu den praxisbezogenen Anzeigen der übrigen *Borgward*-Fahrzeuge scheint hier nur noch die persönliche Profilierung des Fahrers – der Fahrerin (?) – eine Rolle zu spielen. Ihr dient auch ein ganz neues, bei *Borgward* bisher noch nicht in Erscheinung getretenes Argument: die »Beschleunigung von 0 auf 100 km/h«. Mit Hilfe des auf 75 PS verstärkten Motors soll es dem Fahrer auch im täglichen Verkehr möglich sein, der anonymen Konkurrenz seine Vormachtstellung zu demonstrieren.

Von solch niederen Instinkten ist der wirklich »Anspruchsvolle«, um den die Anzeige Abbildung 47 wirbt, unabhängig, er bekommt die *Isabella de Luxe* – angeboten. In elegantem Strich gemalt, setzt die Werbung auf den bloßen Repräsentationscharakter, den der in den Vordergrund geschobene und dadurch übergroß wirkende Wagen ausstrahlt. Natürlich hat auch er – das ist der Hauptunterschied zur normalen *Isabella* – d e stärkere Maschine, aber das muß hier nicht erwähnt werden. Ganz Statussymbol ›steht‹ er im Mittelpunkt, seine fahrtechnischen Qualitäten sind nicht angesprochen. Er wird von außen begutachtet, es sitzt niemand am Steuer. Seltsamerweise sehen ihn die beiden Frauen der in der Abbildung versammelten Gruppe nicht an; sie scheinen den Männern zuzuhören, denen sie sich zuwenden.

Auch die beiden Frauen, die in der *Isabella TS* zu sehen sind (Abb. 48), wenden ihre Aufmerksamkeit nicht dem Wagen zu. Dessen »elegante und komfortable Ausstattung« erfordert offenbar ihr – hier mit Hilfe des Lippenstifts angestrebtes – perfektes Aussehen, um beim anderen Geschlecht noch ausreichend Aufmerksamkeit zu erregen neben dieser *Isabella*. So scheinen *sie* in Wirklichkeit erfüllen zu müssen, was sie, folgt man dem Werbetext, selbst stellen: »die verwöhntesten Ansprüche«. Da die Anzeigenillustration nur einen sehr begrenzten Ausschnitt des Wagens zeigt, ist er darunter – zwecks Wiedererkennung auf der Straße – noch einmal im Ganzen abgebildet.

Eine nächtliche Autofahrt dient als Hintergrund für eine weitere *Borgward*-Werbung (Abb. 48). In Reimen werden hier die fahrerischen Vorzüge der *Isabella* geschildert.

OBEN LINKS:
Abb. 48
Borgward
Zwei Frauen und die *Isabella* – wem wird wohl die größere Aufmerksamkeit zuteil werden?
Aus: *Das Beste aus Reader's Digest* 9/1958

OBEN RECHTS:
Abb. 49
Borgward
Verteilung auf elegant-kapitalistische Art: »Jedem das Seine – Anspruchsvollen eine *Isabella*.«
Aus: *Orion* 11/1956

OBEN LINKS:
Abb. 50
Borgward
Ein Satz und *ein* Auto beinhalten alles: Luxus, Repräsentation, Stil, Eleganz, Kultur, Geschmack und Besitz.
Aus: *Chic* 4/1959

OBEN RECHTS:
Abb. 51
Borgward
Urlaubsgrüße von *Isabella.*
Aus: *Praline* 4/1959

GEGENÜBER:
Abb. 52
Borgward
Hier wird Renngeschichte – gemalt.
Aus: *Hobby* 11/1958

Drei Frauen sprechen »von diesem und jenem«, sie haben »wieder einmal Bekannte geseh'n«. Straßenzustandsberichte und Wetter interessieren sie offenkundig nicht: »Was weiß man von Kurven, von schlechten Wegen, von schneidendem Sturm, von glättendem Regen?« Die sich daraus ergebenden Probleme lösen der Wagen (»Ruhig bei zehn, ruhig bei hundert«) und der Fahrer[?]. Im Anzeigenslogan werden die Produktionsgüter des aufkommenden Wirtschaftswunders auf elegant-kapitalistische Art verteilt: »Jedem das Seine – Anspruchsvollen eine *Isabella*«.

Auffällig ist noch das französische Zitat aus der Zeitschrift *Science et vie,* der »Anspruchsvolle« sollte also Fremdsprachenkenntnisse besitzen.[4.26]

Bildung ist auch die Folie einer Anzeige aus dem Jahr 1959 (Abb. 50). Aus einer zur klassischen Ruhmeshalle überhöhten Kulturstätte kehren gut gekleidete Menschen paarweise in die Gegenwart zurück: zu ihren Fahrzeugen. Die in der Zeichnung perspektivisch verzerrten Wagen sind übergroß in den Vordergrund geschoben, was durch die asymmetrische Gesamtform der Illustration noch verstärkt wird. Die eingeschalteten Scheinwerfer demonstrieren die Fähigkeit des sicheren Personentransports auch zur Nachtstunde. Der Anzeigentext faßt alle für das *Isabella*-Image bedeutsamen Begriffe – Luxus, Repräsentation, Stil, Eleganz, Kultur, Geschmack, Besitz – beeindruckend kompakt in einem Satz zusammen: »*Borgward Isabella de Luxe* repräsentiert in stilvoller Eleganz den kultivierten Geschmack ihres Besitzers.«

In einer zweiten, kleineren Zeichnung wird noch auf den alltäglichen Einsatz des Fahrzeugs Bezug genommen – und auf männliche Promiskuität. Ein Mann, zwei Frauen und die *Isabella* – welche wird er wohl erwählen?

1959 ist die Verkaufswelt im *Borgward*-Konzern offiziell noch in Ordnung, insgesamt 104 410 Fahrzeuge werden ausgeliefert,[4.27] die *Isabella* erreicht mit 38 248 Exemplaren ihren höchsten Jahresumsatz. Aber beim *Lloyd Alexander,* dem Zugpferd

BORGWARD
BORGWARD
20

OBEN:
Abb. 53
Goliath
Mit neuem Namen und »sportlichem Schwung« in eine ungewisse Zukunft.
Aus: *Für Sie* 8/1959

GEGENÜBER:
Abb. 54
Borgward
»Innen größer als außen« erscheint auch die Anzeige – mit fast 250 Wörtern Werbetext.
Aus: *Freundin* 21/1958

Borgwards, brechen die Absatzzahlen ein, über 25 Prozent weniger Fahrzeuge als im Vorjahr werden verkauft.[4.28]

Vergleicht man die *Isabella*-Werbung (Abb. 51) mit zeitgleichen Anzeigen (z. B. Abb. 77, 131), so drängt sich der Eindruck auf, daß die *Isabella* hier formal schon nicht mehr auf der Höhe der Zeit beworben wird. Kurvenformen und starke Muster, deren Hoch-Zeit Mitte der fünfziger Jahre endete, sind nur noch selten in Anzeigen zu finden. Zudem werben die Neuentwicklungen der Konkurrenten *Opel, Ford* und *Mercedes-Benz* mit praxisnaher Technikinnovation. Für den erfolgreichen Automobilabsatz reicht es offensichtlich nicht mehr, die »Reife der Konstruktion« und den »Zuschnitt der äußeren Form« zu beschwören, damit allein erlangt man keine Gültigkeit »über die Gegenwart hinaus«.

Der Automobilrennsport wird seit den dreißiger Jahren von praktisch allen großen Herstellern zur Imagepflege eingesetzt. Was um die Jahrhundertwende ein Test für die verschiedenen Autotypen und -marken war, hat sich zum werbewirksamen Technikspektakel entwickelt. Auch Carl Borgward erkennt das und gründet schon früh einen eigenen Rennstall. Spektakulär sind zunächst vor allem die 38 Weltrekorde, die ein *Goliath*-Dreirad-Rennwagen 1951 in Frankreich aufstellt; leider gibt es für diesen Typ noch keine eigene Rennklasse, er gilt als ›Motorrad mit Seitenwagen‹.

Bei dem in der Abbildung 52 dargestellten Rennwagen handelt es sich um den *Hansa 1500 RS* (Rennsport), Typ *Inka.* Mit ihm werden insgesamt zwölf Weltrekorde aufgestellt; er fährt in der *Formel V,* aber auch einige Male erfolgreich bei der *Panamericana* mit. In seiner letzten Ausführung verfügt er über 160 PS, was ihm zu einer Spitzengeschwindigkeit von 230 Kilometern pro Stunde verhilft.

Aber er ist mehr ein Hobby einer Gruppe von *Borgward*-Ingenieuren, nur etwa acht Exemplare kommen zum Renneinsatz.[4.29] Als bei der *IV. Carrera Panamericana* im November 1953 gut 200 Kilometer vor dem Ziel ein Ansaugrohr bricht, was die Motorleistung stark reduziert, wird der *1500 RS* trotz Bestzeit disqualifiziert, da er die laut Reglement zulässige Höchstzeit für die letzte Etappe um sieben Sekunden überschritten hat. Der Publicity tut das jedenfalls keinen Abbruch, im Gegenteil: das »*Carrera* Drama der 7 Sekunden« findet in der Krönung des *Borgward*-Werksfahrers Hans Hugo Hartmann zum »moralischen Sieger« ein breites Echo in den westdeutschen Zeitungen.[4.30]

Die bereits angesprochene Namensänderung des *Goliath* zum *Hansa 1100* findet im August 1958 statt. »Technisch hat sich an dem Wagen praktisch nichts geändert, und dazu bestand ja auch kein Grund. In seinen Hauptmerkmalen ist er ohnehin [...] einer der modernsten überhaupt«, schreibt die Presse.[4.31] Tatsächlich steigen die Verkaufszahlen an, allerdings nicht so stark wie erhofft. Die enorme Modellvielfalt – es werden allein von *Hansa 1100* vier Karosserievarianten mit jeweils verschiedenen Motoren und Ausstattungen angeboten – macht ertragreiche Stückzahlen einzelner Baureihen fast unmöglich. Diese werden zusätzlich durch eine unvernünftige Aufpreispolitik erschwert, der Wagen ist zu umfangreich ausgerüstet: »seine liebevolle Innenausstattung erinnert fast an ein Boudoir«,[4.32] »nur die vielen Knöpfe an der Unterseite [des Armaturenbretts] stören etwas«.[4.33] Sechs verschiedene Pkw-Typen mit außergewöhnlich vielen Modellvarianten bietet die *Borgward*-Gruppe 1959 an

Innen größer als außen -

das ist das Merkmal der ISABELLA-Typen. Die Zeit der massigen Kolossal-Karosserien »nach außen Verdrängung - nach innen Beengung« ist vorbei. Außen ein graziler und wendiger Wagen, überrascht Isabella mit der Raumfülle, die sie im Innern bietet. Das gilt für die Insassen wie auch für das Gepäck, welches in dem jetzt um 10 % vergrößerten Kofferraum reichlichen Platz findet. Man macht es sich ja so gern auf den weichen, geschmackvoll und gediegen verarbeiteten Polstern bequem; ihre anatomische Passform sorgt für stetes Wohlbefinden. - Das breite Seitenblickfeld ist nicht unterbrochen und gewährt besonders an Kreuzungen Sicht und Sicherheit.

Bewährte Vorzüge

Sicherheits-Lenkrad ·
Lichthupe ·
kombinierte Instrumententafel
mit elektrischer Zeituhr,
Kilometer-Tageszähler
und regulierbarer Beleuchtung ·
Klima-Anlage mit Stufenregelung,
wirksamer Entfrostung
und Standheizung (Mehrpreis) ·
zweifarbige Innenausstattung ·
Einzel-Liegesitze ·
Sitzbreite 1,49 m ·
gepolsterte Sonnenblenden ·
Rückblick-Breitspiegel ·
Netztasche ·
selbstschaltende Innenbeleuchtung ·
75-PS-Motor 1,5 Liter ·
Beschleunigung von 0 auf 100 km/h
in 18,5 sek. ·
Steigfähigkeit 42% ·
vollsynchronisiertes 4-Gang-Getriebe
hydraulische Kupplungsbetätigung ·
Tank-Füllung für mehr als 500 km ·
beleuchteter Kofferraum ·
abgefederte Kofferraum-Haube,
von innen zu verriegeln ·
Ein-Schlüssel-System ·
Türschlösser mit Sternriegel ·
Schlüssellöcher mit Nässeschutz ·
schlauchlose Reifen ·
Duplex-Bremsen vorn ·
Spurkreis 9,8 m ·
selbsttätige Blinker-Rückstellung ·
Parkleuchten ·
asymmetrisches Abblendlicht ·
Vierfach kombinierte Heckleuchte ·
Rücklicht-Bremslicht-Blinker ·
serienmäßiger Rückscheinwerfer ·
geschmackvolles Farben-Programm ·
zahlreiche Sonder-Ausstattungen ·

Preis ab Werk
Isabella DM **7 220.-**
Isabella TS DM **8 080.-**

Isabella TS 1959

CARL F. W. BORGWARD GMBH · BREMEN

Der Zeit voraus mit BORGWARD

OBEN:
Abb. 55
Lloyd
Auch eine ›Bella‹,
aber leider keine ›Isa‹.
Aus: *Das Schönste* 10/1959

GEGENÜBER:
Abb. 56
Borgward
Isabellas liebster Ferien(park)platz.
Aus: *Elegante Welt* 6/1959

und verkauft zusammen gut 90 000 Wagen. Zum Vergleich: *Ford* verkauft zur gleichen Zeit von zwei Typen 130 000 und *Opel* von vier Typen 311 000 Einheiten, von *Volkswagen* gar nicht zu sprechen.[4.34]

»Werden Sie daran denken?«, fragt der Slogan einer Anzeige von 1959 (Abb. 53) und erläutert im Kleingedruckten, was erinnert werden soll: die Vorzüge des Wagens. Der erklärte »sportliche Schwung« wird durch das in der Illustration heranbrausende Fahrzeug demonstriert und von vier stilisierten grafischen Pfeilen auf das eigentliche Ziel der Werbeaktion gelenkt: einen »Gutschein«, den einzusenden man[n] nicht vergessen soll. Aber auch eine solche in sich schlüssige Anzeige kann den *Borgward*-Zusammenbruch, der sich schon ein Jahr später abzeichnet, nicht verhindern, und so bleibt der *Hansa 1100* der letzte seiner Baureihe.

Möglicherweise unter dem Druck der sinkenden Umsatzzahlen beginnt *Borgward* noch 1959 mit Anzeigen, die detaillierte technische Angaben zur *Isabella* enthalten (Abb. 54). Auch wenn nicht gerade mit technischen Neuerungen geworben wird – die »Vorzüge« sind »bewährt«, die Verarbeitung »gediegen« –, so ist doch eine

Isabella
coupé
die „First Lady"
unter den Automobilen
HAM-B 95
BORGWARD

enorme Informations(über)fülle angeboten. Der Slogan »Innen größer als außen« erinnert zwar noch an die bekannten *Borgward*-Sprüche, aber im weiteren Text sind Veränderungen spürbar. Sätze wie »Die Zeit der massigen Kolossal-Karosserien [...] ist vorbei«, klingen im Zusammenhang mit Carl Borgwards Vorliebe für ›Pullmann‹-Ausführungen zumindest ungewöhnlich.[4.35] Der Praxisbezug der Anzeige zeigt sich nicht nur in vierzig einzeln aufgeführten »Vorzüge[n]«, zusätzlich demonstriert eine ›Röntgen‹-Zeichnung den praktischen Reiseeinsatz der *Isabella.*

Diese Richtungsänderung gilt jedoch nicht für die »›First Lady‹ unter den Automobilen«, das *Isabella Coupé:* nicht *eine* nüchterne Sachinformation zum beworbenen Pkw lenkt von der schönen Form ab. Auch diese Anzeige (Abb. 56) zeigt einen Reiseeinsatz, der aber wenig konkret wird. Das Auto ist Selbstzweck geworden, das gehobene landschaftliche Ambiente tritt hinter den formschönen Fahrzeugen zurück und dient lediglich zur Verstärkung ihrer Aura.

Mit den größten Erwartungen ist der Produktionsbeginn der *Lloyd Arabella* im August 1959 verbunden. Nicht nur der schöne – weibliche – Name, auch ihr modernes, leicht amerikanisches Äußeres ermöglichen ihr einen guten Start. Am besten kommt jedoch der Preis an: 5250 DM, das sind nur einige hundert Mark mehr, als für den sehr ähnlichen *DKW Junior* (Abb. 30) oder den *VW Käfer* bezahlt werden müssen – bei einer konkurrenzlosen Serienausstattung. Den niedrigen Endpreis erfordert die Lage des Pkw-Marktes, die zu reichhaltige Ausstattung nicht. Als sich bei dem nicht ganz ausgereiften Fahrzeug auch noch technische Anfangsschwierigkeiten bemerkbar machen – Hunderte der im eigenen Hause entwickelten Getriebe müssen auf Kosten von *Borgward* gegen firmenfremde ausgetauscht werden –, beginnt man nachzurechnen. Bald wird klar, daß jeder verkaufte Wagen ein Minus bedeutet. Die nachträglich eingeführte Aufpreispolitik läßt sich bei den Kunden nicht durchsetzen und wird daher wieder zurückgenommen.[4.36] Verarbeitungsmängel – durch das Dach eindringendes Regenwasser wandelt den Namen *Arabella* im Volksmund zu ›Aquabella‹ – ruinieren endgültig den Ruf dieses Fahrzeugs, mehr und mehr Wagen stehen auf Halde. Die Absatzsituation wird zunehmend schwieriger, die Finanzlage des Konzerns immer bedrohlicher. Im September 1960 zieht Carl Borgward die ersten ›Konsequenzen‹: er entläßt 900 Mitarbeiter.[4.37]

Die *Arabella*-Anzeige (Abb. 55) zeigt – mit einem optischen Griff in die Vergangenheit – noch einmal beste *Borgward*-Werbetradition. Es ergibt sich jedoch keine Symbiose mehr aus Fahrzeug und antikem Hintergrund wie in Abbildung 50, eher lebt die Illustration von dem durchaus reizvollen Gegensatz zwischen neuzeitlichem Autodesign und klassischen Säulen. Der Text erweist sich als aktuell: »Charme, Chic, bezaubernde Eleganz« sind die neuen Reizworte der westdeutschen Konsumgesellschaft.[4.38] Andere – nicht mehr ganz so zeitgemäße Formulierungen wie »Wagen für Anspruchsvolle« – sind sinnvoll in den Fließtext eingeordnet und ergänzen so eine insgesamt attraktive Präsentation. Doch diese ›Bella‹ erfüllt die Erwartungen, die ihre Werbung aufbaut, nicht, und schon 1960 machen die *Lloyd*-Werke ein Rekordminus von 28,8 Millionen DM. Kreditbürgschaften des Bremer Senats helfen dem größten Arbeitgeber des Landes nur kurzzeitig, wie auch verschiedene Sanierungsversuche nach dem Ausscheiden von Carl Borgward aus seiner Firma das endgültige Aus für die traditionsreichen Namen nur einige Monate hinauszögern können.[4.39]

Abb. 57
Borgward
Harte Konkurrenz aus Chrom und Stahl:
»meine freundin *Isabella*«.
Aus: *Das Beste aus Reader's Digest* 6/1955

5 Die Frau in der Automobilwerbung

Es sind vorwiegend Frauen, die direkt nach Kriegsende mit dem Wiederaufbau beginnen, da viele Männer gefallen sind oder sich noch in Gefangenschaft befinden. Was schon während des Krieges mit ihrem Einsatz als »Ersatz-Arbeitskräfte«[5.1] begonnen hatte, setzt sich nun fort: Frauen müssen, nicht nur als »Trümmerfrauen«,[5.2] eine aktive Rolle im öffentlichen Leben übernehmen. Die so gestiegene Verantwortung verschafft ihnen in den ersten Jahren nach Kriegsende eine nahezu gleichberechtigte Position neben den Männern. Diese »wurden auch, wenn man zeitgenössischen Berichten glauben darf, im allgemeinen schlechter mit dem zermürbenden Nachkriegsalltag fertig als das ›schwache‹ Geschlecht. Zusätzlich fühlten sich viele von ihnen durch die ›neuen‹ tüchtigen Frauen verunsichert.«[5.3]

Abb. 58
BMW
Weil der »Herr Gemahl [...] mit seinem Wagen etwas eigen ist«, bekommt sie einen eigenen fahrbaren Untersatz, mit »vier Rädern – wie ein Auto«.
Aus: *Freundin* 21/1955

Die erreichte Parität hat jedoch im Laufe der in den fünfziger Jahren einsetzenden ökonomischen Erholung keinen Bestand. Auch die neuen deutschen Wirtschaftsführer haben den Frauen eine andere Rolle zugedacht. Mehr und mehr Schaltstellen der Macht werden mit Männern besetzt, immer mehr Familienväter verdienen wieder das Geld. Den Versuch der Männergesellschaft, ihre Vormachtstellung zu konsolidieren und die Frauen wieder zu ihren Kindern an den heimischen Herd zurückzudrängen, offenbart auch die Werbung. Sie ist ein sehr effektives, häufig eingesetztes Instrument zur öffentlichen Demonstration des gewünschten Verhältnisses der Geschlechter. Einige der diese Rollenzuweisungen transportierenden Anzeigen sollen im folgenden vorgestellt werden.

Die Automobilindustrie hat mit Frauen als Kunden zunächst kaum Kontakt. Die Männer verdienen das Geld, bestimmen, offiziell wenigstens, wofür es ausgegeben wird; die Frauen erhalten nur ein »Wirtschaftsgeld«. Die Männer sind also die Ansprechpartner für die Werbetreibenden, und die Anzeigen sind entsprechend gestaltet.

Meist sind nur die leeren, geschönt gemalten Automobile abgebildet (Abb. 38), häufig umgeben von Bewunderern, einzeln (Abb. 79) oder in Gruppen (Abb. 47): ein Männerspielzeug, das sich den potentiellen Käufern anbietet. Oft sind Frauen wie zur Dekoration den Abbildungsarrangements hinzugefügt (Abb. 25). Treten sie einzeln in Erscheinung, so sind sie entweder einladend auf dem Beifahrersitz (Abb. 24) oder dekorativ neben dem Wagen plaziert (Abb. 3). Ein weiterer großer Teil der Anzeigen zeigt – mit oder ohne Beifahrerin(nen) (Abb. 6, 15, 41) – einen Mann am Steuer: Konkurrenz und Vorbild zugleich für die männlichen Autokäufer.

Schließlich bleiben weniger als zehn Prozent, die die letzte Gruppe von Anzeigen bilden: Werbungen, in denen Frauen aktiv mit Autos – zum Beispiel am Steuer (Abb. 77) – in Verbindung gebracht sind. Das weibliche Geschlecht wird erst in dem Moment für die Autoindustrie interessant, in dem man einsieht, daß es an Kaufentscheidungen beteiligt ist (Abb. 44).

Den Frauen selbst werden zunächst allerdings nur Kleinwagen angeboten (Abb. 58), weil sich die an die Männer nicht mehr verkaufen lassen und nun der neuen Käuferschicht als ›Familienzweitwagen‹ angetragen werden. Hierfür müssen die Frauen direkt angesprochen werden, in Anzeigen, in denen sie mehr als bloßes Beiwerk sind.

Ein Problem ergibt sich dabei aus der geplanten Hierarchie der Geschlechter. Einerseits müssen alle gleichermaßen den projizierten Konsumleitbildern verpflichtet werden, andererseits sollen sich die Männer den Frauen – wieder – überlegen fühlen. Die Offerten an die Frauen dürfen also nicht zu den gleichen ›Freiheitsgefühlen‹ führen wie bei den Männern. Folgerichtig zeigen nur sehr wenige dieser Anzeigen die Frau als souveräne Verkehrsteilnehmerin (Abb. 73). In den meisten Fällen steht, wenn der Grund für die dargestellte Situation nicht fast schon beleidigend (Abb. 94) oder zumindest fragwürdig (Abb. 46) ist, eine bestimmte Rollenzuweisung dahinter (Abb. 65). Damit wird ein Frauenbild propagiert, das in krassem Gegensatz zu der gestiegenen gesellschaftlichen Bedeutung der Frauen in der Nachkriegszeit steht. Ganz konkret entwirft die Werbung das Bild einer stets attraktiven, ein wenig dummen, leicht oberflächlichen ›Dame‹, die sich nur in der Rolle einer Ehefrau und Mutter verwirklichen kann.

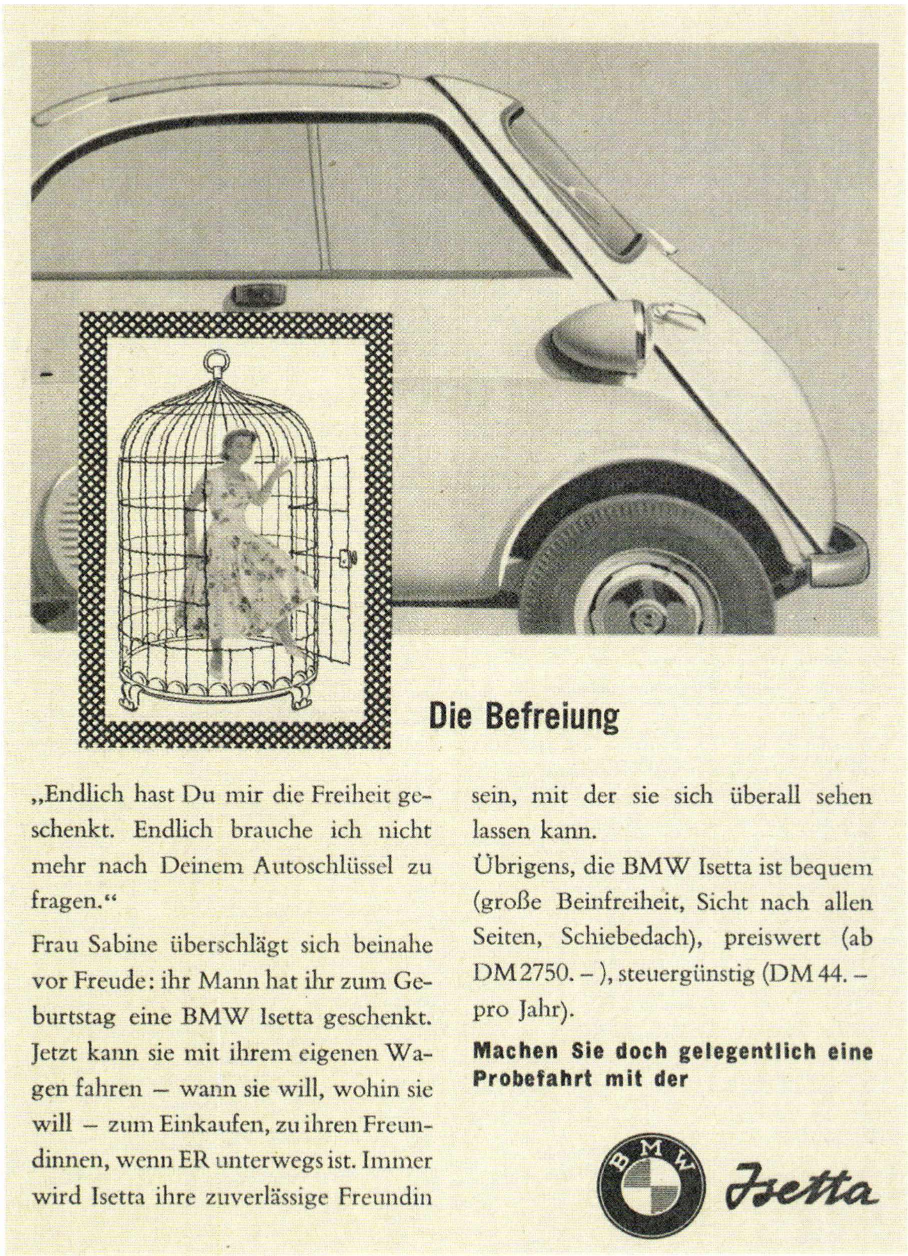

Abb. 59
BMW
Die Automobilindustrie propagiert die »Befreiung« der Frauen.
Aus: *Das Beste aus Reader's Digest* 5/1958

Zahllose Anzeigen ›basteln‹ an dieser Projektion – mit verschiedenen Ansätzen: Mal werden die Frauen einfach auf die gleiche Ebene wie die beworbenen Konsumgüter gestellt (Abb. 57), mal soll sich »die Dame des Hauses« in einen bestimmten Wagen – auf den Beifahrersitz – setzen, weil man »in dem [. . .] gut aussieht« (Abb. 63). Schwierig ist es, den Frauen ein Auto anzubieten, ohne sie vom Herd wegzulocken. Die Werbung ist gezwungen, Kaufmotivationen zu erfinden, die möglichst wenig mit der Steigerung individuell-weiblicher Lebensqualität zu tun haben. So ist es die »Mutti«, die ein Auto braucht, um »Peter [. . .] in die Schule, Gabi in den Kindergarten« fahren zu können (Abb. 65). Oder die »Dame«, die nicht rennen soll, sondern mit Hilfe eines Wagens auch unter höchstem Leistungsdruck noch ›damenhaft‹ wirken soll. Sogar die bloße Behauptung, daß Autofahren »[s]o leicht wie Kaffee kochen« sei, wird den – ungeschickten – Frauen als Kaufanreiz genannt. Die in diesem Kapitel aufgezeigten Rollenzuweisungen sind noch vierzig Jahre später – wenn auch auf subtilere Weise – üblich.

Abb. 60
Glas
Wollen Sie ›ganz Dame‹ sein?
Dann sprechen Sie mit »IHM«.
Aus: *Constanze Sommermode* 1955

Zwei mit leichter Hand reizvoll gezeichnete Frauen sind das beherrschende Element einer *Borgward*-Anzeige von 1955 (Abb. 57): »meine freundin *Isabella*« (»... und ich« – ist man geneigt, die Titelzeile aufgrund der Abbildung zu komplettieren). Eine der beiden Frauen fühlt sich offenbar genötigt, ein besonderes Dreiecksverhältnis zu verteidigen: die Dritte im Bunde, eine *Isabella,* gefalle »nicht nur den Männern«, auch *sie* »bewundere ihre Schönheit und Eleganz«. Die Konkurrenz scheint übermächtig, denn obwohl ihr Mann sagt: »Die und keine andere!«, fühle sie sich »nicht zurückgesetzt«. Soviel – fortschrittlicher (?) – Edelmut muß zumindest Erstaunen auslösen. Erstaunen, das sich erst legt, wenn man den abschließenden Hinweis erhält: »unsere Freundin ist unsere ...« unten in der Anzeige klein abgebildete *»Borgward Isabella«.*

Auch wenn man die von der Anzeige ohne Zweifel angestrebte Vieldeutigkeit nicht ganz ernst nimmt, ist zu erkennen, daß Frauen mit Autos auf eine Ebene gestellt werden. Wie käme man[n] sonst auf die Idee, die Möglichkeit, daß sich eine Frau durch ein Auto »zurückgesetzt« fühlen könnte, sei so realistisch, daß man daraus ein Anzeigenmotiv schaffen könnte. Tatsächlich ist die Beziehung von Männern zu ihren Fahrzeugen oft unnatürlich eng, und die Anzeige tut alles, um diese *Isabella* ebenfalls auf die Stufe einer echten Partnerin zu heben. Auch wenn die Werbung hier nur ein bereits existierendes Phänomen aufgreift, so etabliert und ver-

Abb. 61
NSU
Ein modernes Werbemärchen:
Prinz macht Frau zur Königin.
Aus: *Auto Motor und Sport* 10/1962

stärkt sie es damit doch – was sicher dem Automobilumsatz in Deutschland zuträglich ist. Insofern muß man die Anzeige wohl als gelungen ansehen.

Die Tatsache, daß so mancher Ehemann »mit seinem Wagen etwas eigen« ist, dient auch einer *BMW*-Anzeige (Abb. 58) von 1955 als Aufhänger: »Aufregung? Konflikte? Überflüssig ...«. Für derartige Probleme hält sie ein Patentrezept bereit: »Der Herr Gemahl [...] fährt seinen Wagen«, und »Frauen fahren besser ... *Motocoupé BMW Isetta*«. Der durchaus interessante Vergleich der Geschlechter in der Unfallstatistik geht dabei im Kleingedruckten unter. Während der repräsentative Wagen, aus dem *er* winkt, nicht näher vorgestellt wird, bemüht sich die Werbung, den Frauen die *Isetta* mit offiziell frauentypischen Argumenten näherzubringen: »Groß genug für eine dreiköpfige Familie, klein genug, um keine Garagen- und Parkprobleme zu kennen«. Die Schilderung der technischen Seite fällt etwas mager aus: Der Wagen fährt »auf vier Rädern – wie ein Auto«. Was jedoch nicht verhindert, daß er zur »Erfüllung aller Motorisierungs-Wünsche« der Frauen hochstilisiert wird.

OBEN:
Abb. 62
BMW
... und danach wieder an den Herd!?
Aus: *Constanze Sommermode* 1959

GEGENÜBER:
Abb. 63
Opel
Junge Frau erhört Kavalier,
der über Auto verfügt.
Aus: *Chic* 40/1959

Aber noch können die meisten deutschen Frauen einen Wagen nicht selbst bezahlen – zum Glück für die Männer, muß man fast sagen. Denn so läßt sich die Situation sogar noch ausnützen, wie eine *Isetta*-Anzeige (Abb. 59) aus dem Jahr 1958 vorführt: Kauft er ihr tatsächlich ein Auto, und wenn es nur eine *Isetta* ist, so bringt »ER« ihr »die Befreiung«. Sie braucht ihn dann »nicht mehr nach [s]einem Autoschlüssel zu fragen« und »überschlägt« sich daher »beinahe vor Freude«. Nun kann sie »fahren – wann sie will, wohin sie will – zum Einkaufen, zu ihren Freundinnen«, die dann ihre Männer sicher auch um »die Befreiung« bitten werden.

Auch wenn die Abhängigkeit der Frauen von ihren Männern hier konstruiert und übertrieben dargestellt ist, so bleibt der Kern doch wahr – und soll mit Hilfe der Anzeige verbreitet werden: Wer das Geld verdient, hat mehr Einfluß darauf, wofür es ausgegeben wird. (Und wer für seine Tätigkeit offiziell keinen Lohn erhält, wie die Hausfrau, dessen Arbeit erfährt auch weniger Anerkennung.)

Die technische Seite der *Isetta* wird vom Werbetext nicht einmal gestreift. Das ist sehr häufig der Fall in Anzeigen, die bei Frauen für Autos werben. Es drängt sich daher die Frage auf: Sollen sich die Frauen vielleicht überhaupt kein eigenes, realistisches Bild von den beworbenen Fahrzeugen machen? Oder werden sie bewußt als zu einfältig für komplizierte Autotechnik hingestellt (Abb. 64, 67)? Beim Blick auf

Regen, Sturm oder Sonnenschein – geborgen im REKORD bei jedem Wetter. Kursstabilität bei Seitenwind, beruhigend gute Straßenhaftung – für Sicherheit ist vorgesorgt. Genauso für die Behaglichkeit. Komfortabel und bequem ist dieser Wagen. Leicht und mühelos fährt man ihn. Ein Wagen, wie geschaffen für die Dame des Hauses… ein Wagen, der gut aussieht und – in dem man gut aussieht.

REKORD DM **6385.-** a.W.

Informieren Sie sich über die Modelle mit automatischer Kupplung

OPEL

der Zuverlässige

ADAM OPEL AG · RÜSSELSHEIM A.M. · OPEL-Dienst im In- und Ausland

OBEN LINKS:
Abb. 64
Daf
»Von der Technik habe ich garnichts gemerkt, und das ist genau richtig für mich.«
Aus: *Constanze* 7/1963

OBEN RECHTS:
Abb. 65
Auto Union
»Mutti« bekommt ein Auto, damit sie »die kleinen und die großen Alltäglichkeiten spielend bewältigen« kann.
Aus: *Constanze* 7/1964

die ›frauentypischen‹ Werbeargumente (Abb. 59) eröffnet sich aber noch eine ganz andere Sichtweise: Ein Wagen der »zuverlässig« und »bequem« ist, über »große Beinfreiheit«, »Sicht nach allen Seiten« und ein »Schiebedach« verfügt und noch dazu »preiswert« ist, bietet eigentlich sehr viel. Um wieviel ließe sich sein praktischer Wert mit Hilfe seiner Hubraumgröße, seiner PS-Zahl, der Beschleunigung und Spitzengeschwindigkeit noch steigern? Zeigt sich hier vielleicht nur – unfreiwillig – die Abhängigkeit der Männer von den theoretischen Daten, die weniger als Argumente für das Auto als zur persönlichen Profilierung des Besitzers taugen?

»Eine Dame rennt nicht«, verkündet eine *Goggomobil*-Anzeige (Abb. 60) aus dem Jahr 1959 und führt im Bild sogleich vor, welch ›schrecklicher‹ Anblick sich andernfalls ergäbe: Die Frisur sitzt nicht mehr, das Cape flattert im Wind, die Handtasche baumelt am Arm und der für große Schritte viel zu enge Rock spannt in den Kniekehlen. Wer so wie die Abgebildete über alle Insignien einer ›Dame‹ verfügt, darf nicht öffentlich demonstrieren, wie sehr er dadurch in seiner freien Beweglichkeit behindert ist. Folgerichtig setzt der Werbetext sogleich als selbstverständlich voraus, daß diese Forderung von den Frauen erfüllt wird: »Natürlich rennen Sie nicht.«

Es geht um mehr, um die ›innere‹ Dame: »Ihr inneres Bild: Immer in Trab, immer in Zeitnot.« Dagegen hilft nur ein zwar »kleines«, aber »elegantes *Goggomobil*-Coupé oder ein *Goggomobil T600* [...] sparsam und wirtschaftlich«. Die sind »anspruchslos in der Bedienung« und »treu wie Gold«. Allerdings muß sie zuerst »mal mit »IHM« darüber sprechen, denn er versteht etwas von Autos« – und sie ja nicht. Auch wenn die doppelten Anführungen um die ansonsten nur in der Bibel üblichen Versalien eine ironische Brechung der Verehrungswürdigkeit des männlichen Geschlechts andeuten, so lassen sie »IHN« doch auf seinem Sockel. Und er entscheidet letztendlich – so die Hoffnung der Männerwelt – welchen Wagen sie in Zukunft zur Erhaltung ihrer ›Damenhaftigkeit‹ fahren wird. Denn als ›Dame‹ anerkannt zu werden, ist wirklich der einzige Kaufanreiz, den ihr die Anzeige bietet.

Abb. 66
NSU
Entmündigung per »Damentest« – damit frau nicht auf falsche Gedanken kommt.
Aus: *Constanze* 22/1965

»Nur für Damen« erzählt eine *NSU*-Werbung (Abb. 61) aus dem Jahr 1962 zunächst ein Märchen von einem Diener, der ein echter *Prinz* ist, und mit dessen Hilfe jede Frau »Königin« werden kann. Er wirkt als »Ruhestifter im täglichen Ehedialog« und hebt das öffentliche Ansehen der »Frau des Hauses«: »vor dem Geschäftshaus, vor dem Club, vor dem – nun ja – Haus der besten Freundin.« Sein größter Verdienst ist jedoch das mit seiner Hilfe erreichbare Lob der »männlichen Bekannten« – der größte Teil des Anzeigentextes besteht daraus. »Prima gewählt! Wußte gar nicht, daß Sie so viel von Technik verstehen.« Die Tatsache, daß das Lob aus Männermund stammt, macht eine detaillierte Aufzählung der besonderen *Prinz*-Vorteile unnötig: »Motor, Bremsen, Lenkung – *NSU*-Klasse durch und durch.« Nur die leichtgängige Schaltung (»für zwei Finger«) und das gute ›Sehen und Gesehen werden‹ (»wie aus einer Loge«) wird den Frauen als Kaufanreiz genannt. So ist das Fazit der Anzeige: Wenn die Freundin neidisch wird und die Männer »gratuliere[n]«, dann hat frau richtig gewählt.

Bemerkenswert ist die handschriftliche Veränderung des ursprünglichen *Prinz*-Slogans zu: »Fahre *Prinz* – und Sie sind Königin!« Die damit demonstrierte Nähe zum Argument für Männer scheint für werbewirksamer gehalten zu werden als eine neu ›gesetzte‹ Anrede an die Frauen.

Eine ›Anzeige mit Frau‹ und trotzdem ohne konkrete Rollenanweisung präsentiert *BMW* (Abb. 62) im Jahr 1959. Zwar ist auch diese junge Dame für eine normale Präsentation etwas zu auffällig gekleidet, aber dafür vertritt sie dynamisch den Anzeigenslogan. »*Geh* mit der Zeit« und »*fahr* [bis hierher der Wunsch der gesamten deutschen Automobilindustrie] *BMW*« gilt für beide Geschlechter gleichermaßen. Die Abgebildete sieht jedenfalls nicht so aus, als kehre sie nach dem Fototermin gleich wieder an den Herd zurück.

Aber natürlich bedeutet der von ihr propagierte Trend der Zeit noch lange nicht die Gleichstellung mit den Männern, die bekommen inzwischen – auch von *BMW* – ganz andere Autos angeboten (Abb. 63, 76, 131, 141). Selbst der in der Anzeige

GEGENÜBER:
Abb. 67
Opel
Junge Frau demonstriert sozialen Aufstieg – zur Autofahrerin.
Aus: *Quick* 2/1962

beworbene »echte« – weil von *BMW* aus der *Isetta* entwickelte – *BMW 600* ist ein denkbar kleiner Viersitzer, den der Werbetext ausdrücklich als »Zweitwagen« deklariert. So bleibt das bescheidene Ergebnis den anderen *Isetta*-Anzeigen (Abb. 58, 59) doch sehr ähnlich: ›Klein, aber mein‹.

Eine komplette Geschichte erzählt die Fotografie einer *Opel*-Anzeige (Abb. 63) aus dem Jahr 1959. (Möglicherweise macht sich in den Printmedien allmählich der Einfluß des Fernsehens bemerkbar, dessen Werbefilme dem Zuschauer ganze Handlungsabfolgen zeigen.) Eine elegante junge Dame wird von einem Regenschauer überrascht und hält nach einem trockenen Platz Ausschau. In dieser Situation begegnet sie zwei Männern. Der eine, offenbar nicht einmal selbst durch einen Schirm geschützt, grüßt, findet aber keine Beachtung. Ein zweiter, stolzer Fahrer eines *Opel Rekord,* kann Trockenheit und Chauffeurdienste bieten und darf die Dame nach Hause bringen.

Noch gegen Ende der fünfziger Jahre sind viele Frauen in Deutschland allein. Durch die vielen im Krieg gefallenen oder verschollenen Männer herrscht ein Frauenüberschuß, der so manche Heiratswillige »im Regen stehen läßt«. Da ist es schon ein besonderes Glück, einen Kavalier zu finden, der über einen so bequemen Wagen verfügt: »wie geschaffen für die Dame des Hauses«. Der Werbetext bietet geschickt zwischen den Zeilen alles, was sich eine junge Frau in einer solchen Situation wünscht: Geborgenheit, Stabilität, Beruhigung, Sicherheit, Behaglichkeit, Komfort. Das alles und einen »Wagen, der gut aussieht und – in dem man gut aussieht«. So transportiert die Anzeige eine doppelte Botschaft, *die* an die Frauen lautet: »Such Dir einen Mann mit Auto« und *die* an die Männer: »Mit Auto bist Du was – beim anderen Geschlecht«.

Die Anzeige, die formal nach dem typischen Schema der frühen sechziger Jahre aufgebaut ist,[5.4] bezieht einen besonderen Reiz aus den verschiedenen miteinander korrespondierenden Streifenmustern. Die leichten Spuren der Regentropfen bilden eine zarte Verbindung zwischen dem eleganten Dessin des Schirms und den verchromten Rippen des Kühlergrills. Ein schmaler roter Strich verknüpft das Foto mit dem schwarzen *Opel*-Logo im Textblock, in dem die Textzeilen wiederum parallele Streifen bilden.

Die holländische Automobilgesellschaft *Daf* bringt Ende der fünfziger Jahre einen Wagen mit einem neu entwickelten stufenlosen Automatikgetriebe, den *Daf Variomatic,* auf den Markt. Von Anfang an setzt sie in der Werbung für diesen Typ (Abb. 64) auf seine besonders einfache Handhabung im Verkehr. Ziel dieser Argumentation sind – natürlich – die Frauen. Dazu wird das Autofahren mit einer Tätigkeit verglichen, die als eine offizielle Hauptbeschäftigung von Frauen gilt und deren Beherrschung – hier als eine Art Leistungsnachweis – bei ihnen vorausgesetzt wird. »So leicht wie Kaffee kochen ist das Fahren mit dem *d a f.*« erlaubt den Frauen zwar, sich ans Steuer zu setzen, enthebt sie aber in keiner Weise ihrer Pflicht, weiterhin den Kaffee zu kochen – im Gegenteil: Die auf dem Foto abgebildete Frau im besten Alter bringt gerade eine frisch gefüllte Kanne.

Könnte man den Anzeigenslogan und seine optische Umsetzung noch als etwas spekulativen Aufhänger mit Humor hinnehmen, so stellt der Werbetext schnell klar, daß alles ganz ernst gemeint ist: »Von der Technik habe ich garnichts gemerkt, und

Selbsttragend was heißt das im Autobau?

Von keinem gesonderten Fahrwerk getragen. Eine Karosserie also, die zu einem einzigen verwindungssteifen Körper zusammengeschweißt ist. Keine Sorge, Sie sollen hier keine Lektion erhalten. Sie sollen nur eins wissen: OPEL hat als erstes Automobilwerk selbsttragende Ganzstahlkarosserien in Großserie gebaut. Das sichert OPEL einen weiten Vorsprung an Erfahrung.

Ein Vorteil, den jeder nutzt, der OPEL-Wagen fährt. Nehmen Sie als Beispiel den REKORD: hohe Stabilität bei geringem Gewicht, Großräumigkeit, Sicherheit, Zuverlässigkeit – auch dann, wenn man nicht gerade mit Samthandschuhen Auto fährt. Gewichtige Argumente, aber nicht die einzigen! Prüfen Sie unverbindlich – jeder OPEL-Händler steht Ihnen gern zur Verfügung.

REKORD

Preise ab Werk: REKORD 2türig DM 6385.– (mit OLYMAT DM 6695.–) 4türig DM 6875.– (mit OLYMAT DM 7185.–) Mehrpreise: 1.7 Ltr. Motor DM 75.–, Frischluftheizung DM 160.–, Lenkradschloß (nur für REKORD 2türig) DM 35.–, REKORD Coupé einschließlich reichhaltiger Sonderausstattung DM 7675.– (mit OLYMAT DM 7985.–)

OPEL
der Zuverlässige

das ist genau richtig für mich«. ›Frauen und Technik ...‹, wenn dieses Vorurteil nicht schon existierte, würde es hiermit erfolgreich in die Welt gesetzt. »Der Verkehr wächst mir nie über den Kopf« – es soll den Frauen offenbar gar nicht zugemutet werden, eigenverantwortlich zu agieren – »weil der *d a f* automatisch fährt«. Wo andere Anzeigen mit Hinweisen auf Unfallstatistiken (Abb. 58) oder mit aktiven Frauen (Abb. 62) ein schon leicht geändertes Bewußtsein offenbaren, propagiert diese Werbung noch ein sehr konservatives Frauenbild – und hat viel Erfolg damit!

Ähnlich wie *BMW* 1955 (Abb. 58) bietet *Auto Union* fast zehn Jahre später seinen *DKW F 12 Roadster* an (Abb. 65). *Er* fährt eine große Limousine aus Untertürkheim und *sie* einen kleinen Zweisitzer. Dieser Zweitwagen ist inzwischen jedoch ein so attraktives Auto geworden, daß die Offerte an die Frauen ganz eng in das zu verbreitende Frauenbild eingebunden werden muß. Die Frau wird zur »Mutti«, die jetzt »viel mehr Zeit für ihre Familie« hat. Ihre Arbeit dort sind »die kleinen und die großen Alltäglichkeiten, die sie [nun] spielend bewältigen« kann. Sie sorgt für die Kinder: »Peter muß in die Schule, Gabi in den Kindergarten« und ihr gepflegtes Aussehen: »zur Schneiderin, zum Friseur«. Und was darf sie offiziell sonst noch? »[Z]um Kaffeekränzchen« und – ach ja – »die vielen Einkäufe ...«

Wenn sie all diese Pflichten artig erfüllt, bekommt sie – vielleicht – ihren *Roadster,* und alle sagen: »Wie gut, daß *Mutti* einen Wagen hat!«

Einem »Damentest« sollen sich die potentiellen Kundinnen in einer Anzeige der *NSU Motorenwerke* aus dem Jahr 1965 unterziehen (Abb. 66). Im Stil der in den Sechzigern von zahlreichen Illustrierten abgedruckten Selbstbefragungen werden sie aufgefordert: »Testen Sie selbst, meine Damen!« Es wird nicht ganz klar, warum dann jedoch ein Ausfüllen des Fragebogens verhindert ist. Denn die richtigen Antworten sind bereits eingetragen. Sollen sich die Befragten vielleicht gar keine Gedanken machen über so komplizierte Fragen wie: »Können Sie sich vorstellen, am Steuer eines eleganten Wagens zu sitzen?« Oder wird befürchtet, sie kämen nicht auf die richtige Antwort, wenn es da heißt: »Wie denken Sie über eine große Auslandsreise im Urlaub?«

Auch der Werbetext spricht von einer höheren Warte: »Sehen Sie, meine Damen, sowas gibt es«, läßt sich aber dann – um richtig verstanden zu werden? – auf das Niveau der Angesprochenen herab: »Für den Gegenwert von einem Paar Schuhe«. Da ist es kein Wunder, daß die im Foto abgebildete junge Frau etwas verloren neben dem Wagen steht. Hat *sie* diesen *Sport-Prinz* vielleicht gar nicht verdient?

Da demonstriert die junge Frau in der *Opel*-Anzeige (Abb. 67) aus dem Jahr 1962 schon mehr Selbstvertrauen. ›Lernfähig‹ sind sie offenbar, die Frauen. Aber warum will die Anzeige nur *ihnen* erklären – »Keine Sorge, Sie sollen hier keine Lektion erhalten.« –, was »selbsttragend«[5.5] heißt? Wissen die Männer das alles schon? Oder ist die Lesefreudige auf dem Autodach nur schöne Dekoration, und die Anzeige richtet sich an die Männer? An beide Geschlechter gleichermaßen? Wie würde sich ein wissensdurstiger junger Mann auf dem Autodach machen? Inwiefern sähe das eigenartig aus? Die Tatsache, daß solche Fragen nicht selbstverständlich gestellt werden und auf den ersten Blick etwas ungewöhnlich wirken, macht die geschlechterspezifische Rollenzuweisung deutlich. Und, ob diese offensichtlich oder nur schwer zu erkennen ist, in der Werbung ist sie allgegenwärtig.

Abb. 68
Ford
Der »*12*(00) *M*(eisterstück)« feiert Premiere – in elitärer Umgebung.
Aus: *Das Beste aus Reader's Digest* 12/1952

6 »Mehr für Ihr Geld« – *Ford*

Am 18. August 1925 wurde in Berlin die deutsche *Ford Motor Company* gegründet, eine Aktiengesellschaft mit einem Kapital von fünf Millionen Reichsmark. Bereits ein Jahr später lief dort der erste deutsche, in einer gemieteten Halle am Berliner Westhafen montierte *Ford* vom Band. Es war ein amerikanisches *T*-Modell, auf der ganzen Welt berühmt geworden unter dem Namen »Tin Lizzie« (Blech-Liesel).

Der Amerikaner Henry Ford I. hatte 1903 in Detroit nach mehreren vergeblichen Anläufen die *Ford Motor Company* gegründet,[6.1] die sich von 1919 an als Aktiengesellschaft im Besitz seiner Familie befand. Durch die konsequente Rationalisierung in der Fertigungstechnik – am bekanntesten ist die Einführung des Fließbandes – sowie die Standardisierung der Produktion, wuchs *Ford* schnell zu einem der führenden Autohersteller in den USA heran. Das von 1908 bis 1927 gebaute

OBEN:
Abb. 69
Ford
Eine ›technikimmanente‹ Anzeige – aus Amerika?
Aus: *Leica Fotografie* 2/1951

GEGENÜBER:
Abb. 70
Ford
Liebesszene mit Auto – das Kontrastprogramm aus Westdeutschland.
Aus: *Das Beste aus Reader's Digest* 6/1949

T-Modell war sein erfolgreichstes Produkt, fast 16 Millionen Exemplare konnten weltweit davon abgesetzt werden.[6.2] Doch auch dieser Typ mußte 1927 durch ein technisch weiterentwickeltes Fahrzeug ersetzt werden.

Da die Umstellung auf die Montage des neuen Wagens in Berlin fast ein Jahr dauerte, begann Ford über den Bau eines eigenen Automobilwerkes in Westdeutschland nachzudenken. Die Standortfrage entfachte unter den deutschen Städten einen Wettlauf, den Köln schließlich gewann. Am 2. Oktober 1930 fand in Niehl die feierliche Grundsteinlegung für das Kölner *Ford*-Werk statt, vorgenommen durch den amerikanischen Firmengründer. Nach der Schließung des Berliner Werks wurden in Köln zunächst die amerikanischen *A*-Modelle montiert. Doch schon bald begannen eigene Entwicklungen, auch weil die amerikanischen Fahrzeuge nicht auf den deutschen Markt paßten. Dem Kleinwagen *Köln* folgte der *Rheinland,* dann der *Eifel* und 1939 schließlich der *Ford Taunus.* Dieser wurde, nahezu unverändert, auch noch nach dem Zweiten Weltkrieg angeboten – und beworben, wie die Anzeigen aus den Jahren 1951 und 1949 zeigen (Abb. 69, 70).

Ein WAGEN
der Freude
macht -
Ford
TAUNUS
VAN HUSEN
KÖLN

Wie eine amerikanische Anzeige aus den vierziger Jahren wirkt die Werbung von 1951 (Abb. 69). Ohne jede Reaktion auf die besondere Nachkriegssituation in Westdeutschland stellt sie *den* beziehungsweise *die* beworbenen Fahrzeugtypen vor. Die Abbildung präsentiert den *Taunus* neutral wie im Schaufenster eines Autohändlers. Der nüchtern vorgetragene, umfangreiche Text enthält eine große Menge an »interessante[n] Einzelheiten« bis hin zur Größenangabe ›Länge mal Breite mal Höhe‹. Es handelt sich aber ausnahmslos um Angaben zum Wagen. Man könnte die Anzeige daher als ›technikimmanente‹ Werbung bezeichnen.

Formal auffällig – und reizvoll – ist, daß die an sich symmetrisch aufgebaute Anzeige etwas aus der Mittelachse nach rechts versetzt ist. Zum optischen Ausgleich ist der *Taunus* leicht aus der Abbildungsfläche nach links verschoben.

Im Vergleich dazu ist die etwas ältere Anzeige Abbildung 70 aus dem Jahr 1949 eine sehr emotionale Werbung. Ein zartes Aquarell zeigt eine ebenso ver- wie entdeckte Liebesszene mit Auto. Die Spiegelung in der Wasseroberfläche ermöglicht nicht nur den intimen Einblick, sondern auch die zweifache Präsentation des beworbenen Wagens. Da ihn der Bildausschnitt fast in den Mittelpunkt rückt, stellt sich sogleich der Gedanke ein, daß die besondere Begegnung nur mit seiner Hilfe möglich geworden sei. Dieser Eindruck wird auch vom Anzeigenslogan unterstützt: »Ein Wagen der Freude macht – *Ford Taunus*«. Obgleich sich der Textblock als auffälliges schwarzweißes Rechteck auf die Zeichnung schiebt, zerstört er die insgesamt anmutige Ausstrahlung dieser Werbung nicht. Die feine Rahmenlinie mit den abgerundeten Ecken und die leicht altmodische Handschrift verleihen ihm eine vergleichsweise moderate Wirkung.

Die Anzeige enthält nicht ein einziges technisches Argument, das den Wagen gegenüber anderen profiliert hätte. Es handelt sich also um reine Präsenzwerbung, eine der Zeit und den Umständen sinnvoll angepaßte Form von Öffentlichkeitsarbeit. Daß es überhaupt Personenwagen zu kaufen gibt – selbst wenn es nur die Vorkriegsmodelle sind – und welche Erlebnisse mit ihrer Hilfe wieder möglich werden, ist Kaufanreiz genug.

Am 8. Januar 1952 wird der erste von *Ford Deutschland* nach dem Krieg entwickelte Pkw, der *Taunus 12 M,* der Öffentlichkeit vorgestellt. Die leicht amerikanisch wirkende selbsttragende Karosserie kommt beim Publikum gut an, und schon am 19. Mai desselben Jahres kann der 10 000ste *12 M* ausgeliefert werden.[6.3]

Die Werbung für den *12 M* (Abb. 68) steht nicht nur in ihrer Gestaltung zwischen der Vergangenheit (Abb. 70) und der Zukunft (Abb. 71), sie hat den Gegensatz Tradition und Moderne auch inhaltlich zum Thema. Auf der einen Seite steht das klassische Ambiente der antiken Baukunst, in dem sich schöne Menschen aus gehobenen Kreisen in festlicher Abendgarderobe bewegen, wie es schon seit Jahrhunderten üblich ist. Aus der Vergangenheit stammt auch der in verschnörkelten Lettern gesetzte Traditionsbegriff »Meisterstück« – sein Anfangsbuchstabe *M* wird ihn in der anonymen Typenbezeichnung der *Ford*-Modelle überleben.[6.4] Auf der anderen Seite strahlt der Hochglanzlack der modernen Karosserie mit den jungen Frauen um die Wette. Selbstbewußt demonstriert der ins Bild gerückte Wagen, »[i]n Form und Technik seiner Zeit voraus«, die moderne Fortbewegungsart. Diese Werbung führt noch die Benutzung des Autos durch eine Elite vor, der *12 M* ist offenbar kein Produkt für jedermann.

Abb. 71
Ford
Von *Ford*-Köln aus – in die ganze Welt.
Aus: *Die Kunst* 8/1954

Das hat sich zwei Jahre später geändert. Eine zeitgemäß gestaltete Anzeige wirbt mit praxisbezogenen technischen Daten für den inzwischen 78 000mal verkauften Wagen (Abb. 71).[6.5] Der Slogan ist noch der alte, wird nun aber, in einem modernen Schrifttyp gesetzt, vom Werbetext unterstützt: »In seiner Form« verbindet er »Schönheit mit Eleganz«. Inzwischen ist eine Abgrenzung gegenüber der Konkurrenz notwendig: »Sprich zuerst mit *Ford*«. Die technischen Vorzüge des Wagens sind in ihrem praktischen Nutzen wiedergegeben: »Hoher Fahrkomfort«, »Hervorragende Straßenlage«, nicht die ›Höchstgeschwindigkeit‹ ist genannt, sondern eine »Dauergeschwindigkeit«. Selbst in seiner Form ist der *12 M* zweckmäßig: »durch die volle Ausnutzung der gesamten Wagenbreite [bietet er] ein Höchstmaß an Raum für Personen und Gepäck«.

Das aus den Anfangsbuchstaben von *Ford* und Köln im Stil des Firmenschriftzuges gestaltete Zeichen *FK* bildet Brennpunkt und Ursprung einer leicht futuristischen Strahlenfläche, auf der sich der im Foto freigestellte *12 M* präsentiert.

OBEN LINKS:
Abb. 72
Ford
»... mit noch größerer Leistung« – der Reigen ist eröffnet.
Aus: *Freundin* 6/1955

OBEN RECHTS:
Abb. 73
Ford
Da wird der ›Augenblick‹ im wahrsten Sinn des Wortes zur Ewigkeit.
Aus: *Orion* 4/1955

1955 bringt *Ford* den *Taunus 15 M* auf den Markt. Da er sich vom *12 M* vor allem durch den größeren Motor unterscheidet, stellt die Werbung diese Tatsache in den Vordergrund (Abb. 72).

Die untere Hälfte der Anzeige ist ausschließlich und mit ungewohnter Genauigkeit der Darstellung des neuen Antriebsaggregats gewidmet. Eine naturgetreue Farbzeichnung stellt das technische Herz aller Auto-Mobilität in dynamischer Bewegung mit Geschwindigkeitsstreifen dar. Die verbesserten Funktionen einzelner Teile werden erklärt und ihre positiven Effekte auf den praktischen Alltagseinsatz des *15 M* beschrieben. Begriffe wie »Kurzhub«, »Drehmoment«, »Kurbelwelle«, die bis dahin noch keinen Eingang in die Autowerbung gefunden haben, werden eingeführt und erläutert. Dabei wird immer ein Praxisbezug hergestellt, was zu stellenweise kuriosen Formulierungen führt, wenn etwa durch die »hohlgegossene Kurbelwelle [...] nutzloses, totes Gewicht eingespart« wird oder das »außergewöhnlich kraftvolle Drehmoment [...] eine erstaunliche Bergfreudigkeit« bedeutet.

Die obere Anzeigenillustration stellt nicht nur den schönen neuen Wagen vor, sie gibt zugleich die Präsentation des Fahrzeugs vor Publikum wieder. Der Beschauer wird so in die Schar der Staunenden hineingezogen. Die Kontaktaufnahme mit dem beworbenen Konsumprodukt wird wahrscheinlicher, wenn schon andere hinschauen. Wer fürchten muß, etwas zu verpassen, schaut lieber gleich zweimal hin. Auch wenn die Hervorhebung der »noch größere[n] Leistung« des Motors bei der Einführung des *15 M* verständlich ist, kann man sich angesichts dieser Anzeige vorstellen, welche Werbeschlachten auf dem Feld der PS-Zahlen, Hubraum-Größen und Höchstgeschwindigkeiten noch geführt werden. Dabei findet dann ohne Zweifel eine bewußte Beeinflussung des Käufergeschmacks statt. Aber ab wann wird die Vergrößerung der Motorleistung zum Selbstzweck? Oder anders gefragt: Was war zuerst da, Angebot oder Nachfrage?

Abb. 74
Ford
Notwendige (?) Rückendeckung durch die reiche Verwandtschaft.
Aus: *Das Beste aus Reader's Digest* 9/1955

Den praktischen Alltagseinsatz des *Taunus 15 M* zeigt eine weitere Anzeige ebenfalls aus dem Jahr 1955 (Abb. 73). Unter der Obhut des reichen amerikanischen Onkels *Mercury* bewegt sich der gediegene Mittelklassewagen zum ersten Mal in der Großstadt – und macht eine durchaus passable Figur dabei. Der Werbetext schildert den in Westdeutschland noch selten dichten Berufsverkehr in den schillerndsten Farben: »Im bewegten Auf und Ab des Verkehrs gleicht das moderne Automobil immer mehr einem geschmeidigen Tier.« Selbst die Beschreibung des Fahrzeugs im ›Stop and go‹ von Staus gerät zum abenteuerlichen Urwalderlebnis: »Katzenartig schnellt es vor, um sogleich wieder, wie auf Samtpfoten fast, in Beobachtung zu verharren.« In diesem Fall muß am Steuer natürlich eine Frau sitzen.

Trotz der riesigen amerikanischen Vorbilder wird – ungewollt zukunftsträchtig (?) – für kleinere Fahrzeuge geworben: »Auf kleinster Fläche das größte Auto zu bauen, ist die Idee beim *TAUNUS 15 M* gewesen.« Denn einem »nur 895 kg schweren Wagen« verleiht der »schwungvolle Motor [...] eine freudige Beweglichkeit«. So »freudig«, daß der Motorblock allein fliegen kann, wie eine kleine Farbillustration zu belegen versucht.

Die schöne Zeichnung von Walter Gotschke (vgl. S. 87 ff.) gewinnt durch die Konzentration auf einen einzigen Moment im fließenden Verkehr einen eigenartigen Reiz. Die Faszination des Stillstands wird noch gesteigert durch den Blick der jungen Fahrerin, deren Augen sich genau im Mittelpunkt der Illustration befinden. Da wird der ›Augenblick‹ im wahrsten Sinn des Wortes zur Ewigkeit.

Vier Fahrzeuge der »weltweiten *Ford* Werke« stellt eine doppelseitige Farbanzeige aus demselben Jahr vor (Abb. 74): den achtsitzigen *Ford Country Sedan,* einen in Canada gebauten *Mercury*-Lastwagen, den englischen *Zephyr Zodiac* und den deutschen *Taunus 15 M.* Tatsächlich waren Henry Fords Ambitionen, eine interna-

Gegenüber:
Abb. 75
Ford
Die Reduzierung auf das wahrhaft Essentielle: »55 PS für DM 6185.–«.
Aus: *Innendekoration* 8/1955

tionale Automobilfabrikation zu errichten, noch weiter gediehen. 1935 wurde auch in Frankreich mit der Produktion von *Ford*-Autos begonnen, die unter der Bezeichnung *Matford* – eine Kombination der Namen *Mathis* und *Ford* – angeboten wurden. *Mathis* war eine traditionsreiche französische Automarke, bei der schon Ettore Bugatti gearbeitet hatte.[6.6] Sogar in Rußland gab es in Lizenz gebaute *Ford*-Modelle, die in Nischni Nowgorod, dem späteren Gorki, zusammengesetzt und unter dem Namen *GAZ* vertrieben wurden.[6.7] Möglicherweise sind die beim *12 M* in den ersten Jahren seiner Fertigung bekannt gewordenen »gravierenden Verarbeitungsmängel«[6.8] Grund für die Rückendeckung durch die reiche Verwandtschaft. Jedenfalls zielt der Anzeigentext genau auf diesen Punkt: »Wie Sie sehen, sind *Ford* Personen- und Lastwagen [. . .] so widerstandsfähig gebaut, daß sie ihren Besitzern jahrelang gute Dienste leisten.« Das muß ja dann auch für die deutsche Produktion möglich sein. »Und darum bemüht sich *Ford* mit allen Kräften, diesen Freunden mit jedem *Ford*-Fahrzeug, das sie kaufen, mehr für ihr Geld zu geben.« Von den zahlreichen Slogans, die *Ford* in den fünfziger Jahren einsetzt, wird dieser Satz, vom Volksmund leicht geändert, überleben. Der Spruch ›Bei *Ford* bekommt man viel Auto fürs Geld‹ ist eine realistische Einschätzung und ein Lob, das – auch berechtigte – Kritik absorbiert.

Ob es sich unter dem Strich für *Ford* auszahlt, ganz auf den Appell an das Gefühl des ›Wir sind wieder wer‹ zu verzichten – jeder Hinweis auf das sonst so demonstrativ gepflegte enge Verhältnis zu Köln fehlt – ist schwer zu beurteilen. Im Jahr 1955, dem Höhepunkt des Wirtschaftswunders,[6.9] ist diese Frage möglicherweise sekundär. So tut die Anzeige zumindest eines: Sie erinnert an die Abhängigkeit der deutschen *Ford*-Zentrale vom amerikanischen Mutterkonzern.[6.10]

Den *Ford*-Leitsatz ›Viel Auto fürs Geld‹ verbindet die Anzeige Abbildung 75 ganz konkret mit der besonderen Betonung der Motorstärke. »55 PS für DM 6185.–« lautet das neue Verkaufsmotto. Der Hauptgrund für diese argumentative Reduzierung ist die Ähnlichkeit des *Taunus 15 M* zum *12 M.* »Mit einem 1500-ccm-Motor ausgerüstet [erscheint der *12 M*] auch als *1500 ccm Meisterstück,* kurz ›*Taunus 15 M*‹ genannt«, schreibt die Presse.[6.11] So versucht die Werbung erst gar nicht, einen neuen *Ford* anzubieten. Der Firmenname erscheint nur ein einziges Mal vergleichsweise klein links unten, und auch die neue Typenbezeichnung *15 M* ist optisch kaum hervorgehoben. Allein die Abbildung des Wagens kann mit dem modernisierten Kühlergrill eine zusätzliche Innovation vorführen. Ein weiterer Grund für die neue Überschrift dürfte die Absicht sein, sich am stärksten Konkurrenten, dem *Opel Olympia Rekord,* zu profilieren. Dieser 1,5-Liter-Wagen wird seit 1953 angeboten und hat sich in seinen ersten beiden Jahren bereits 183 849mal verkauft.[6.12] Er verfügt jedoch nur über 40 PS und kostet mit 6410 DM deutlich mehr, so daß diese Faktoren von *Ford* bevorzugt herausgestellt werden.

Zusätzlich zum *15 M* ist noch der »alte Bekannte« *12 M* in der Anzeige beworben. Auch in seinem Fall wird versucht, mit Hilfe einer Strichzeichnung der leicht geänderten Frontpartie den Typenzusatz *-55* und die Formulierung »im neuen Gewand« zu rechtfertigen. Da auch der Hinweis auf den Produzenten und die Verkaufsstellen der beiden Fahrzeuge ausreichend auffallen muß, schiebt sich noch eine schwarze Fläche mit weißer Schrift von links unten schräg auf die Anzeigenseite, was deren grafische Gesamtkonzeption endgültig zerstört.

R814·000
55 PS FÜR DM 6185.–
Das ist eine sehr einfache und angenehme Rechnung. Aber sie stimmt nicht ganz: denn Sie erhalten noch viel mehr für Ihr Geld, wenn Sie einen TAUNUS 15 M kaufen!
Fahren kann jedes Auto – aber es sind sechs Hauptpunkte, die – zusammen – aus einem guten das bessere Automobil machen:
Hohe Fahrleistung • lange Lebensdauer • größte Fahrsicherheit vollendeter Fahrkomfort • stilvolle Eleganz • große Wirtschaftlichkeit.
Finden Sie auch nur einen Punkt überflüssig? Sicher nicht.
ALLE IHRE WÜNSCHE ERFÜLLT DER TAUNUS 15 M
Bei ihm ist an alles gedacht worden, was sich heute Hunderttausende unter einem erstklassigen Wagen zu einem günstigen Preis vorstellen.
Doch das sind zunächst Behauptungen. Sie tun recht daran, einen Beweis zu fordern. – Überzeugen Sie sich!
Fahren Sie ihn selbst – eine Probefahrt kostet Sie nichts!
Kaufen Sie kein Auto, ohne den TAUNUS 15 M geprüft zu haben.
Ein Motor, über den man spricht! Dieser 1,5 l-Kurzhub-Motor mit 55 PS setzt einen völlig neuen Leistungsstandard im Bereich der wirtschaftlichen Mittelklasse.
*
Sekundenschnelle Beschleunigung aus allen Geschwindigkeiten durch das hervorragende Drehmoment von 11,3 mkg. Das bedeutet mehr Kraft: beim Anfahren, am Berg, beim Überholen.
*
Und was verbraucht er? Nur 8 Liter beträgt der Kraftstoff-Normverbrauch des TAUNUS 15 M, dessen Höchst- und Autobahn-Dauergeschwindigkeit bei 125 km/h liegt.
...und ein alter Bekannter im neuen Gewand
TAUNUS 12 M-55
100 000fach bewährt mit dem günstig versteuerten 1,2 l-Motor.
38 PS – 110 km/h Höchstgeschwindigkeit.
DM 5690,-
Ihr FORD-Händler erwartet Sie!
FP 55004

Abb. 76
Ford
»Gelsenkirchener Barock« – à l'américaine.
Aus: *Constanze* 20/1958

Im August 1957 bringt *Ford* den *Taunus 17 M* auf den Markt. Erneut wurde der Hubraum leicht vergrößert, was zu einer weiteren Steigerung der Motorleistung auf nun 60 PS führt. Der Stil seiner den zeitgenössischen USA-Modellen nachempfundenen Karosserie wird im Volksmund bald »Gelsenkirchener Barock« genannt.[6.13] In den drei Jahren seiner Produktion (1957–1960) kann *Ford* fast 240 000 Exemplare dieses Typs absetzen.[6.14]

Die Werbung für den *17 M* von 1958 verläßt sich ganz auf die Wirkung der imposanten Kühlerfront (Abb. 76). »Das Gesicht des *Taunus 17 M* zeigt die klare Linienführung eines schnellen, aber doch soliden Wagens«, bestätigt die Presse.[6.15] Eine klare Ordnung gliedert die übersichtlich gestaltete Anzeige in drei Bereiche: Abbildung des Fahrzeugs, Überschriften und Kleingedrucktes. Der Name *Ford* und die Typenbezeichnung *Taunus 17 M* sind dabei wieder vorrangig eingesetzte Werbemittel. Ein neuer Slogan mit schöner dreieinhalbfacher Alliteration (»Führend im Fortschritt – ein komfortabler *Ford*«) ergänzt den altbekannten Satz »Die Welt vertraut

Abb. 77
Ford
Eine Rutschpartie auf Eis und Schnee wird zur winterlichen Idylle – dank der perfekten Aquarelltechnik.
Aus: *Constanze* 6/1959

Ford«. Der Werbetext schildert vornehmlich den Alltagseinsatz, wenn auch den besonderen im Urlaub: »Staubglühende Urlaubsstraßen ... Netzwerke von Kreuzungen ... endlose Autobahnen«. Von den technischen Daten des Wagens werden nur die »60 PS« erwähnt, sicher auch deshalb, weil sie ein Verkaufsargument der neuen Generation ermöglichen: die Beschleunigung »in 5 Sekunden von 0 auf [noch] 50 km/h«. Neuartig in der Anzeige ist die Erwähnung der »Credit AG für *Ford*-Fahrzeuge«, die allerdings den »baldigen«, nicht den ›sofortigen‹, Kauf nur »erleichtert«, nicht ›ermöglicht‹.

Eine winterliche Rutschpartie ist äußerlicher Aufhänger der Anzeige Abbildung 77 aus dem Jahr 1959. Der *Taunus 12 M* ist inzwischen optisch und technisch verjüngt und wird in einer Werbekampagne mit schönen Farbzeichnungen, zu der auch die Titelillustration dieses Buches gehört, beworben. Er hat seine charakteristische Propellernabe in der Kühlerattrappe verloren und dafür einen breiten Frontgrill erhalten. Er ist nun offiziell Nachfolger des *15 M,* der nicht mehr angeboten wird;

das heißt, auf Wunsch wird er mit dessen 1,5-Liter-Motor geliefert. Trotzdem lautet seine Typenbezeichnung weiterhin *Taunus 12 M.* Sogar sein Preis wurde um 295 auf 5395 DM gesenkt; wie es offiziell heißt, haben »steigende Nachfrage, erhöhte Produktion und verstärkte Rationalisierung der Fertigung diese neuen Preise ermöglicht«.[6.16]

Die Anzeige zeigt als Illustration zum Thema ›Sicherheit im Winter‹ die Autofahrt auf einer spiegelglatt vereisten Straße. Schwierigkeiten mit solchen Witterungsverhältnissen existieren offenbar aufgrund der besonderen Qualitäten des *12 M* nicht. Vielleicht gegen den Trend, wahrscheinlich aber zur Steigerung des Überraschungseffekts wird der Wagen von einer lachenden Frau gesteuert. Der neben ihr sitzende Mann hält es nicht einmal für nötig, nach vorne zu schauen.

Eine ähnliche Illusion vermittelt der Maler Walter Gotschke auch in der auf dem Titel dieses Buches abgebildeten Illustration: Eine herbstlich-malerische Impression führt das konfliktfreie Nebeneinander von Naturerlebnis und Autofahrt vor. Frohgelaunt genießen die im Auto Versammelten ihre nach dem Krieg wiedergewonnene Bewegungsfreiheit. ›Ungebunden‹ und ›reiselustig‹ sind Ende der fünfziger Jahre für die Deutschen Wunschzustände, die durch das Auto symbolisiert werden. Illustrationen, die solche Zusammenhänge versinnbildlichen, wie diese beiden, bieten einen emotional nahezu perfekten Kaufanreiz.

Ford bewirbt auch seinen *Taunus 15 M Kombi,* wie er Mitte der fünfziger Jahre noch heißt, in ganzseitigen Anzeigen (Abb. 78). Er sei die Kombination eines »sportlich eleganten Reisewagen[s]« mit einem »praktischen Nutzfahrzeug«, berichtet der Text, »[i]n Sekunden zu verwandeln«. Während im Kleingedruckten die Verwandlungskünste von privater zu beruflicher Nutzung »oder umgekehrt« angepriesen sind, stellt die Anzeigenillustration eindeutig den Freizeitwert in den Vordergrund. Sie zeigt die einladende Szene eines Picknicks im Grünen – mit Übernachtungsmöglichkeit: Wer mit einem so geräumigen Wagen in die Natur fährt, der kann ein ganzes Haus(-Zelt) mitnehmen. »Sie genießen jeden freien Tag sorglos«, liest der staunende Leser, »weil Ihr KOMBI in der Woche sein Geld verdient hat.« In diesem Fall ist »glücklich kombiniert« wirklich »richtig kalkuliert«.

Beide Zeichnungen zeigen die Fahrzeuge optisch leicht vergrößert, jedoch in verschiedene Dimensionen. Der Freizeitkombi ist mit seinem linken Scheinwerfer etwas auf den Betrachter zugeschoben, die an der Szene beteiligten Personen befinden sich hinter ihm. So wirkt er breiter und länger. Ein anderes Ziel soll bei seiner Darstellung als Nutzfahrzeug erreicht werden. Dort ist nur die Heckpartie mit geöffneter Türe zu sehen, wo zwei Arbeiter ab- oder zuladen. Da man deren Größe automatisch zur Einschätzung der Dimensionen heranzieht, gewinnt man den Eindruck, es handle sich um ein fast mannshohes Fahrzeug. Betrachtet man die vergleichbare Strichzeichnung in der Abbildung 80, so weiß man sie etwas realistischer einzuschätzen – die wahre Dachhöhe von 1,61 Meter.

Mit einer groß angelegten Kampagne versucht *Ford* im Jahr 1956, seinem *Taunus 15 M* internationales Image zu verschaffen. Fremdsprachige Ausrufe der Bewunderung bilden jeweils die Überschriften der einzelnen Anzeigen. »Ma che bello« sagt man in Rom, »a dream!« in den USA, »¡Una maravilla!« in der Spanisch sprechenden Welt[6.17] und »Comme c'est chic!« in Paris (Abb. 79). Jedesmal sei damit die

Schönheit des *15 M* gemeint, behauptet der Untertitel. Geworben wird also zunächst mit der äußeren Form des Wagens, und die wird vergleichsweise beiläufig vorgeführt. Daß das Design gelungen ist, wird einfach als unbestritten vorausgesetzt; das muß nicht und kann – jedenfalls aufgrund *dieser* Abbildung – nicht detailliert diskutiert werden.

Auf dieser bescheidenen Selbstdarstellung baut der Anzeigentext mit einer Steigerung des bekannten *Ford*-Leitsatzes auf: »Sie bekommen noch mehr für Ihr Geld!« Wer sich davon einfangen läßt und das Kleingedruckte liest, bekommt nun zusätzlich »all das, was Sie von Ihrem zukünftigen Wagen verlangen« – gratis. Das »beste Drehmoment seiner Klasse [...] in 25 Sekunden aus dem Stand auf 100 km/h [...] ununterbrochen 125 km/h« Reisegeschwindigkeit, sogar ein hoher Wiederverkaufswert »für sehr lange Zeit« werden versprochen. Da fehlt zum wahren Glück dann nur noch der Grund für das abgebildete Autokennzeichen.

Die ›Schönheit‹ einer Fabrikanlage (Abb. 80) weiß der Autodidakt Walter Gotschke ebenso perfekt ins Bild zu setzen, wie das harmonische Miteinander von Straßenbau und Natur (Abb. 1/Cover). In den fünfziger Jahren arbeitet er viel für *Ford* (Abb. 68, 72, 73, 77, 79). Daneben zeichnet er auch für die Werbeabteilungen von *Mercedes-Benz* (Abb. 121), *Maybach, Austin, Fiat* und malt Szenen des Automobilsports für zahlreiche Autozeitschriften.[6.18]

Ford verläßt sich nicht zu unrecht auf die opulente Ausstrahlung der futuristisch anmutenden Industrielandschaft: die beiden Fahrzeuge wirken wie Repräsentanten des Wirtschaftswunders. »Mit einem *Taunus* sind Sie überlegen!« tönt die Anzeigenüberschrift und zielt damit in die gleiche Richtung. Wer sich solcher Symbole des Erfolgs bedient, der wird sicher am Aufschwung teilhaben. Das ist schon im Jahr 1955 ein sinnvolles Werberezept.

OBEN LINKS:
Abb. 78
Ford
Ein sportlich eleganter Reisewagen wird zum praktischen Nutzfahrzeug – »oder umgekehrt«.
Aus: *Innendekoration* 10/1955

OBEN RECHTS:
Abb. 79
Ford
... bietet »all das, was Sie von Ihrem zukünftigen Fahrzeug verlangen«, nur *das* Nummernschild nicht.
Aus: *Das Beste aus Reader's Digest* 4/1956

SEITE 88/89:
Abb. 80
Ford
Die Repräsentanten des Wirtschaftswunders – im Land ihrer Träume.
Aus: *Constanze* 8/1959

P
K-AH200
K-R
Mit einem TAUNUS
sind Sie überlegen!
TAUNUS 15 M
TAUNUS 15 M DE LUXE
TAUNUS 15 M KOMBI
TAUNUS 12 M
TAUNUS 12 M KOMBI
7P 006
Entspannt und ausgeruht erreichen Sie Ihr Zie
ob Arbeitsplatz, ob Konferenz, ob Freundeskre
am Feierabend: Die wohltuende Geräumigkei
bequeme Sitze mit reichlich Platz auch für »gewic
tige« Personen und eine gediegene Innenausstattun
machen das Fahren in einem TAUNUS so angenehm
Und überall repräsentiert Ihr TAUNUS durch sein
ausgereifte, ausgewogene Gestaltung.

609
55 PS Motorleistung und 11,3 mkg Drehmoment kennzeichnen die Stärke des TAUNUS 15 M: In 25 Sekunden beschleunigt der 1,5-Liter-Kurzhubmotor den Wagen aus dem Stand auf 100 km/h. Die Steigfähigkeit des TAUNUS 15 M beträgt 42%.
Schiebedach, Drucktastenradio, Blinkhupe und Scheibenwaschanlage auf Wunsch – auch im TAUNUS 12 M. Genauso groß wie der TAUNUS 15 M ist der TAUNUS 12 M mit seinem hunderttausendfach bewährten, besonders steuergünstigen 38-PS-Motor von 1172 ccm.
FORD
Ein TAUNUS bietet mehr Freude für Ihr Geld
Gediegenheit und Bequemlichkeit sind im TAUNUS vereint – das beweist am besten eine Probefahrt.

OBEN:
Abb. 81
Ford
›Hahn im Korb‹ oder
›fünftes Rad am Wagen‹?
Aus: *Constanze* 12/1963

GEGENÜBER:
Abb. 82
Ford
So sehr sich die Formen auch geändert haben, die Inhalte sind die gleichen geblieben.
Aus: *Constanze* 24/1962

Im September 1960 stellt *Ford* mit dem neuen *Taunus 17 M,* intern *P 3,* eine vollkommen neue Karosserielinie vor. Die gesamte Gestaltung ist einer einzigen, relativ einfachen Grundform untergeordnet. Die Stoßstangen sind integriert und der Kühlergrill eine optische Weiterführung der vorderen Rundung. Auch die Scheiben gehen fast ansatzlos in die gewölbten glatten Seitenwände über. Der sich aus dieser Stromlinienform ergebende Luftwiderstandsbeiwert ist mit 0,40 für das Jahr 1960 hervorragend.[6.19] Auch wenn der *17 M* im Volksmund den Beinamen »Badewanne« erhält, kommt die »Linie der Vernunft« gut an, und *Ford* kann in den nächsten vier Jahren fast 670 000 Exemplare dieses Typs verkaufen.[6.20]

Die Anzeige Abbildung 81 gestattet einen Blick ins Innere des Wagens, als suche sie einen Nachweis ihrer Überschrift zu führen. Das gelingt ihr auch, eindeutig, »[s]ogar der fünfte fühlt sich wohl«. Aber nicht nur aufgrund der günstigen Platzverhältnisse. Denn obwohl seine Situation stark an das sprichwörtliche »fünfte Rad am Wagen« erinnert, darf er sich wie der »Hahn im Korb« fühlen. Das ist dem Werbetext einen besonderen Hinweis wert: »der fünfte hat es sichtlich gut«. Auch die Frauen

Sie kaufen Autos nicht gern mit den Augen? Sie bewahren sich lieber einen kühlen Kopf? Dann lassen Sie sich auf keinen Fall durch die Eleganz dieses Wagens irritieren! Schließen Sie ganz einfach die Augen – und rechnen Sie! Ein Taunus 17 M verbraucht nur 7,9 Liter Normalbenzin auf 100 Kilometer nach DIN. Wie viele Kilometer können Sie da mit einer einzigen Tankfüllung (45 Liter) fahren!

Doch nun sollten Sie die Augen wieder öffnen: für eine aufschlußreiche Probefahrt! Denn es gibt keine bessere Gelegenheit, den Taunus 17 M schätzen zu lernen – seine Geräumigkeit und die unbeschreiblich leichte, elegante Art, mit der Sie ihn fahren. Ihr Ford-Händler wartet schon auf Sie. 6845 DM ab Werk kostet der Taunus 17 M 1,5 Liter, 2türig (4türig 7235 DM a. W.). Sonderausstattung gegen Mehrpreis.

Ford

Taunus 17 M

unverändert: die Linie der Vernunft

OBEN LINKS:
Abb. 83
Ford
Frauen und Autos, Rot und Weiß, Sommer und Winter …
Aus: *Praline* 21/1964

OBEN RECHTS:
Abb. 84
Ford
Konfrontation mit sechs Zylindern.
Aus: *Epoca* 2/1966

GEGENÜBER:
Abb. 85
Ford
Exklusive Spitzenmodelle sind für die Werbung unverzichtbar.
Aus: *Epoca* 10/1967

machen einen zufriedenen Eindruck, ob sie nun hinten sitzen *müssen* oder *wollen.* Die eine flirtet mit dem ›fünften‹, die andere mit den Anzeigenkunden.

Da der *17 M* in der Fotografie nicht zu erkennen ist, wurde ein prägnanter Teil seiner Außenansicht, in diesem Fall die Frontpartie, zusätzlich als kleine Strichzeichnung zwischen den Textblöcken eingebaut.

Die kühle Sachlichkeit der frühen sechziger Jahre strahlt die Werbung Abbildung 82 von 1963 aus. Ihre klare und einfache Gestaltung demonstriert das typische formale Anzeigenschema der Zeit: ein großes Foto oben, darunter symmetrisch dazu den Werbetext in Blöcken und ein, zwei grafische Irritationspunkte (vgl. Abb. 32, 63, 67, 81 u. a.). Die Spiegelungslinie wird nicht nur durch die an der Mittelsenkrechten orientierten Überschrift und die aufrechte Position der Frau im Foto betont, auch die Seitenansicht des *Taunus 17 M* entspricht weitgehend diesem Prinzip.

Was Autodesign und Anzeigengestaltung an formalem Fortschritt demonstrieren, wird durch die Fotografie inhaltlich schnell relativiert. Ein eindeutig zweideutiger Scherz auf Kosten der abgebildeten Frau dient als Überschrift. *Sie* steht, *er* sitzt am Steuer, sie posiert und ordnet sich der Fotosituation vollkommen unter, er schaut ihr nach. Sie ist in das elegante Weiß der Unschuld gehüllt, er in geschäftliches Grau. Sie trägt die von der Gesellschaft geforderten Accessoires der Weiblichkeit (Kopftuch, Schmuck, Handschuhe, Handtasche, hohe Absätze) und zeigt Bein, er trägt Anzug, Krawatte und Hut. Sie ist geschminkt, jung und sieht gut aus, er sitzt im Dunkeln. Sie steht in figurbetonender Pose mit angewinkeltem Knie, er sitzt bequem. So sehr sich die Formen der Werbung gewandelt haben mögen, die Inhalte scheinen unverändert.

Einen vollkommen neuen *Taunus 12 M* präsentiert *Ford* im September 1962. Er hat mit seinem Vorgänger nur noch den Namen gemein. Dem zeitgemäß glatten Äußeren entsprechen Vorderradantrieb und V4-Motor im Inneren. Ursprünglich war er unter der Bezeichnung *Cardinal* in den USA als *Käfer*-Konkurrenz entwickelt,

Der neue Ford 20M TS Hardtop – für exklusives Fahrvergnügen

Auf Wunsch mit starkem 2,3-l-V6-Motor – 108 PS

Dieses Auto wird mit dem bewährten, leisen, 90 PS starken 2-l-V6-Motor ausgerüstet. Auf Wunsch gibt es den neuen 2,3-l-V6-Motor mit 108 PS, der Ihnen nahezu sportwagenmäßige Beschleunigungswerte bietet. Von 0 auf 100 km/h in 11,4 sec, von 0 auf 80 in 7,6, von 0 auf 50 km/h in 3,8 sec.

Er hat eine sportliche Knüppelschaltung

Mit dem Schaltknüppel bedienen Sie das leichtgängige Vierganggetriebe. So können Sie in jeder Situation Kraft und Temperament dieses starken Sechszylinders schnell dirigieren. – Leichtgängig wie die Schaltung ist auch die Lenkung dieses eleganten und sportlichen Wagens.

Serienmäßig ist seine luxuriöse Ausstattung

Vorn sitzen Sie auf komfortablen Einzelruhesitzen. Im Fond haben Sie eine breite Sitzbank mit klappbarer Mittelarmlehne. Alles ist mit weichem, strapazierfähigem Polsterstoff überzogen. Sie haben einen Teppich über den ganzen Wagenboden und für Ihre Fahrgäste im Fond eine Leselampe.

Ford

dann aber nach Deutschland abgegeben worden.[6.21] Seine Anzeige (Abb. 83) zeigt eine Weiterentwicklung des bekannten Sechziger-Jahre-Schemas. Die Fläche des Fotos ist für vier Abbildungen in verschieden große Teilstücke zerlegt. Auf diese Weise wird nicht nur mehr Information transportiert, es können auch verschiedene emotionale Ebenen angesprochen werden. Der Urlaub ist fröhlich, die Ausstattung gediegen, der Kombi zuverlässig und die junge Fahrerin liebenswert. Im Zusammenwirken entsteht ein Gesamteindruck, der weitaus komplexer ist als die Summe seiner Teile. (Zweifellos macht sich auch hier die Konkurrenz des Fernsehens als Werbeträger bemerkbar.) So ergibt sich in dieser Anzeige ein phantasievolles Puzzlespiel um Frauen und Autos zwischen Sommer und Winter, Rot und Weiß, emotional und unschuldig.

Demgegenüber ist die Anzeige für den *Taunus 20 M* aus dem Jahr 1966 (Abb. 84), eine reine Männeranzeige. Streng geometrisch, frontal in der Gegenüberstellung, zeigt sie den ›starken Motor, die leere vordere Sitzbank und das Erkennungszeichen der gesteigerten Kraft. Kaltes Blau herrscht vor, keiner lächelt, es ist niemand zu sehen außer dem Fahrer. Die Landschaft ist bedeckt vom nackten Asphalt der Straße, die der *20 M* dominiert. Beide Anzeigen variieren geschickt den alten *Ford*-Leitsatz vom besonderen Preis-Leistungsverhältnis. »Jetzt noch mehr Auto« bot schon eine Anzeige von 1956 (Abb. 79), aber »für unverändert DM 5480« ist – scheinbar – eine Steigerung (Abb. 83).

Den Fahrern von Wagen mit Vierzylinder-Motoren bietet die Werbung des *20 M* (Abb. 84) zwei Zylinder mehr zum gleichen Preis an, »weil Sie vielleicht noch nicht wissen, daß Sie sich auch diesen 6-Zylinder leisten können«. Der Automarkt macht diese Offerte sinnvoll, denn der »nächste Wettbewerber war der *Opel* zu DM 9310, und beim *Mercedes*-Sechszylinder gab es auf 12 000 Mark kein Wechselgeld heraus.«[6.22] Die Preispolitik von *Ford* gefällt allerdings nicht allen Kunden; unzufrieden sind »besonders die Käufer der teureren Typen, mit dem Argument, daß zu wenig Abstand zu den billigeren Brüdern bestünde«.[6.23] Als Zugpferde in der Werbung sind die Spitzenmodelle jedoch unverzichtbar.

Die zweite Hälfte der sechziger Jahre erlebt eine Renaissance der gemalten Werbeillustration, für die die Anzeige Abbildung 85 ein Beispiel ist. Die Seitenaufteilung ist der vorigen (Abb. 84) sehr ähnlich, an die Stelle der Fotografie ist jedoch ein ›Gemälde‹ getreten. Aus dem Vorzeigemodell *Taunus 20 M* ist inzwischen ein *Ford 20 M TS Hardtop* geworden, der Name *Taunus* wurde ersatzlos gestrichen. Zu sehen ist die etwas gestreckte Seitenansicht des Wagens, deren elegant gestreckte Linie einen reizvollen Kontrast zum südlichen Ambiente schafft. Nicht zu sehen ist die stark amerikanisierte Kühlerfront, die so wenig Freunde findet, daß die Karosserie schon nach einem Jahr und 155 780 Einheiten überarbeitet werden muß.[6.24]

Neue zeitgemäße Reizworte haben Eingang in die Werbung gefunden: Das Fahrvergnügen ist »exklusiv«, der V6-Motor »leise«, die Knüppelschaltung »sportlich« und die Serienausstattung »luxuriös«. Einen weiteren Schritt im Wettbewerb der Pferdestärken macht *Ford* mit dem neuen 108-PS-Motor, den die Anzeige natürlich in den Vordergrund stellt. Auch wenn sich nur wenige *Ford*-Fahrer diesen Wagen leisten können, so steht er doch an der Spitze der Meßlatte, an der sich die eigenen Ansprüche orientieren. Und noch sind die Bemühungen der Werbeabteilungen, dieses Maß kontinuierlich nach oben zu verlängern, nahezu ungebremst.

Abb. 86
Opel
Vertrauter Zufluchtsort und stabilisierendes Element – das Auto.
Aus: *Orion* 6/1954

7 »Grundsolide und zuverlässig« – *Opel*

Das »älteste Familienunternehmen des deutschen Fahrzeugbaus«,[7.1] aber ganz in amerikanischem Besitz, das sind die Gegensätze, die die Geschichte der *Adam Opel AG* charakterisieren.

1862 hatte der 25jährige Adam Opel in einem Kuhstall in Rüsselsheim mit den Arbeiten an seiner ersten eigenen Nähmaschine begonnen. 1887, als bereits 350 Menschen für ihn arbeiteten, erweiterte er das Programm auf die Herstellung von Fahrrädern, von denen um die Jahrhundertwende bereits 15 000 Stück jährlich produziert wurden.[7.2] Drei Jahre nach seinem Tod, 1898, entschieden seine fünf Söhne, sich der Fabrikation von »motorisierten Vierrädern« zuzuwenden. Ihr erster Versuch war ein »*Opel* Patent-Motorwagen, System Lutzmann«, später bauten sie Fahrzeuge des französischen Herstellers *Darracq* in Lizenz. Daneben experimentierten sie intensiv mit eigenen Modellen wie dem *10/12 PS* und dem *12/14 PS.*

Abb. 87
Opel
Über die ›Beziehungskiste‹
Mann – Frau – Auto.
Aus: *Constanze* 13/1953

Schon 1912 fertigten 3000 Arbeiter jährlich eine ebenso große Anzahl von Automobilen. 1923 installierte die Firma *Opel* als erste in Deutschland ein Fließband nach amerikanischem Muster,[7.3] und konnte ihren *4/12 PS,* den ›Laubfrosch‹, für 4600 Reichsmark anbieten. Vier Jahre später stellten 7500 Arbeiter täglich bereits 200 Fahrzeuge her.[7.4]

Doch die Weltwirtschaftskrise der dreißiger Jahre warf ihre Schatten voraus. 1928 fand die Umwandlung von *Opel* in eine Aktiengesellschaft schon im Rahmen der Verkaufsverhandlungen mit dem amerikanischen Automobilkonzern *General Motors* statt.[7.5] *GM* übernahm zunächst 80, später die restlichen 20 Prozent der Anteile. »Im Typenprogramm *Opels* hat das jedoch einschneidende Folgen: von jetzt an werden nur noch Klein- und Mittelklassewagen gebaut, die großen Modelle werden vom amerikanischen Großen Bruder bezogen.«[7.6] Der Zweite Weltkrieg stoppt allerdings die weiteren Aktivitäten, fast 50 Prozent der Fabrikationsanlagen in Rüsselsheim werden zerstört. 1945 demontieren russische Soldaten das komplette Brandenburger Werk und überführen es inklusive aller Fertigungseinrichtungen und Pläne des neuen *Kadett* in die UdSSR, wo daraus der *Moskwitsch 400* entsteht.

Schon 1947 kann *Opel* die Pkw-Produktion wieder aufnehmen, die »Verbindung mit *General Motors* ebnet zahlreiche Wege, der Nachschub an Material und Kapital rollt zügig.«[7.7] Als erster Wagen erscheint der *Olympia,* er unterscheidet sich nur unwesentlich vom Vorkriegsmodell. Die Veränderungen, die vorgenommen werden, sind eher kosmetischer Natur, zusätzlichem Chrom steht die Reduzierung der Schaltung von vier auf drei Gänge gegenüber. »Mit Einführung der amerikanischen Lenkradschaltung tritt indes auch ein Imagewandel ein: weg vom Sportlich-Einsatzfreudigen, hin zum Komfortabel-Bürgerlichen.«[7.8] Auch der *Opel Kapitän* erscheint ein Jahr später zunächst in der Karosserie von 1939.

OBEN LINKS:
Abb. 88
Opel
Aus dem Schatten der Vergangenheit
in eine helle Zukunft –
der neue *Olympia Rekord.*
Aus: *Orion* 6/1955

OBEN RECHTS:
Abb. 89
Opel
Von den heimlichen ›Machern‹ hinter dem Aufschwung.
Aus: *Stern* 7/1956

1953 erscheint mit dem *Olympia Rekord* eine Nachkriegsentwicklung in völlig neuer Form mit selbsttragender Pontonkarosserie. Trotz – oder wegen? – des amerikanischen ›Haifischmauls‹ stellt die Anzeige Abbildung 86 das »Komfortabel-Bürgerliche« in den Vordergrund. Die Überschrift »Im behaglichen Sessel reisen« wird nicht nur in der Zeichnung zweifach umgesetzt, auch im Text sind diesbezügliche Begriffe verwendet: »gemütlich [...] entspannt [...] bequem [...] ausgeruht [...] zuverlässig«. Die Reduzierung der Schaltung von vier auf drei Gänge ist geschickt umgemünzt auf leichte Bedienung: »Schaltarmes Fahren«. Mit dem gehobenen Fahrkomfort wird vor allem bei mittleren Käuferschichten geworben, zum Beispiel den Handlungsreisenden: »auf weiten Geschäftsreisen« verfüge man über »fast unbeschränkten Raum für Warenproben« und habe »den Kopf frei fürs Geschäft«. Der Verkaufspreis des Wagens ist offenbar von nachgeordneter Bedeutung, er ist nicht genannt, auch der »[g]eringe Verbrauch« ist nur ein Argument unter vielen.

Der im Umriß angedeutete altmodische Ohrensessel symbolisiert die eher defensive Ausstrahlung der Anzeige; das Auto ist vertrauter Zufluchtsort, zuverlässiges, stabilisierendes Element unterwegs. »Hohe Reisedurchschnitte« sind das erklärte Ziel der angegebenen »40 PS« und der »ca. 115 km/h« Spitzengeschwindigkeit. Vergleicht man die Anzeige mit der Werbung der Konkurrenz (Abb. 72, 75), so kann man sich vorstellen, welche Änderungen schon ein Jahr später vorgenommen werden – müssen (Abb. 93).

Zwei Dreiecke symbolisieren in einer *Opel*-Anzeige aus dem Jahr 1953 (Abb. 87) den Anzeigen-Background: das Verhältnis Frau–Mann–Auto. Sie sieht ihn: »Liebe auf den ersten Blick...« und den Wagen: »wo der *Olympia Rekord* auftaucht, wird die stilvolle Linie seiner modernen Karosserie bewundert« – oder umgekehrt? Er fährt das Auto und macht damit bei ihr einen guten Eindruck: »Bei näherer Bekanntschaft

OBEN LINKS:
Abb. 90
Opel
»In einer hervorragend geglückten Synthese von harmonischer Schönheit und vollendeter Zweckmäßigkeit ist mit dem neuen *Kapitän* der Idealwagen von morgen schon heute Wirklichkeit geworden« oder ...
Aus: *Die Kunst* 10/1955

OBEN RECHTS:
Abb. 91
Opel
... ›Form folgt Funktion.‹
Aus: *Innendekoration* 6/1954

steigert sich diese Bewunderung zur Begeisterung«. Der Wagen empfiehlt sich als angenehm, sicher, schnell, raffiniert, bequem, günstig, und bietet allen eine enge Beziehung an: »Wollen Sie einen zuverlässigen Freund gewinnen?«

Auch diese Werbung wirbt – nicht nur durch den Aufhänger – mit dem praktischen Alltagseinsatz. Es wird ein »ausgezeichnete[r] Wagen der Mittelklasse« angeboten und keine hochentwickelte Technikmaschine. Die Motorstärke spielt nur eine untergeordnete Rolle, es reicht, daß man »sicher und schnell fährt«. In den Fließtext eingeordnet sind auch der »sparsame Verbrauch«, der das Auto »äußerst wirtschaftlich« macht, und die Abschaffung der »lästige[n] Einfahrvorschriften«.

»Typisch für die 50er Jahre ist, daß *Opel* nach amerikanischem Vorbild die Modelle jedes Jahr zumindest optisch ein wenig ändert.«[7.9] So fällt auf den gerade zwei Jahre alten *Olympia Rekord,* Typ 1953, schon der Schatten der Vergangenheit, wie die Anzeige Abbildung 88 zeigt. Allerdings zieht eine gestrichelte Linie einen Schlußstrich, als wolle sie die zurückliegenden Jahre in Vor- und Nachkriegszeit aufteilen. Der in die Zukunft steuernde, »in jahrzehntelanger Kleinarbeit ausgereift[e]« neue *Opel* verfügt nun über eine »vergrößerte und durch ein geripptes Führungsblech unterteilte Kühleröffnung«,[7.10] ein um 38 Prozent vergrößertes Heckfenster und eine automatische Blinkhebelrückstellung.

Daß die Verkaufspreise so groß herausgestellt sind, hat einen besonderen Grund. Sowohl für den *Olympia Rekord* als auch für dessen einfachere *Olympia*-Ausführung – Nachfolgerin des im »Ausverkauf« 5990 DM billigen Vorkriegs-*Olympia* – sind deutlich die Preise gesenkt worden. Der *Rekord* kostet nun 260 DM, der preiswerte *Olympia* sogar 740 DM weniger als sein Vorgänger.[7.11] Es ist schon die dritte Preisermäßigung seit Kriegsende, und Verbilligungen gehören nicht nur bei *Opel,* sondern, wie schon bei *Ford* gesehen, auch bei vielen anderen Autoherstellern

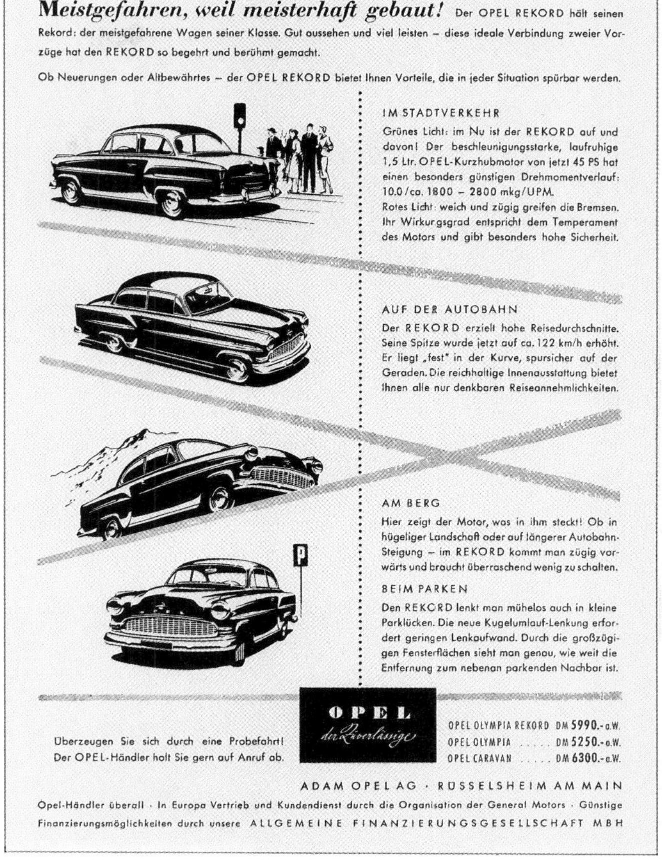

zum Fünfziger-Jahre-Alltag – sicher einer der wenigen reellen Gründe, der Fünfziger mit nostalgischen Gefühlen zu gedenken.

1956, als das »Wirtschaftswunder« schon in aller Munde ist, lanciert *Opel* die Anzeige Abbildung 89 für seinen weiterentwickelten *Kapitän.* Fotografie und Text erzählen die Geschichte von den ›Machern‹ hinter dem Aufschwung. Bis in die Nacht hinein wartet »der Zuverlässige« auf seinen Herrn: »Seine Leistungsfähigkeit ist noch größer«. Neben der Pförtnerloge ist nur noch ein Fenster des modernen Bürogebäudes erleuchtet: »Viel konnte in der Stille noch erledigt werden«. »Kaum hörbar – so leise« verrichten Fahrer und Auto ihren »zuverlässigen Dienst«. »Der späte Abend erst wird die Entspannung bringen.« Wer so viel arbeitet, verdient es, »diesen schönen Wagen« zu fahren. (Der Umkehrschluß treibt die Werbewelt an.)

Im ›Kleingedruckten‹ ist noch ein Zusatz zu entdecken, dessen zurückhaltende Formulierung der zeitgemäß defensiven *Opel*-Linie entspricht, dessen Inhalt aber noch fünfzig Jahre später aktuell ist: »Rücksichtsvolles Fahren ehrt den *Opel*-Fahrer«.

Sehr ›technisch‹ sind zwei Anzeigen (Abb. 90, 91) mit denen *Opel* für die neue Form des seit 1939 gebauten *Kapitän* wirbt. Diese Werbung stellt die optische Linie des Wagens in den Vordergrund, thematisiert geradezu die Formgebung. Dazu wandelt sie den bekannten *Bauhaus*-Grundsatz »Form folgt Funktion« zu »Technik und Schönheit harmonieren«. Während die Zeichnungen dazu sehr einfache Nachweise zu liefern versuchen – ›Eleganz entsteht am Zeichentisch‹ (Abb. 90) und ›eine schöne Frau paßt in den neuen *Opel*‹ (Abb. 91) –, bemühen sich die Texte, das Problem etwas tiefer auszuloten. Die »Forderungen der Ästhetik mit den Notwendigkeiten der Technik auf einen Nenner bringen« muß jener »stylist«, der »Schönheit gegen technische Zweckmäßigkeit« abwiegt. Der Erfolg ist eine »hervorragend

Oben links:
Abb. 92
Opel
Offen für Zweierbeziehungen.
Aus: *Das Beste aus Reader's Digest* 5/1955

Oben rechts:
Abb. 93
Opel
Noch *»Olympia Rekord«* oder schon *»Rekord«?*
Aus: *Innendekoration* 12/1955

Oben:
Abb. 94
Opel
»Honi soit qui mal y pense.«
Aus: *Constanze* 14/1955

Gegenüber:
Abb. 95
Opel
Staatsbesuch aus Rüsselsheim.
Aus: *Schöner Wohnen* 11/1961

geglückte Synthese von harmonischer Schönheit und vollendeter Zweckmäßigkeit« mit einem »Gesicht, in dem Schönheit und Technik harmonieren«.

Geschickt profiliert die Werbung den *Kapitän* an seinen amerikanischen Vorbildern, setzt ihn aber gleichzeitig davon ab: »Dieser modernste Wagen [...] bietet einen Fahrkomfort, wie man ihn bisher nur bei den großen ›Amerikanern‹ kannte. Seine Sparsamkeit dagegen ist echt europäisch.« In seinem ersten Jahr, 1954, kommt der *Kapitän* so gut an, daß er hinter dem *VW Käfer* und dem *Opel Olympia Rekord* die höchsten Produktionszahlen erreicht.[7.12] Bei so viel Erfolg kann die »unverbindliche Probefahrt« nicht mehr einfach vorgeschlagen werden wie bisher, sie wird nun »vermittelt« – der *Opel*-Händler wird zum Agenten zwischen zwei Größen.

Ganz praxisnah ist – natürlich – das *Olympia Rekord Cabriolet* beworben (Abb. 92): »Sonne, weiter Himmel und würzige Luft«. Beinahe selbstverständlich ist die paarweise Nutzung des luftigen Gefährts: »Nutzen Sie [...] doppelt, steigern Sie«. Da fahren dann auch gleich zwei Paare ihrem »Sommer entgegen«. Die Anzeige enthält, wie die Abbildung 87, zwei gleiche grafische Formen, die Text und Illustration verbinden. Diesmal sind es jedoch Rechtecke. Das wie die Überschrift etwas aus der Bildsymmetrie geschobene schwarzflächige *Opel*-Logo entspricht in seiner Wirkung der viel größeren dreifachen Textumrahmung. Das Wort *Opel* taucht in beiden Rechtecken ebenso auf wie der leichte Handschrifttyp in »*Cabriolet*« und »der Zuverlässige«. So ergibt sich ein reizvolles grafisches Spiel aus Ordnung und Irritation.

Wiederum in Details verändert, wird Ende 1955 der *Olympia Rekord* beworben (Abb. 93). Neben dem vereinfachten Kühlergrill – eine leichte optische Annäherung an den *Kapitän* – verfügt er nun über hörnerlose Stoßstangen und einen kombinierten Zündanlaß-Schalter. Spielerisch verbindet die Überschrift zwei ähnlich

Ein vertrauter Anblick vor den Portalen internationaler Hotels: OPEL KAPITÄN . . . groß, breit, langgestreckt, mit dem Ausdruck selbstbewußter Überlegenheit. Wer ihn kennt, rühmt seinen Fahrkomfort, wer ihn fährt, schätzt seine überzeugende Leistungskraft, die wohltuende Fahrruhe, die Fülle an Raum, die Sitzbequemlichkeit.

OPEL KAPITÄN

Ein Wagen, der verwöhnt

OBEN:
Abb. 96
Opel
»Er ist genau das, was er sein will; nicht mehr, aber auch nicht weniger: grundsolide und zuverlässig.«
Aus: *Quick* 48/1961

GEGENÜBER:
Abb. 97
Opel
Ein Coupé, das einem Arbeit abnimmt – zumindest die der Repräsentation.
Aus: *Auto, Motor und Sport* 10/1962

lautende, aber ansonsten nicht zu einem Stamm gehörende Wörter: »Meistgefahren, weil meisterhaft gebaut!« Stolz wird verkündet, daß die Angriffe der Konkurrenten *Borgward Isabella* und *Ford 15 M* auf die Mittelklasse trotz deren beachtlicher Verkaufszahlen abgeschlagen werden konnten: »Der *Opel Rekord* hält seinen Rekord: der meistgefahrene Wagen seiner Klasse.« 136 056 verkaufte Einheiten sind 1955 fast 110 000 mehr als von der *Isabella* und etwa 77 000 mehr als vom *Ford 12/15 M* abgesetzt werden.[7.13] Aber sicher auch unter dem Eindruck dieser Konkurrenz finden nun die »jetzt 45 PS«, der »besonders günstige Drehmomentverlauf« und die »auf ca. [!] 122 km/h erhöht[e]« Spitze Erwähnung.

Es ist auffällig, daß die Anzeige die von der Firmenleitung fünf Jahre später vorgenommene Verkürzung der Typenbezeichnung praktisch vorwegnimmt. Lediglich bei den Preisangaben taucht noch das Wort *Olympia* auf, ansonsten enthält der Text nur den Namen *Rekord.* Tatsächlich gibt es schon Mitte der fünfziger Jahre auf diesem einen Fahrzeugtyp verschiedene Beschriftungen. Neben der Sparversion, die bloß *Olympia* heißt, existiert sowohl der Schriftzug *Rekord* als auch *Rekord Olympia.*

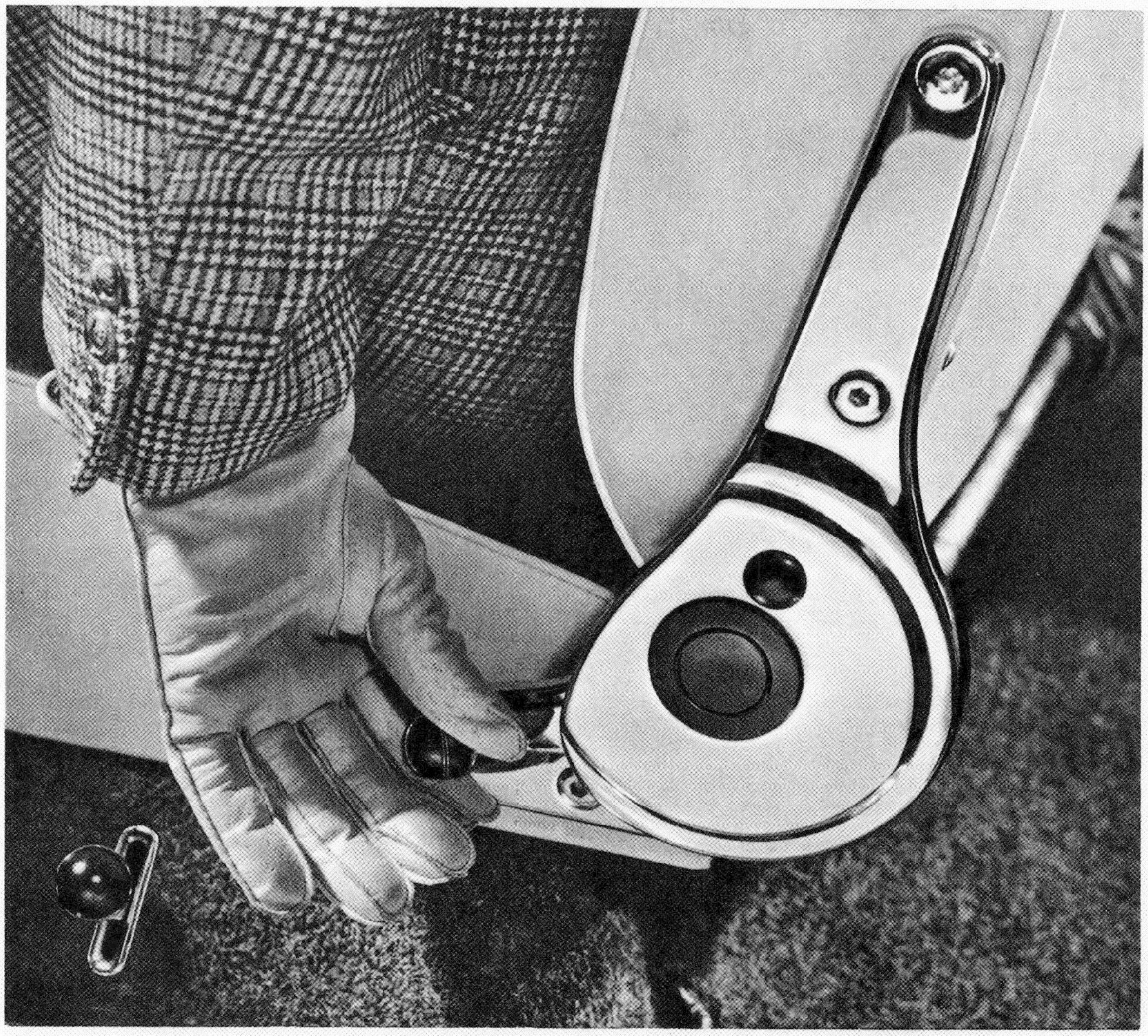

Ist der Fahrersitz ein Arbeitsplatz?

Nicht im OPEL REKORD, ganz und gar nicht im OPEL REKORD Coupé. Hier haben Sie einen bequemen, komfortablen Sitz, den Sie sogar bis zur Waagerechten verstellen können. Sie brauchen sich beim Lenken und Schalten nicht anzustrengen. Sie haben eine gute Sicht und tüchtige Scheibenwischer, eine gute Beleuchtung, eine wirksame Belüftung und Heizung. Eleganz umgibt Sie, Komfort umsorgt Sie. Alles ist darauf angelegt, daß das Fahren angenehm ist und so wenig Arbeit wie möglich macht. Prüfen Sie: den REKORD mit 2 oder 4 Türen, mit 1.5 oder 1.7 Ltr. Motor oder das REKORD Coupé mit dem temperamentvollen 60 PS OPEL-Spezialmotor.

OPEL
der Zuverlässige

Oben:
Abb. 98
Opel
Ein Gespräch unter Männern – da steht der *Opel* drüber.
Aus: *Neue Illustrierte* 13/1964

Gegenüber:
Abb. 99
Opel
›Flower-power‹-Party der »gehobenen Mittelklasse«.
Aus: *Petra* 3/1964

Eine ganze Werbekampagne lanciert *Opel* Mitte der fünfziger Jahre unter dem Titel »Eine Dame wird *Rekord*-Fahrerin«. In wohl witzig gemeinten, in Wirklichkeit aber etwas bösartigen Anzeigen werden fiktive Erlebnisse von Frauen mit dem *Olympia Rekord* geschildert. Mal sind es die Probleme des langsam Fahrens (»Soll rasen, wer es nötig hat.«), mal die männliche Überheblichkeit (»dann erscheint plötzlich die so übersichtliche Armaturentafel des *Rekord* kompliziert wie die Schaltanlage eines Düsenjägers. Dabei ist [...] alles so zweckmäßig angeordnet wie beim Gasherd.«) Vor allem die simple Bedienung des Wagens wird den Frauen mit offiziell ›weiblichen‹ Argumenten nahegebracht: »Das Fahren und Schalten ist [...] so leicht wie Einkaufen im Selbstbedienungsladen.«[7.14]

Auch die Anzeige Abbildung 94 nutzt eines der gängigen Vorurteile gegenüber Frauen am Steuer für eine zweideutige Überschrift: »Die Fahrkunst endet mit dem Parken«. Zwar stößt man nach den umfangreichen fahrlehrerhaften Anweisungen zum Einparken auf moderate Töne: »– bitte: der *Rekord* ließ sich spielend leicht in die Parklücke einrangieren«, doch spekuliert die Anzeige ohne Zweifel auf das zustimmende Schmunzeln der Beschauer. Auch wenn die Anzeige das Vorurteil damit nicht ›in die Welt gesetzt‹ hat, so etabliert sie es doch und macht es ›salonfähig‹.

REKORD-Party

Wahrscheinlich sind Sie schon einmal in einem REKORD gefahren. War's ein zweitüriger mit 55 PS? Oder ein 67 PS Coupé, ein luxuriöser „L"? Oder gar ein 100 PS REKORD? Das Modell kann wichtig sein. Warum? Weil es Unterschiede gibt. So viel Unterschiede, die Sie gar nicht kennen. Wir sehen unsere Aufgabe darin, REKORD-Wagen zu bauen, die so verschieden sind, wie die Menschen, die sie fahren. Ob Sie nun ein junger Mann sind oder kinderreicher Familienvater, ob Geschäftsmann, Angestellter, Beamter oder freiberuflich Tätiger – einer aus der REKORD-Familie paßt zu Ihnen. Sehen Sie sich nur die Variationen an, die unsere Auto-Party so reizvoll lebendig machen. Es gibt auch Unterschiede, die Sie nicht sehen. Wir meinen zum Beispiel die verschiedenen Fahrleistungen oder Ausstattungen. Es lohnt sich also, einmal zum OPEL-Händler zu gehen, um Vergleiche zu ziehen. Es wäre doch ärgerlich, wenn Sie später vielleicht sagen müßten: ...... ja, das habe ich nicht gewußt.

Stelldichein der gehobenen Mittelklasse

In der langen Entwicklungslinie des *Opel Kapitän* erscheint Mitte 1959 ein neues Modell: der Typ *P 2,6.* »Äußerlich ist [er] durch eine straffere Linienführung, durch prägnantere Konturen gekennzeichnet, wie sie der heutige Karosseriestil vorschreibt«, berichtet die Presse.[7.15] Der Wagen verfügt nun über die stolze Gesamtlänge von 4,83 Metern und einen 90 PS starken 2,6-Liter-Motor. Er wird *Opels* erfolgreichster Typ dieser Baureihe, in den nächsten dreieinhalb Jahren können fast 150 000 Exemplare verkauft werden.[7.16]

Wie eine repräsentative Staatskarosse bietet ihn die Fotografie in einer Anzeige von 1961 an (Abb. 95). Als Standort ist zur Steigerung seiner Aura der Platz vor dem Eingang eines luxuriösen Hotels gewählt – dort dürfen bekanntlich nur die teuersten Wagen parken. Die Typenbezeichnung beeindruckt durch die breiter gestellten klassischen Versalien, sie ist fast auf Anzeigenbreite gesperrt. Der Werbetext sucht die imposante Wirkung des Fahrzeugs mit den passenden Adjektiven zu unterstützen: »groß, breit, langgestreckt, mit dem Ausdruck selbstbewußter Überlegenheit.« Die Standortbeschreibung schafft das gewünschte Ambiente: »Ein vertrauter Anblick vor den Portalen internationaler Hotels«, die Schilderung des »Fahrkomfort[s]« preist den individuellen Luxus: »wohltuende Fahrruhe, die Fülle an Raum, die Sitzbequemlichkeit«. Wer mag sich da noch mit so banalen Dingen wie PS, Hubraum oder Höchstgeschwindigkeit aufhalten?

1961, zeitgleich mit dem offiziellen Ende der Typenbezeichnung *Olympia,* erinnert eine Anzeige noch einmal an den so genannten Vorgänger des *Rekord,* eine »›Autobiographie‹ der Zuverlässigkeit« ist ihr Thema (Abb. 96). Der in dem Foto klein abgebildete ›Urahne‹ erinnert allerdings mehr an den *Kadett* von 1936 als an den *Olympia* von 1935, der seinen Namen den ein Jahr danach in Berlin veranstalteten *Olympischen Spielen* verdankt.[7.17] Anlaß für den Rückblick ist der neue *Rekord P2,* der 1960, genau 25 Jahre nach dem ersten *Olympia,* vorgestellt wird. Der Text sucht die Namensungleichheit zu erklären: »Jeder kennt den *Opel Olympia Rekord*«. Nur heißt der nun beworbene Typ *Rekord* und der oben abgebildete heißt, wenn überhaupt, *Olympia.* Aber es kann nicht darauf verzichtet werden, den neuen Anfang mit der Tradition zu verknüpfen. Die elegante Linie des *P2* gefällt dem Publikum auf Anhieb: Bereits im ersten Produktionsjahr verlassen mehr als 300 000 Exemplare die Montagehallen, ein »Rekord« nicht nur in Rüsselsheim.[7.18]

Analog zur kantigen Karosserieform entspricht die Anzeigengestaltung dem bekannten Sechziger-Jahre-Schema: großes Foto oben, darunter rechteckige Textblöcke und ein auffälliges Logo gegen allzu große formale Langeweile. Zusätzlich steht der *Rekord* parallel zur Anzeigengrundlinie und symmetrisch zu deren Mittelachse. Diese strenge Ordnung wird aufgelockert durch die Abbildung des *Olympia* und der Feder. Da das Schreibgerät eine aufsteigende Diagonale entgegen der abfallenden Linie ›*Olympia-Rekord*-Logo‹ bildet, entstehen mehrere sich überlagernde optische Geraden und Schrägen, was letztendlich zu dem etwas unbefriedigenden Gesamteindruck führt.

Noch immer befleißigt sich *Opel* bei der Beschreibung seiner Fahrzeuge einer gewissen Bescheidenheit: »Er ist genau das, was er sein will; nicht mehr und nicht weniger: grundsolide und zuverlässig.« Ob derartige Sätze etwas mit dem leicht biederen Image der Marke *Opel* zu tun haben? Ihrem Erfolg tun sie jedenfalls keinen sichtbaren Abbruch.

Abb. 100
Opel
Jung, voll Schwung, frech und munter – Vergnügen, Wochenende, Ausflug, Freunde besuchen, »kurz gesagt O. K.« – der neue *Kadett*.
Aus: *Freundin* 6/1963

1961 bringt *Opel* zum *P2* ein Coupé auf den Markt. Es unterscheidet sich von der Limousine vor allem durch die nach vorne gezogene, sehr schräggestellte Heckscheibe bei geringerer Dachhöhe. Der in der Presse als »Breitwand-Coupé« apostrophierte Wagen offenbart in der Seitenansicht eine durchaus elegante Linie.

Die Anzeige Abbildung 97, die formal einem gängigen Schema entspricht (vgl. Abb. 30, 81, 108), versucht, den Repräsentationswert des *Coupé* mit seinem Gebrauchswert zu verknüpfen: »Eleganz umgibt Sie, Komfort umsorgt Sie. Alles ist darauf angelegt, daß das Fahren [...] so wenig Arbeit wie möglich macht«. Verchromte Liegesitzbeschläge und Velourssteppiche liefert *Opel,* Tweed und Lederhandschuhe der (Freizeit)Chauffeur. Der »temperamentvolle *Opel*-Spezialmotor« müht sich mit »60 PS«, der Fahrer braucht sich dafür »beim Lenken und Schalten nicht anzustrengen« – auch *Opel* muß Anschluß an die ständig steigenden Motorleistungen halten, siehe auch Abbildung 3.

OBEN:
Abb. 101
Opel
Ein amerikanischer *Opel*
oder ein europäischer *Chevrolet?*
Aus: *Das Beste aus Reader's Digest*
5/1965

GEGENÜBER:
Abb. 102
Opel
Fünf Meter Länge und 20 bis 30 Liter
Superbenzin für einen Zweitürer.
Aus: *Epoca* 6/1965

Daß die vorstehenden inneren Türklinken beim neuen *Rekord* durch eingelassene Zugriegel ersetzt sind und für die hinteren Türen Kindersicherungen aufweisen, wird nicht erwähnt. Auch daß das Armaturenbrett gepolstert und die Lenkradnabe tiefergelegt wurde, um das Verletzungsrisiko zu vermindern, ist nicht angegeben. ›Passive Sicherheit‹ ist in der Werbung offenbar noch kein Thema. Auch die meisten zeitgenössischen Presseberichte haben noch anderes im Sinn, wie die folgende Beurteilung des *P2* ahnen läßt: »Wieder zeichnet sich der *Rekord* durch eine gediegene, geschmackvolle Innenarchitektur aus. Die hübsch gemusterten Polsterbezüge und Wandverkleidungen, zweifarbig abgesetzt, kommen dank der größeren Fensterflächen ausgezeichnet zur Geltung. Es ist im Wagen noch heller, noch freundlicher geworden.«[7.19]

Es sei »zweifelsohne das amerikanischste unter den bundesdeutschen Serienautos«, weiß die Presse von dem im März 1963 vorgestellten neuen *Rekord A* zu berichten.[7.20] Tatsächlich sieht er dem *GM*-Modell *Chevrolet Chevy II* sehr ähnlich.

Herrlich, wieviel Kraft man aus seinen acht Zylindern zaubern kann!

DIPLOMAT V8 Coupé. Ein aufregender Wagen. Ein rassiges Coupé der großen Klasse, das einen Mann mit PS-Ambitionen schon aus der Ruhe bringen kann! Ausgerüstet mit automatischem Getriebe und Hilfskraft-Einrichtungen für Lenkung und Zweikreis-Bremsanlage. Ausgestattet mit Edelholz-Verkleidungen, Veloursteppich, elektrisch betriebenen Türfenstern und sportlichen Einzel-Sitzen. Und dazu fähig, die ganze Wucht von 230 PS zu entwickeln. Mit einem Wort: mitreißend (kein Wunder bei dieser Beschleunigung: von 0 auf 100 km/h in 9.5 Sekunden).

OPEL DIPLOMAT V8 Coupé

Aber während sein Vetter in den USA mit Motorstärken zwischen 91 und 355 PS angeboten wird, arbeitet im *Rekord* eine Vierzylinder-Maschine, deren Leistung seit 1938 Schritt für Schritt von ursprünglich 37 auf nun 55 PS gesteigert wurde. »Wundern Sie sich nicht, daß sich die heutigen *Rekorde* etwas kurzatmiger und ›giftiger‹ anhören ... es liegt an den PS, die wir hinzuhaben wollen, ohne mehr Hubraumsteuer zu zahlen«, kann man in der Zeitung lesen.[7.21] Genau da setzt die Werbung an (Abb. 98): mit »gepanzerten Auslaßventilen und Ventildrehkappen« sei der stärkere *Rekord*-Motor nun ausgestattet. »Pardon, Sie verstehen nur wenig von Motortechnik?«, dann muß diese Information genügen, um dem bewährten Aggregat auch weiterhin nur Gutes nachzusagen – erfährt der geneigte Leser in dem geschilderten Zwiegespräch unter Männern. Über all dem thront der neue *Opel,* präsentiert unbeeindruckt seine klare Linie und stößt mit den in den nächsten zwei Jahren abgesetzten fast 862 000 Einheiten in neue Verkaufsdimensionen vor.

Was in den fünfziger Jahren die Typenvielfalt und die schnelle Modellfolge war, sind in den Sechzigern die Modellvarianten. Fünf verschiedene *Rekord A* versammelt die Anzeige Abbildung 99 zu einer »*Rekord*-Party«: die viertürigen 1500er und 1700er Limousinen, eine zweitürige Ausführung, das *Coupé* und den *Caravan.*

Das beliebte, aus den USA importierte ›gesellige Zusammensein‹ wird zum »Stelldichein der gehobenen Mittelklasse«. Die lockere Aufstellung der verschiedenfarbigen Fahrzeuge, die bunten Luftballons und die ausgelassene Stimmung der im Foto Versammelten geben einen frühen Eindruck von dem, was als ›Flower-power‹ einige Jahre später über die Bundesrepublik hereinbricht. Diesmal ist es noch *Opels* Variantenreichtum, der durch die Farbenvielfalt veranschaulicht werden soll, sogar das Lettering hat sich dem angeschlossen. Von den »Variationen [...], die unsere Auto-Party so reizvoll lebendig machen«, sind nur die »verschiedenen Fahrleistungen« genau geschildert: 55, 67 oder »gar [...] 100 PS«. Wo der *Olympia* vor fast dreißig Jahren mit 37 PS begann, werden nun dreistellige Pferdestärken aus sechs Zylindern angeboten – immer deutlicher wird die Abhängigkeit der Mittelklassewagen von der Motorkraft.

Während *Opel* im 1500- und 1700-ccm-Bereich konstant die Umsatzzahlen steigern kann, sind die Erfolge in der vom *VW Käfer* beherrschten Klasse um 1,2 Liter gering. Der preiswerte *Rekord 1200* kann dem *VW* keine ernsthafte Konkurrenz machen, und auch der *Taunus 12 M,* ja selbst der *Auto Union 1000* lassen sich häufiger absetzen als der ›kleine‹ *Opel.*[7.22] Nachdem eine im Auftrag der Reifenfirma *Phoenix* durchgeführte Untersuchung eine Vervierfachung des westdeutschen Automobilbestandes für die nächsten dreißig Jahre voraussagt,[7.23] entschließt sich *Opel,* in einer zusätzlichen modernen Fabrikationsstätte einen völlig neuen 1-Liter-Wagen zu bauen. 1962, pünktlich zum hundertjährigen Jubiläum der Firma, läuft die Serienherstellung des *Kadett* in Bochum, dem zusätzlichen Standort, an.

Der teilweise in den USA entwickelte *Kadett*[7.24] hat mit dem Vorgänger gleichen Namens nur noch das Antriebskonzept gemeinsam. Allerdings enthält er, bis auf die Zahnstangenlenkung, auch keine absoluten technischen Neuerungen. Er bietet fünf Personen vergleichsweise großzügige Platzverhältnisse in einer dem Zeitgeschmack sinnvoll angepaßten Karosserie, und sein 993-ccm-Motor beschleunigt den nur 670 Kilogramm schweren Wagen auf über 120 Kilometer pro Stunde.

Abb. 103
Opel
»... eine ganze Wagenkolonne.«
Ein ›Car And Van‹ oder eine Karawane?
Aus: *Praline* 21/1964

Die Anzeige Abbildung 100 entspricht genau dem Konzept des *Kadett,* sich als neu entwickeltes ›modernes‹ Auto und gleichzeitig als *Käfer*-Konkurrenz zu profilieren. Formal unkonventionell gestaltet, präsentiert sie eine junge Frau, die lachend »und voll Schwung« dieses »muntere Auto« fährt. Selbst realistische Hinweise wirken auf diesem »frech[en]« Hintergrund leicht unernst: »Sobald Sie schneller als 50 oder 100 Stundenkilometer fahren, wechselt das Tachometerband seine Farbe.« Dieses Auto befördert nicht nur »schnell und sehr kurvensicher«, seine Nutzung bedeutet »Vergnügen«: »Wochenende, Ausflug, Freunde besuchen – es macht Spaß daran zu denken«.

Daneben sind, ganz konkret, die tatsächlichen Vorteile gegenüber dem *VW 1200* aufgezählt. Der *Kadett* verfügt über den stärkeren Motor: »Da kommt in seiner Klasse so schnell keiner mit«. Er hat den größeren Kofferraum: »für Kartons, Kisten, Koffer«. »Der sportliche Mittelschalthebel ist ›beinfrei‹, er ist Ihnen nicht im Weg, wenn Sie nach rechts aussteigen«. Und er ist, »alles inbegriffen«, relativ preiswert: »DM 5075.–« – das sind nur 95 DM mehr als der Wolfsburger und 305 DM weniger als der Kölner *Taunus 12 M* kosten.

OBEN:
Abb. 104
Opel
Einladung – zum Platzwechsel?
Aus: *Epoca* 4/1966

GEGENÜBER:
Abb. 105
Opel
Diplomaten dürfen wählen.
Aus: *Epoca* 5/1966

1963 folgt der Limousine ein Kombi mit der Bezeichnung *Car A Van,* später *Caravan 1000.* Die Anzeige Abbildung 101 greift die in dem englischen Wort angedeutete vielseitige Nutzbarkeit des Fahrzeugs auf: »fast jeden Tag kommt bei ihm ein verwandeltes Auto aus der Garage. Mal ein Familien-Omnibus mit 4 Erwachsenen und 2 Kindern. Mal ein Möbelwagen für Großmutters Barocktruhe.« Das Foto illustriert eine weitere Möglichkeit: »ein Urlaubsauto: Gepäck bis unters Dach und trotzdem 4 Passagiere«. Dem etwas biederen Image des Kombi tritt der Text mit einer ganzen Reihe von lustbetonten Freizeitbegriffen entgegen: »Jagdwagen, Campingauto, Hundetransporter, Strandfahrzeug«. Eine detaillierte Schilderung der Fahrleistungen scheint nicht notwendig, da sich der Wagen »wie ein Sportwagen fährt«. Diese Profilierung des Kombi als modernes Mehrzweckauto ist tatsächlich sehr erfolgreich, Mitte der sechziger Jahre kommt fast jeder zweite in Westdeutschland ausgelieferte Kombi aus Bochum oder Rüsselsheim.[7.25]

Nach dem erfolgreichen Engagement in der unteren Mittelklasse unternimmt *Opel* 1964 einen heftigen Vorstoß in die Spitzengruppe, der »offenbar darauf abzielt, *Mercedes*-Fahrer ins *Opel*-Lager zu locken«.[7.26] Ganz im Stil der amerikanischen

Wählhebel des automatischen Getriebes

Sport-Schalthebel des Viergang-Getriebes

Das ist der schnellste aller OPEL-Wagen

Probieren wir's doch aus, wie schnell er ist: Wählhebel des automatischen Getriebes einstellen, Gas geben – pfeilschnell schießt der DIPLOMAT V8 davon. 100 Stundenkilometer schon nach 11 Sekunden. Alle Achtung, das macht ihm so schnell keiner nach! Aber wer ist es denn, der ihm da gerade mit einer Nasenlänge vorausfährt? Ein DIPLOMAT V8 mit Viergang-Getriebe und Sportschaltung. Der hatte die 100-Stundenkilometer-Marke schon nach 10 Sekunden erreicht.

DIPLOMAT V8, der große Europäer von OPEL

Straßenkreuzer präsentieren sich »die großen Drei«,[7.27] der neue *Kapitän,* seine luxuriöse Variante *Admiral* und der erste Achtzylinder seit 1928, der *Diplomat V8.* Ihre »Linienführung erinnert deutlich an den *Chevrolet.* Damit hat man sich einen der schönsten Serienwagen der Welt zum Vorbild genommen«, schreibt die Presse.[7.28] Doch lassen die glatten Karosserieflächen und die konsequente Linienführung auch europäischen Stilwillen erkennen. Anfang 1965 wird dem *Diplomat* noch ein »rassiges« Coupé zur Seite gestellt.

Baugleich mit dem neuen *Kapitän,* jedoch üppiger in der Ausstattung, ist der *Admiral* – auch er hatte in den vierziger Jahren einen Namensvetter, mit dem er aber außer den sechs Zylindern nichts gemeinsam hat. Er ist offizieller Nachfolger des *Kapitän L* und wird wie dieser als »komfortable[r] Reisewagen« angeboten (Abb. 101). Die Anzeige setzt allein auf die eleganten Konturen seiner Seitenansicht, die ihre Wirkung vor dem ›naturschönen‹ Wald ungestört entfalten kann. Der potentielle Käufer scheint dem Geschäftsreisenden von 1954 (Abb. 86) noch sehr ähnlich: ein »Vielbeschäftigter«, der einen solchen »Reisebegleiter« schätzt. Die repräsentative Funktion des Fahrzeugs spricht der Werbetext nur indirekt an: »in seiner beruflichen und gesellschaftlichen Stellung [braucht man] einen großen und eleganten Wagen«.

Das ›Sahnehäubchen‹ der »Drillinge aus Rüsselsheim«[7.29] ist ohne Zweifel das *Diplomat V8 Coupé.* Von allen deutschen Wagen dieser Zeit kommt es dem Klischee eines amerikanischen Autos wahrscheinlich am nächsten: fast fünf Meter Länge und 20 bis 30 Liter Superbenzin für einen Zweitürer. Seine Ausstattung ist luxuriös (»Edelholzverkleidungen [...] elektrisch betriebene Türfenster«) und sein Motor für deutsche Verhältnisse extrem leistungsfähig (230 PS aus 5,4 Litern Hubraum), was ihm trotz seines hohen Gewichts von 1630 Kilogramm zu einer enormen Beschleunigung verhilft. Zu diesem neuen »Star der starken« sieht der Betrachter schon dank der Extremperspektive des Fotos auf (Abb. 102). Die Anzeige ist eine Verherrlichung der reinen Motorkraft, die man aus »acht Zylindern zaubern kann«. Käufer lassen sich auf diese Weise nicht herbeischaffen – nur insgesamt 347 Exemplare des *V8 Coupés* werden abgesetzt.

Der »Dialog auf einer Probefahrt«, zu der eine junge Frau schon auf dem Beifahrersitz Platz genommen hat, ist Aufhänger einer Anzeige im Jahr 1966 (Abb. 104): »Sitzen Sie bequem?« »O ja«, der komfortable »Ruhesessel« von 1954 soll immer noch die Käufer locken, aber nun mit 125 PS. Der zurückhaltende Ton (»Schade, Sie wollen schon aussteigen?«) läßt nicht einmal ahnen, daß hier in die Phalanx des die Oberklasse beherrschenden Sterns eingedrungen werden soll.

Alle vier Anzeigen bieten Variationen des bekannten Sechziger-Jahre-Schemas. So kann in der Abbildung 105 zwar nicht auf das große, die repräsentative Linie des *Diplomat* vermittelnde Foto verzichtet werden, es sind jedoch noch drei kleinere Detailfotos hinzugefügt. Der Text diskutiert scheinbar die Getriebeautomatik, schildert aber in Wirklichkeit genau die Leistungsfähigkeit des von *Chevrolet* gelieferten Antriebsaggregats, auch bei normaler Gangschaltung. Wieder spricht die Werbung von »Probieren« und »Alle Achtung!«, das *Opel*-eigene Understatement reduziert die Durchschlagskraft in Richtung Untertürkheim. Den Kunden die Schwellenangst zu nehmen, in diese für *Opel* ungewohnte Wagenklasse einzusteigen, scheint das Hauptproblem nicht nur in der Realität, sondern auch in der Werbung zu sein. Gut zwölf Jahre später wird die Produktion dieser eleganten »Saurier«[7.30] zugunsten verstärkter Aktivitäten in der »erschwinglichen Oberklasse«[7.31] 1977 wieder eingestellt.

8 (Der) *Volkswagen*

Abb. 106
Volkswagen
›Million seller‹ *Volkswagen* oder *Porsche?* (Beides!)
Aus: *Schauspiel Köln,* Aboheft 1955/1956

Den wirtschaftlichen Aufstieg der westdeutschen Automobilindustrie symbolisiert wie kein anderes Fahrzeug der *Käfer* von *Volkswagen.* Gleichzeitig ist seine Entstehung eng mit der deutschen Geschichte verknüpft.

Der Ingenieur Ferdinand Porsche hatte 1931 mit den Arbeiten an einem aerodynamisch geformten 1-Liter-Personenwagen begonnen, den er zunächst für die Firma *Zündapp,* später für *NSU,* zu konstruieren gedachte. Es sollte ein »richtiger Wagen« für vier Erwachsene werden, zu einem Preis, den jede deutsche Durchschnittsfamilie bezahlen konnte. Nachdem sich die genannten Firmen jedoch aus dem Geschäft wieder zurückgezogen hatten, bot er seine Pläne dem inzwischen zum Reichskanzler ernannten Adolf Hitler an. Hitler, der Porsche wegen seiner Erfolge bei der Konstruktion von Rennwagen bewunderte, sah darin ein geeignetes Propagandainstrument und griff zu. Auch er wollte »einen viersitzigen Wagen, der Eltern und Kinder nicht trennt, wenn es am Wochenende hinausgehen

OBEN:
Abb. 107
Volkswagen
»Nimm es ihm weg, und er ist nur noch ein halber Mensch.«[8.1]
Aus: *Westermanns Monatshefte* 9/1956

GEGENÜBER:
Abb. 108
Volkswagen
»Vergrößern Sie das Rückfenster.« (Einziger Vorschlag der italienischen Stylingfirma *Ghia* zur Optimierung der *Käfer*-Form.)[8.2]
Aus: *Quick* 50/1962

soll, [. . .] mit einem Motor, der eine hohe Dauergeschwindigkeit erlaubt, insbesondere auf den Autobahnen«, die er – auch zu anderen Zwecken – bauen lassen wollte. »Der Wagen muß das Beste, Billigste, Dauerhafteste sein, was man sich denken kann«, und er stellte die Bedingung, »er soll nicht teurer sein als 1000 Mark«[8.3] – was Ferdinand Porsche die größten Kopfschmerzen bereiten sollte.

Am 8. März 1934 sprach Hitler zum ersten Mal öffentlich davon, daß die deutsche Automobilindustrie »einen neuen deutschen *Volkswagen*« bauen müsse.[8.4] Tatsächlich gab es damals bereits ein Fahrzeug, das mit diesem Namen angeboten wurde, und zwar den *Superior* der Firma *Standard.* Auf der *Berliner Automobilausstellung* 1933 war er schon als der »deutsche Volkswagen« beworben worden. Die Nationalsozialisten reagierten schnell, der »Firma wurde die Benutzung des Wortes *Volkswagen* in ihrer Werbung untersagt.«[8.5] Selbst Adam von Opel machte sich bei Hitler unbeliebt, als er ihm aus Anlaß der *Berliner Automobilausstellung* 1937 den auf 1450 Reichsmark verbilligten *Opel P4* mit den Worten »Das ist unser Volkswagen« vorstellte.[8.6]

Volkswagen gibt es ab DM 4.200,– a.W.

Es gibt Formen, die man nicht verbessern kann.

Was sollten wir an der Form des VW verbessern? Sie hat Sinn und Zweck. Sie verkörpert eine Idee. Eine?
Eine ganze Sammlung von Ideen.
Die abgerundete Vorderhaube gibt gute Sicht bis kurz vor den Wagen.
Die Kotflügel kann man einzeln auswechseln. Ohne den halben Wagen erneuern zu müssen. (Ein Kotflügel vorn kostet DM 43.25. Grundiert.)
Das Heck ist aerodynamisch.
Der Boden ist vollkommen dicht.
Alles ist glatt und rund an diesem Wagen. Alles Stromlinie.
Warum also ist die VW-Form so zeitlos?
Weil sie vernünftig ist. Und praktisch. Und so verblüffend einfach. Wie das Ei des Kolumbus.

Wir ändern diese Form nicht um des Änderns willen. Wenn wir aber einen Grund haben, den VW von innen heraus zu verbessern, dann tun wir das. Bis heute haben wir 2064 Gründe gefunden.

So haben wir das Ei verbessert. Von innen heraus. Ohne es zu zerbrechen.

OBEN LINKS:
Abb. 109
Volkswagen
»Think small« (Auf der Basis von fünf Millionen verkauften Exemplaren kann man sich auch mit Bescheidenheit erfolgreich profilieren.)
Aus: *Revue* 48/1962

OBEN RECHTS:
Abb. 110
Volkswagen
Jede Menge Anleihen beim kleinen Bruder sollen die Startchancen erhöhen.
Aus: *Westermanns Monatshefte* 11/1963

GEGENÜBER:
Abb. 111
Volkswagen
»... und läuft und läuft und läuft« (auf der ganzen Welt besser als jedes andere Auto).
Aus: *Stern* 2/1963

Hitler brachte die im *RDA (Reichsverband der deutschen Automobilindustrie)* zusammengeschlossenen Firmen dazu, Ferdinand Porsche bei der Entwicklung des inzwischen »Kraft durch Freude-Wagen« getauften Fahrzeugs finanziell und logistisch zu unterstützen, was diese nur sehr unwillig taten. Die Prototypen wurden bei *Daimler-Benz* zusammengesetzt, die regierenden Nationalsozialisten stellten zusätzliche staatliche Mittel zur Verfügung. Die ursprünglich vorgesehene Entwicklungszeit von zehn Monaten verlängerte sich um Jahre, unzählige Konstruktionsrichtungen wurden in Angriff genommen und wieder verworfen. Vor allem die Forderung nach preiswerter Massenproduktion bereitete große Schwierigkeiten. Auch die finanziellen Vereinbarungen konnten bald nicht mehr eingehalten werden. »Die Kosten aller Vorserienentwicklungen bis hin zur Fertigstellung des letzten Prototyps im Jahr 1938 [beliefen] sich auf ca. 30 Millionen Reichsmark.«[8.7] »Herauszufinden, in welcher Lage der Motor am besten eingebaut werde, kostete allein fünf Millionen Mark.« Die Gesamtsumme war damit »zehnmal so hoch gewesen, wie die Kosten, die Privatunternehmen für ein neues Automobil aufzuwenden gewohnt waren.« [8.8] Serienreife Fahrzeuge konnten erst 1938 zu Propagandafahrten der Öffentlichkeit vorgestellt werden; die *New York Times* belegte sie in ihrer Berichterstattung am 3. Juli 1938 wahrscheinlich zum ersten Mal mit dem Namen »beetle« *(Käfer)*.

Während die am 26. Mai 1938 begonnenen Arbeiten an der neuen Fabrikationsstätte in der Nähe der Stadt Fallersleben noch mit Hilfe von über 2000 italienischen Hilfskräften beendet werden konnten, verhinderte der Ausbruch des Zweiten Weltkriegs den Beginn einer geregelten Automobilproduktion. Bis 1945 wurden dort jedoch etwa 65 000 Kübel-, Schwimm- und Stabswagen auf *Käfer*-Basis montiert. Die im Kriegseinsatz gewonnenen, vermutlich geringen Erkenntnisse aus der Praxis des Fahrzeugs hatten keine einschneidenden Veränderungen der Technologie zur Folge. 1944 beschäftigte das Werk noch 12 000 Personen, als bei Luftangriffen der Allierten zwei Drittel der Produktionsstätten zerstört wurden. Ein Jahr später erfolgte die Kapitulation, das Leben des *Volkswagens* schien beendet, noch ehe es überhaupt begonnen hatte.

Warum werden so viele Volkswagen gekauft?
(Bis heute 6 Millionen. 3 Millionen in Deutschland. 1 Million in Amerika. 2 Millionen in der übrigen Welt.)
Dafür gibt es viele Gründe. Das ist der wichtigste:
Der VW läuft
und läuft
und läuft
und läuft
und läuft
und läuft
und läuft
und läuft
und läuft
und läuft
und läuft
und läuft
und läuft
und läuft
und läuft
und läuft

GEGENÜBER:
Abb. 112
Volkswagen
VW-Kunst I:
Eine *echte* Reproduktion aus der Warenwelt.
Aus: *Revue* 38/1963

Mit Aufräumarbeiten und der Reparatur defekter Fahrzeuge unter der Kontrolle englischer Besatzungssoldaten beginnt im Juli 1945 die Nachkriegsgeschichte des *Käfers*. Die »Stadt des *KdF-Wagens*« ist inzwischen zu »Wolfsburg« umbenannt und beherbergt unzählige Flüchtlinge, vor allem aus der nahegelegenen russischen Besatzungszone. Da die Alliierten dringend Fahrzeuge benötigen, dürfen im Werk Instandsetzungsarbeiten und Autoreparaturen stattfinden. Doch bald werden auch zivile *Volkswagen* montiert und als Reparationsleistungen an die Alliierten geliefert. Unter größten Mühen gelingt es, die monatliche Produktion so weit zu steigern, daß ein effektiver Betrieb des Werks möglich erscheint.

Am 1. Januar 1948 wird Heinrich Nordhoff, dem ehemaligen Leiter der Berliner Lkw-Fabrik von *Opel,* die Leitung des *Volkswagen*-Werks übertragen. Er stellt mit zwei wichtigen Entscheidungen sogleich die Weichen für eine erfolgreiche Zukunft. Erstens setzt er vorrangig auf den Export,[8.9] was bei der enormen Inlandsnachfrage dort geradezu ein Vakuum schafft. Außerdem entscheidet er, bei dem einen Wagentyp zu bleiben, ihn zwar ständig zu verbessern, aber zunächst keine weiteren Modelle auf den Markt zu bringen.

Was die Werbung anbetrifft, sind die Verantwortlichen bei *Volkswagen* von Anfang an in einer besonderen Situation. Zwar gilt für sie wie für die Mitanbieter, daß Anzeigen »nicht nötig [sind], denn der Markt war hungrig nach Erzeugnissen unserer Branche«. Aber »der *Volkswagen* als solcher war bereits populär«,[8.10] hat also einen Image-Vorsprung, der ihn fast außerhalb jeder Konkurrenz stellt.[8.11] Die *VW*-Werbung tut gut daran, ihr Produkt in den nächsten Jahren so weit wie möglich aus Profilierungskämpfen herauszuhalten. (»Wohl nirgendwo kann man so leicht gewaltige Mittel sinnlos verschleudern wie im Sektor der Werbung.«[8.12]) Auf dem Hintergrund aufsehenerregender Umsatzsteigerungen gelingt es, den *Käfer* immer wieder positiv ins Rampenlicht zu rücken und den Kundendienst zu optimieren.

Das ändert sich erst gegen Ende der fünfziger Jahre, als notwendige Werbeaktivitäten auf dem amerikanischen Markt ein Feedback in Wolfsburg erzeugen. Anfänglich wurden in den USA nur für den *VW*-Transporter Anzeigen geschaltet. Das hatten die Großhändler durchgesetzt, die fast automatisch mit den Limousinen *VW*-Busse geliefert bekamen, die sie nicht verkaufen konnten. Kurz darauf entschließt sich *Volkswagen of America* zu einer Anzeigenkampagne für den *Käfer.*[8.13] Die besondere Konkurrenzsituation in der neuen Welt erfordert jedoch neue Wege, die mit einer jungen New Yorker Werbeagentur gesucht, gefunden und beschritten werden.

»*Volkswagen*-Werbung international auf einer Linie«[8.14] lautet Anfang der sechziger Jahre auch in Wolfsburg die neue Formel. Jedoch unterscheiden sich die Anforderungen an die Anzeigen auch weiterhin von denen der Konkurrenz; »auffallend [...] informativ [...] ehrlich [...] verständlich [...] menschlich« sind die neuen »Grundsätze«.[8.15] In vielfach witzigen, manchmal sehr treffenden Anzeigen gelingt es, die Sonderstellung des *Käfers* zu etablieren, ja zu steigern. Dabei wird geschickt aus der Not der ›Untermotorisierung‹ eine Tugend gemacht. Während der nächsten Jahre versteht es *Volkswagen,* sein Produkt mit Unterstatement und Lockerheit gegen den Trend zu profilieren, ohne Einsatz von Emotionalität und unterschwelligen Aufforderungen. Das »Fehlen der phallischen Aggressivität [wird ersetzt] durch eine Art zweigeschlechtlicher Zufriedenheit«[8.16] – sicher einer der Gründe dafür, daß der *Käfer* auch viele Jahre nach seinem Erscheinen noch Käufer findet.

Volkswagen gibt es ab DM 4200,– a.W.

Ihr Volkswagen seid Euch doch alle gleich.

Wenn man einen kennt, kennt man alle. Aber es ist nicht genug, daß alle Volkswagen gleich aussehen. Sie müssen auch alle gleich gut sein. Sie sind es. Wenn Sie einen Wagen wieder und wieder bauen und ihn dabei wieder und wieder verbessern, dann wissen Sie, wie man's macht. Wir bauen den Volkswagen 3600 mal am Tag. Und das schon ziemlich lange. Wir wissen, wie man's macht. Wie man's gut macht, weil wir's oft machen. Wie man's besser macht, weil wir's schon lange machen. Deshalb sind alle Volkswagen gleich gut. Gleich langlebig. Gleich zuverlässig. Gleich leicht zu fahren und zu pflegen. Und gleich leicht zu reparieren. Ist das nicht eine außergewöhnliche Geschichte? Nein. Sie ist so alltäglich wie ... nun ja ... der Volkswagen.

Die überlegene Spitzenposition des *Käfers* im Jahre 1955 demonstriert die Anzeige Abbildung 106. Mit fast 280 000 Exemplaren läßt er sich in diesem Jahr mehr als doppelt so häufig absetzen wie der in der Verkaufsstatistik Zweitplazierte, der *Opel Rekord*. In der 1-Liter-Klasse hat er ohnehin keinen ernsthaften Konkurrenten.

Der Kölner *VW*-Großhändler Jacob Fleischhauer braucht keine Produktbeschreibung, nicht einmal eine Adresse in der Anzeige anzugeben; trotz der stark gestiegenen Anzahl von Mitanbietern kann er es sich leisten, eine reine Präsenzwerbung zu lancieren. Kein Wort zuviel, kein einziges sprachliches Werbeargument stört die souveräne Ausstrahlung dieser Anzeige: Es reichen vier Wörter, ein Logo und die Zeichnung des beworbenen Fahrzeugs. Das ist allerdings beachtlich gestreckt; sein geistiger Vater, Ferdinand Porsche, wird auch für Nichteingeweihte offensichtlich.[8.17] Die Ähnlichkeit zu der seit 1952 von der Firma *Porsche* angebotenen »sportlichen Version des *VW*«,[8.18] dem *356 Coupe*, ist sehr deutlich.[8.19]

1954 erscheint eine *VW*-Anzeige, die die lockere Selbstdarstellung der frühen sechziger Jahre vorwegnimmt (Abb. 107). Den Hintergrund derartiger Freiheiten bilden Einsichten der Firmenleitung: »Da uns als junges Werk kein Traditionsballast behindert, darf auch unsere Werbung mutige Wege gehen.«[8.20]

Der Zeichner Hans Looser definiert mit leichtem Strich den Autofahrer neu: halb Mann, halb Auto. Dieser »Autanthropus«[8.21] ist ohne »seine bessere Hälfte« nur noch »eine halbe Portion, eine Hälfte – die schlechtere, da ja die bessere die blecherne ist«.[8.22] Sehr direkt, aber mit einem Augenzwinkern ist die enge Verbindung zwischen Männern und ihren Fahrzeugen umgesetzt. Dabei demonstriert die Anzeige, daß das Zusammentreffen der beiden Teile nicht nur eine wünschenswerte, sondern auch eine glückliche Verbindung ergibt. Es sind jedoch gerade die kleinen Widerhaken in der Zeichnung (Was sagt wohl ›seine bessere Hälfte‹ dazu?), die diese Anzeige menschlich erscheinen lassen und sie so von denen der manchmal verbissen argumentierenden Konkurrenz unterscheiden.

Diese Richtung wird in der 1959 beginnenden »neuen Linie«[8.23] professionell weiterverfolgt (Abb. 108). »Wieder bildet das große Format den auffälligen Rahmen für den argumentierenden Beweis einer bewußt provokanten Behauptung.«[8.24] Auf dem Hintergrund der enormen Verkaufserfolge – inzwischen werden jährlich fast dreimal so viele *VW 1200* abgesetzt wie vom Zweitplatzierten; das ist immer noch der *Opel Rekord*, der seinerseits die Umsatzzahlen mehr als verdoppelt hat[8.25] – erscheint der Vergleich zwischen *Käfer* und Ei zwar nicht ganz ernst gemeint aber trotzdem nicht unmöglich. Nicht mehr an der Konkurrenz, sondern an der perfekten Naturform profiliert sich der *Käfer*, da erübrigt sich natürlich eine Diskussion über die praktischen Seiten des Fahrzeugs.

Wenn eine Werbung einen praktischen Aspekt des *Käfers* in den Vordergrund stellt, wie die Abbildung 109, so ist es ein normalerweise unbeachteter (vgl. Abb. 117, 118, 120). Die Überschrift »In Rädern sind wir groß« spielt ironisch mit der bekannten Tatsache, daß der *VW*-Motor nicht der hubraumstärkste ist. So ist das Antriebsaggregat, auch wenn es nicht genannt ist, der eigentliche Aufhänger der Anzeige. Die ›Größe‹ eines Motors wird aber zum nachgeordneten Argument deklassiert, wenn sie lediglich als indirekter Anlaß für die Erwähnung von Räderdimensionen dient.

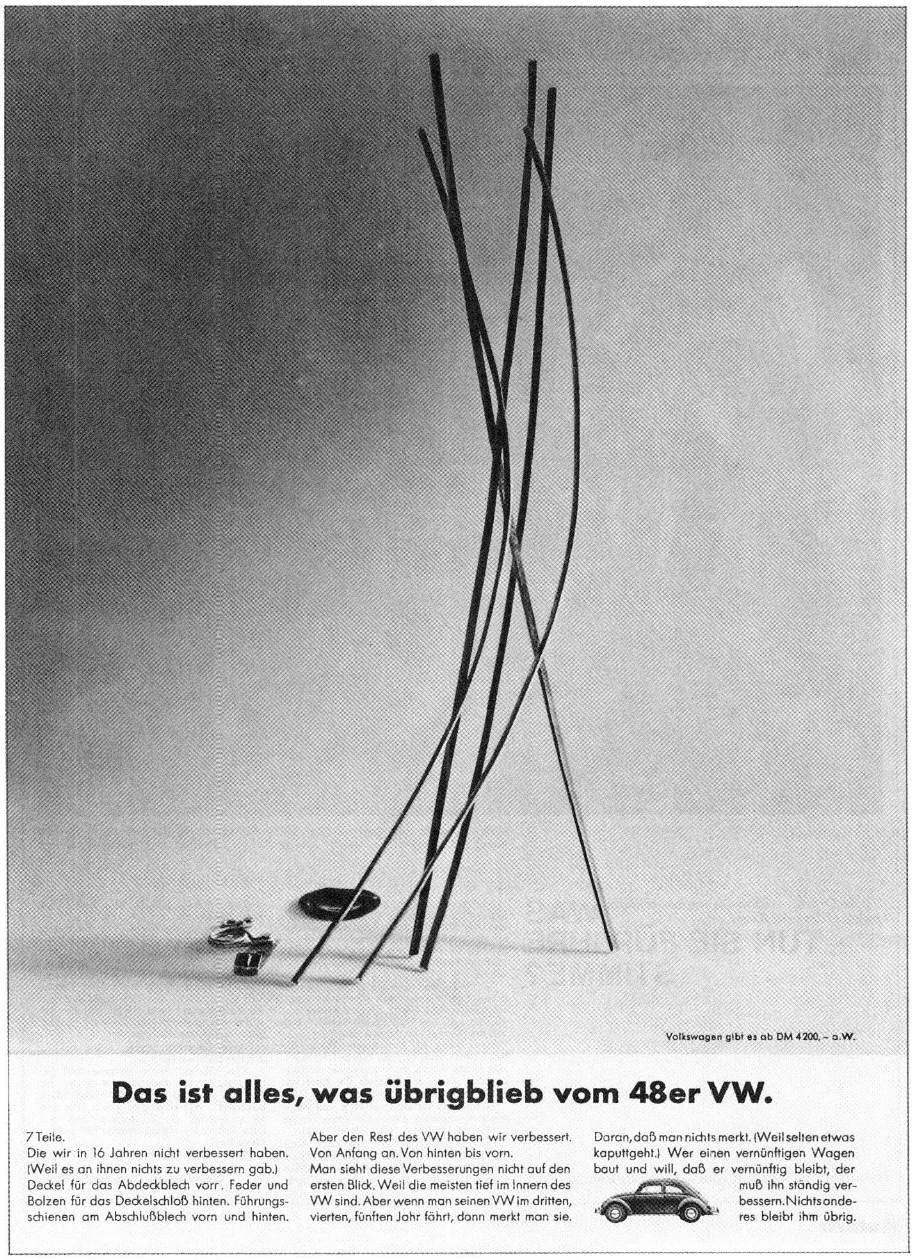

LINKS:
Abb. 113
Volkswagen
VW-Kunst II:
Siebenteiliges Stilleben
mit »Führungsschienen«.
Aus: *Stern* 16/1964

OBEN:
Abb. 114
Rosenthal
Zeitgenössisches Porzellan-Dessin – eben etwas »anders als die anderen«.
Aus: *Innendekoration* 8/1955

Das Foto führt mit Hilfe der Froschperspektive zunächst die erhöhte Bodenfreiheit des Wagens vor, als Argument für die *Käfer*-Form und gegen den Trend der vermehrt breit und flach gestylten Konkurrenz. Der Werbetext nutzt dann jedoch die großen Reifen vor allem, um die lange Lebensdauer des Fahrzeugs – etwas umständlich – zu begründen: »je größer die Räder, desto größer die Bremsen [. . .] Große Reifen federn besser. Greifen besser. Drehen sich weniger. Leben länger.«

1961 erscheint der erste größere *Volkswagen*, der *VW 1500*. Er ist auf der Basis des *Käfers Typ 1* entwickelt und soll möglichst viel vom Ruhm des kleinen Bruders mitbekommen. Folgerichtig wird er formal wie der *1200*er präsentiert (Abb. 110). Die Anzeigenüberschrift bietet eine ähnliche Reduzierung, wie sie in vielen *Käfer*-Werbungen üblich ist. Da der Preis jedoch ungefähr der Marktsituation entspricht (Abb. 77), will sich das angestrebte Aha-Erlebnis nicht so ganz einstellen. Auch inhaltlich sind eine ganze Reihe von *Käfer*-spezifischen Argumenten eingesetzt.

OBEN LINKS:
Abb. 115
Volkswagen
Suchen Sie ein einwandfrei funktionierendes Fahrzeug ...
Aus: *DM* 22/1962

OBEN RECHTS:
Abb. 116
Volkswagen
... oder ein Symbol kapitalistischen Understatements? *Volkswagen* bietet beides.
Aus: *Neues Rheinland* 8/1965

Einige davon entspringen der Realität: »Sparsam ist er erst recht, in dem was er nicht braucht: Wasser, Frostschutz, Garage, Ersatzteile für Kardanwelle und das ganze komplizierte Wasserkühlsystem«, andere reinem Wunschdenken: »Wenn man nicht jedes Jahr das Modell wechselt, sondern verbessert. Wenn man in großen Stückzahlen produziert«. Doch trotz dichtester Annäherung an das Vorbild läßt sich der große Erfolg nicht wiederholen.

Schon 1949 reist Heinrich Nordhoff in die USA, um dort den *Käfer* anzubieten. Obwohl seine Erfolge gleich Null sind, weiß er die Chancen seinen Produkts erstaunlich klar zu definieren: »Der *Volkswagen* hat trotz allem auch drüben seine Käuferschicht. Der Amerikaner liebt Dinge, die einmal etwas ganz anderes sind. Der Wohlhabende würde nicht zögern, ihn als Einkaufswagen für seine Frau und der Reiche ihn als Fahrrad für seinen Jungen zu kaufen.«[8.26] Nordhoff setzt alles daran, den Export in die Staaten anzukurbeln, aber erst Mitte der fünfziger Jahre beginnen die Verkaufszahlen merklich anzusteigen. Es ist ein persönlicher Erfolg für ihn, als 1963, unterstützt von der 1959 begonnenen Werbekampagne, das Ziel erreicht wird: *Volkswagen* verkauft in den USA mehr *Käfer* als in Deutschland.[8.27]

Auch in der BRD werden seit 1960 Anzeigen des New Yorker Werbeteams eingesetzt. Sie unterscheiden sich häufig schon in der Argumentationsrichtung von denen der Mitanbieter. Es heißt nicht: ›Ein tolles Auto, kaufen Sie es!‹, sondern: »Warum werden so viele *Volkswagen* gekauft?« (Abb. 111). Zudem scheinen die Überschriften das eigentliche Ziel der Werbeaktion gar nicht im Visier zu haben. »Ihr *Volkswagen* seid Euch doch alle gleich« (Abb. 112) klingt zunächst eher abwertend. Wer, verlockt vom ungewohnten Ton, das Kleingedruckte liest, wird sicher das Eigenlob nicht übersehen können, gleichzeitig aber das aus den USA importierte Prinzip »Think small« kennenlernen. ›Sich klein machen‹, Weltrekorde mit Understatement präsentieren, heißt die Devise: eine Anzeige als »außergewöhnliche Geschichte? Nein. Sie ist so alltäglich wie ... nun ja ... der *Volkswagen*« (Abb. 112).

Abb. 117
Volkswagen
Und woran kann man ihn unterscheiden? (Er kostet über 40 Prozent mehr als der ›*Volkswagen*‹).
Aus: *Epoca* 2/1966

Beide Anzeigen variieren auf intelligente Weise das für die Werbung so lebenswichtige Thema ›Wiederholung‹. Scheinbar in der Ausdauerleistung des Wagens begründet, und im Foto ›bewiesen‹, zeigt die Abbildung 111 sechzehnmal den *Käfer* und seinen Slogan. Der Bilderwelt des Andy Warhol entliehen scheinen die zehn übereinanderkopierten Seitenansichten des *Käfers* in der Anzeige Abbildung 112, eine *echte* Reproduktion aus der Warenwelt.

Genau das Gegenteil, nämlich ›nichts‹, will die Fotografie der Anzeige Abbildung 113 zeigen – die »7 Teile« sind eine Menge, die demonstrativ gegen Null strebt. Nicht das neue 64er-Modell wird präsentiert, sondern das, »was übrig blieb vom 48er *VW*«. Es entsteht wieder ein formales Muster, das den herkömmlichen Sehgewohnheiten – zumal denen bei Autowerbungen – zuwiderläuft, gleichwohl aber positive Reaktionen hervorzurufen in der Lage ist. (Auch wenn die Ähnlichkeit zu einem *Rosenthal*-Dessin von 1955 (Abb. 114) rein zufällig wäre, ist sie vorhanden.)

Zwei sehr unterschiedliche Anzeigen stehen in Abbildung 115 und 116 nebeneinander. Während die eine, traditionelle, sich ausschließlich auf den praktischen Einsatz des Wagens bezieht, behandelt die andere, ›moderne‹, allgemeine gesellschaftliche Zusammenhänge beim Autokauf: Benötigen Sie ein Auto, das »stets

OBEN:
Abb. 118
Volkswagen
Unterscheiden Sie sich ruhig von denen, die sich unterscheiden wollen von denen, die sich unterscheiden wollen von denen, die ... (aber kaufen Sie).
Aus: *Das Beste aus Reader's Digest* 5/1965

GEGENÜBER:
Abb. 119
Volkswagen
Der schönste *Käfer* der Welt? Der teuerste? Der größte, stärkste ...? Nein. Der schnellste. (»Kein Mensch wird [es] ihm ansehen.«)
Aus: *Deutsche Berufsfahrerzeitung* 9/1965

startbereit« ist, oder eigentlich einen »repräsentativen Wagen«? Daß der *VW* »robust« ist, ist »sprichwörtlich«. Aber was macht der, der »zu viel [verdient], um sich einen *Volkswagen* leisten zu können«? Geschickt werden Abhängigkeiten von den Symbolen der Wohlstandsgesellschaft aufgedeckt – ausgerechnet von der Werbung, deren täglich Brot es ist, diese Zusammenhänge aufzubauen. Aber die angestrebten Ziele sind leicht zu erkennen. Das preiswerte Produkt profiliert sich an den teureren, indem es deren Oberflächenreiz entlarvt. Hat sich der *Käfer* erst mal als ›klassenloses‹ Auto auf dem Markt durchgesetzt, so kann er von allen gekauft werden. Tatsächlich bietet er damit in gewisser Weise die Überwindung der gesellschaftlichen Schranken. Und das ist die eigentlich interessante Botschaft dieser Anzeige: Identifikationsangebote aus der Werbewelt müssen sich nicht unbedingt unterstützend auf gesellschaftliche Hierarchien beziehen, mit ihrer Hilfe kann auch gegen diese Strukturen in großem Stil Geld verdient werden.

Ähnlich wie die vorherige ›funktioniert‹ auch die Anzeige Abbildung 118, sie entlarvt die Abhängigkeit der »Leute, die sich unterscheiden wollen«. Dabei nimmt sie sich selbst nicht ganz ernst, denn sie bietet gerade denen, »die sich unterscheiden wollen von Leuten, die sich unterscheiden wollen«, sogleich wieder ein Auto an, um sich zu unterscheiden. Aber wenn alle erst mal darüber lächeln, kann es mit den gesellschaftlichen Zwängen ja nicht so ernst sein. Erfrischend, vor allem im Vergleich mit Anzeigen für wirklich »starke Wagen«, wirkt der »schnellste *Käfer* der Welt« (Abb. 119). Mit gesunder Selbstironie wird der Geschwindigkeitskult der Zeit persifliert. Denn der schnellste ist der *VW* wirklich nicht – allerdings ist er dem Fotografen schon fast entwischt. Die mit diesen Anzeigen erreichten Aufmerksamkeitswerte sind sehr hoch. Doch gibt es auch kritische Stimmen, vor allem in der Werbebranche selbst: »Schädigt die Parterre-Sprache der Texte das Image der Auftraggeber? In wie weit repräsentiert solche Werbung [...] den Werbungtreibenden selbst?«[8.28]

Der schnellste Käfer der Welt. Für nur 4980 Mark.

Der neue schnellste Käfer der Welt sieht nicht anders aus als der alte. Kein Mensch wird ihm ansehen, daß er noch schneller geworden ist.

Bis Sie aufs Gas treten.

Dann schiebt ihn der neue 1,3-Liter Motor mit 40 PS nach vorn. Bei Grün. Am Berg. Auf der Autobahn.

Und wenn Sie zu denen gehören, die den ganzen Tag aufs Gas treten müssen: Keine Bange. Immer noch ist der schnellste Käfer der Welt auch der zuverlässigste. Denn im Prinzip hat sich am Motor nichts geändert.

Zwar wurde er um fast 20% stärker. Aber immer noch ist er ein Motor mit niedrigen Drehzahlen und kurzem Kolbenweg. Immer noch kommt er ohne Wasserkühler, Wasserpumpe, Wasserschläuche aus. Immer noch überträgt er seine Kraft direkt auf die Antriebsräder. Immer noch wird er aus einer extrem leichten (und extrem teuren) Magnesiumlegierung hergestellt.

Wir haben den Käfer geändert, wo es vernünftig war, etwas zu ändern. (So ist zum Beispiel die Innenausstattung wertvoller und schöner geworden). Alles andere haben wir gelassen wie es war.

Unter anderem auch den Preis.

Es bleibt bei 4980 Mark a.W.

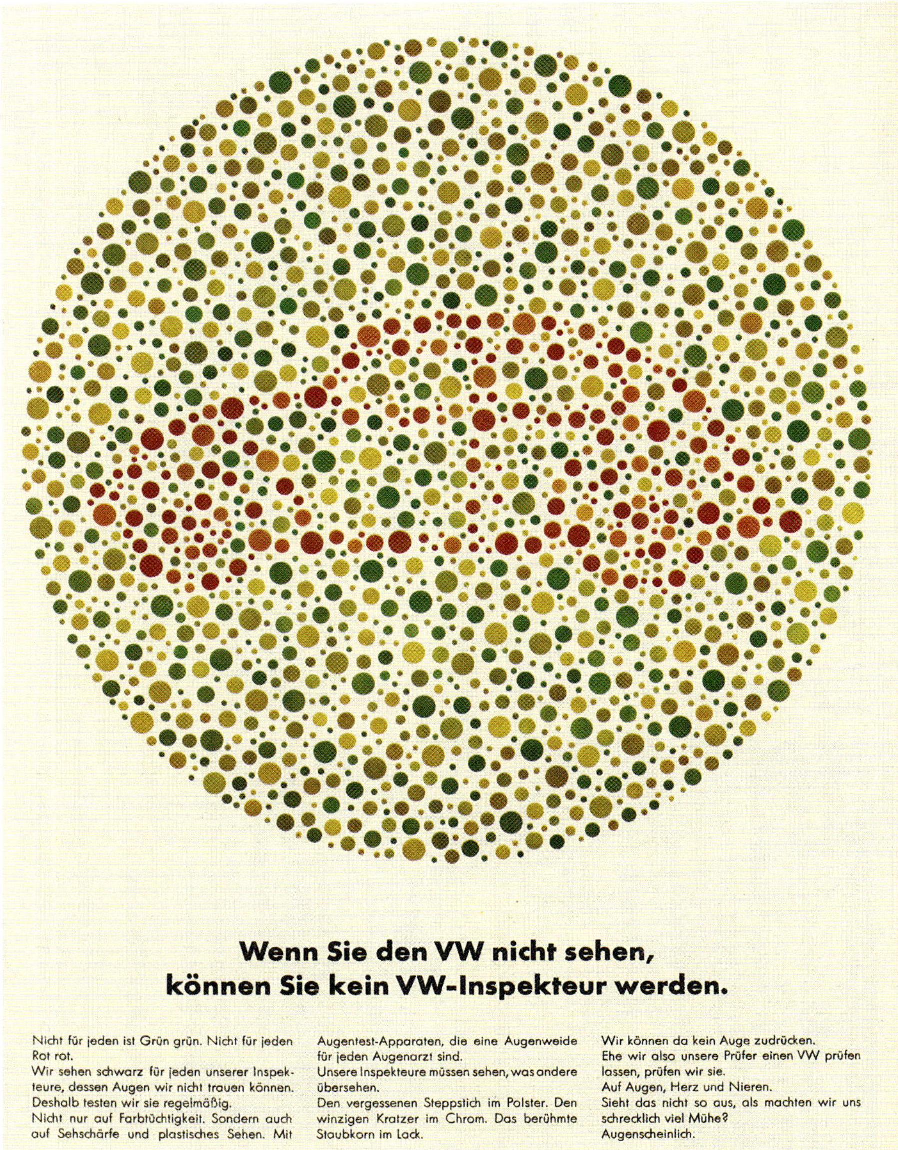

Abb. 120
Volkswagen
Käfer erkannt? Test bestanden! (Werbung erfolgreich).
Aus: *Quick* 47/1964

Zu welch eigenartigen Situationen der Ruhm des *Käfers* führt, offenbart eine *Karmann-Ghia*-Anzeige von 1966 (Abb. 117). Da wird ein Auto wortreich als dem *Volkswagen* technisch ebenbürtig beworben. Der gesamte Text sucht mit Hilfe zahlreicher Vergleiche, die These »kaum vom *Volkswagen* [zu] unterscheiden« zu belegen. Bei so viel nachgewiesener Ähnlichkeit fragt man sich bald, wo denn dann der Unterschied liegt. Der Werbetext enthüllt es bescheiden ganz am Schluß – in einem einzigen Satz: Der *Karmann-Ghia*[8.29] kostet etwa 40 Prozent mehr als der *Käfer*. Ob das allein mit der handgeschweißten Spezialkarosserie zu erklären ist?

Einen Farbentest bietet eine Anzeige aus dem Jahr 1964 (Abb. 120). Tests in Illustrierten sind groß in Mode und finden breite Aufnahme bei den Lesern. Wer testet sich nicht gern – anonym, wenn das Ergebnis nicht offengelegt werden muß? Schnell ist das befriedigende Ergebnis erreicht: *VW* erkannt, ›geprüft und für gut befunden‹ – ein positives Urteil. Nein, »*VW*-Inspekteur« will man eigentlich nicht werden, aber die Umrisse des berühmten *Käfers* erkennen? Doch ja – nun hat man sie wieder klar vor Augen. Ganz schön genau, diese Leute von *Volkswagen*, kein Wunder, daß der *Käfer* bald das erfolgreichste Automobil aller Zeiten ist.

Abb. 121
Mercedes-Benz
Die Visitenkarte des »erlesenen Geschmack[s]«.
Aus: *Leica Fotografie* 2/1950

9 Die Erfinder – *Daimler-Benz*

»Die beiden ältesten und größten Automobilwerke Deutschlands haben sich zusammengeschlossen«, lautete eine als Urkunde aufgemachte Zeitungsannonce im Jahr 1924.[9.1] Es handelte sich um die Hersteller *Benz & Cie* und *Daimler-Motorengesellschaft*, die sich zur *Daimler-Benz AG*, Markenname *Mercedes-Benz*, vereinigten. Nach einer wechselvollen Geschichte als Konkurrenten hatten sie eingesehen, daß sie nur gemeinsam die drohende Weltwirtschaftskrise überstehen würden.

Carl Benz, der Inhaber einer »Mechanischen Werkstätte« in Mannheim, hatte in den siebziger Jahren des 19. Jahrhunderts mit der Konstruktion eines ›Gasmotors‹ begonnen. Er arbeitete viele Jahre daran, eine praktikable Alternative zum 1877 patentierten Otto-Motor zu schaffen, hatte dabei aber im Grunde immer die Herstellung eines kompletten ›Motorfahrzeugs‹ im Sinn. 1886 erhielt er als erster ein Patent für ein »Fahrzeug mit Gasmotorenbetrieb«, dessen Alltagstauglichkeit zwei Jahre später von seiner Frau durch einen berühmt gewordenen Ausflug bewiesen wurde.[9.2] Mit wechselnden Partnern entwickelte er in den folgenden Jahren seine

Erfindung weiter, errichtete eine eigene Automobilfabrikation, und »um die Jahrhundertwende war *Benz* der größte Automobilproduzent der Welt«.[9.3]

Unabhängig davon erhielt auch Gottlieb Daimler 1885 ein Patent über eine »Gas- bzw. Petroleum-Kraftmaschine«, die er ein Jahr später erfolgreich als Antrieb in einem Kutschwagen einsetzte. In der Folgezeit galt sein Hauptinteresse jedoch der Weiterentwicklung des Motors, den er in Feuerspritzen, Booten, Luftschiffen und ähnlichem einzusetzen gedachte. Erst als sich das von ihm entwickelte Aggregat in zahlreichen Lizenzproduktionen außergewöhnlich bewährte,[9.4] begann er in der *Daimler-Motorengesellschaft*, verstärkt ab 1895, die Entwicklung neuer Fahrzeuge voranzutreiben.

Es ist erstaunlich, daß sich die beiden Männer, die im Verständnis der Nachwelt so eng zusammengehören, nie begegnet sind, geschweige denn, zusammengearbeitet haben. Carl Benz schrieb dazu in seinen Memoiren: »Ich habe Daimler in meinem ganzen Leben nie gesprochen. Einmal sah ich ihn in Berlin von weitem. Als ich näher kam – ich hätte ihn gerne persönlich kennengelernt –, war er in der Menge verschwunden.«[9.5] Das muß in den Glanzzeiten der *Benz*schen Automobilproduktion gewesen sein, denn Gottlieb Daimler starb im März 1900. Er hat den ein Jahr später einsetzenden Durchbruch seiner *Mercedes*-Fahrzeuge, die indirekt den Niedergang der *Benz*-Autos einleiteten, nicht mehr erlebt. 1902 mußte Carl Benz aufgrund der rapide fallenden Verkaufszahlen ›seine‹ Firma verlassen, kehrte aber zwei Jahre später wieder zurück – als Mitglied des Aufsichtsrates.

Inzwischen war bei der *Daimler-Motorengesellschaft* ein Großkunde zum entscheidenden Faktor geworden. »Heute, da wir uns besser in der Psychologie der Werbung auskennen als unsere Väter um die Jahrhundertwende, muß man gerechterweise freilich gestehen, daß ein nicht einmal kleiner Teil der *Daimler*- und später der *Daimler-Benz*-Erfolge, dem Konto des längstvergessenen Emil Jellinek gutzubringen ist.«[9.6] Dieser hatte immer stärkere, immer schnellere Autos, auch in größeren Stückzahlen, angefordert und gleichzeitig Abnahmegarantien geleistet. Vor allem in Frankreich, wo er unter dem Namen seiner Tochter Mercédès mit diesen Fahrzeugen Rennen fuhr – und gewann –, mehrte er den Ruhm des deutschen Automobilherstellers.

Bald wurden alle neu entwickelten *Daimler*-Wagen unter dem Namen *Mercedes* angeboten und zunehmend häufiger verkauft. Der steile Aufstieg des ›Sterns‹ begann, und 1902 sah sich sogar der Generalsekretär des Automobilklubs von Frankreich, Paul Meyan, zu der vielzitierten Aussage veranlaßt: »Nous sommes entrés dans l'ère Mercédès«.[9.7] In den nächsten 25 Jahren entwickelten sich die *Daimler-Motorenwerke* und *Benz & Cie* in einem Kopf-an-Kopf-Rennen zu höchst angesehenen Konkurrenten, bis sie sich 1924 durch die schlechte Wirtschaftslage gezwungen sahen, ihre Rivalität aufzugeben und von nun an gemeinsam Automobile zu bauen.

Bis zum Zweiten Weltkrieg entwickelte sich die neue *Daimler-Benz AG* mit einem umfangreichen, anspruchsvollen Pkw- und Lkw-Programm hinter *Opel* zum umsatzmäßig zweitgrößten Automobilproduzenten Deutschlands.[9.8] Vor allem im von den Nationalsozialisten stark geförderten Rennsport feierten ihre Fahrzeuge, so zum Beispiel die berühmten *Silberpfeile*, internationale Triumphe. Mit Kriegs-

Abb. 122
Mercedes-Benz
Die zwei Sieger (in einem Wettbewerb ohne Konkurrenz).
Aus: *Das Beste aus Reader's Digest* 5/1953

ausbruch mußten Pkw-Produktion und Rennwagenbau jedoch als ›kriegsunwichtig‹ praktisch eingestellt werden. Andere Bereiche, in denen Rüstungsgüter erzeugt wurden, erlebten einen intensiven Aufschwung. Großmotoren für Flugzeuge und Boote wurden durch Weiterentwicklung vorhandener Pläne hergestellt oder für den rein militärischen Einsatz neu konstruiert. Schon vor 1933 war mit der Produktion gepanzerter Fahrzeuge begonnen worden und auch die »Herstellung kleinerer Panzertypen wurde [. . .] forciert« betrieben.[9.9]

Doch was auf der einen Seite ›erklärtermaßen‹ als lebensnotwendiges – und sicher übliches – Arrangement mit den Machthabern des Dritten Reiches angesehen wurde und zweifellos auch am allgemeinen Wirtschaftsaufschwung partizipieren ließ, bewahrte die *Daimler-Benz AG* in den nächsten Jahren nicht vor den Folgen des Krieges. 1943 und 1944 wurden die Standorte des Werks von alliierten Luftverbänden verstärkt bombardiert; ein Großteil der Fabrikationsstätten wurde so stark in Mitleidenschaft gezogen, daß die Produktion an vielen Stellen zum Erliegen kam. Die Kapitulation beendete dann alle weiteren Aktivitäten.

OBEN LINKS:
Abb. 123
Mercedes-Benz
Sie liebt die Ferne und er sein Auto.
Aus: *Das Beste aus Reader's Digest* 6/1954

OBEN RECHTS:
Abb. 124
Mercedes-Benz
»Schneller, anzugsfreudiger, temperamentvoller« müssen vor allem die Fahrer sein – wenn die Motoren kleiner werden.
Aus: *Das Beste aus Reader's Digest* 10/1954

GEGENÜBER:
Abb. 125
Mercedes-Benz
Welche Autofirma? Die mit dem »gute[n] Stern auf allen Straßen« – weltweit (auch für Analphabeten).
Aus: *Neue Illustrierte* 39/1955

Mitte 1945 sind die Werkshallen in Sindelfingen, Berlin-Marienheide, Gaggenau und Untertürkheim fast völlig zerstört. Trotzdem werden, aufgrund einer Produktionserlaubnis der amerikanischen Besatzungsmacht, schon ab November wieder Autos montiert, vorerst Lieferwagen und leichte bis mittlere Lkw.[9.10] Ein Jahr später beginnt in Untertürkheim unter schwierigsten Bedingungen die Nachkriegs-Pkw-Produktion von *Daimler-Benz*. Es wird zunächst der Typ *170 V* hergestellt, der schon von 1936 bis 1942 gebaut worden war; bis zur Währungsreform sind es bereits 6738 Exemplare.[9.11] Von 1949 an gibt es den *170 D* (mit Diesel-Motor) und den *170 S*. Erst 1951 wird mit dem *Mercedes-Benz 300* ein völlig neues – für diesen Zeitpunkt vergleichsweise anachronistisch anmutendes – Fahrzeug angeboten.[9.12]

In den Folgejahren entwickelt *Daimler-Benz* konsequent und seiner Tradition gemäß das Angebot im Bereich der anspruchsvollen Fahrkultur weiter. Nicht die auflagenstarke Unterklasse ist das Absatzziel, sondern die gehobene Mittel- und Oberklasse, die mit einem breit gefächerten Sortiment abgedeckt werden soll. So werden 1955 schon fünf verschiedene Modelle angeboten, von denen aber zusammen kaum mehr verkauft werden als vom *Ford 12/15 M,* nicht einmal die Hälfte vom *Opel Rekord* und nur ein Fünftel vom *VW Käfer*.[9.13] Diese Angaben sagen aufgrund der unterschiedlichen Verkaufspreise jedoch nichts über den tatsächlichen Umsatz aus, der bewegt sich in den gleichen Dimensionen wie bei den Mitanbietern.[9.14]

Werbung war in der Nachkriegszeit, solange der Bedarf größer als das Angebot war, auch für *Daimler-Benz* von nachgeordneter Bedeutung. Trotzdem darf man die wenigen dort bis 1952 gesetzten Zeichen ernst nehmen. »Älteste Automobilfabrik der Welt« ist auf den meisten frühen Anzeigen vermerkt (Abb. 121).[9.15] Der Wiedereinstieg nach dem Krieg wird mit einem »Meisterstück der Automobilbaukunst« vollzogen, das viermal so viel kostet wie das damals meistverkaufte Fahrzeug, der

MR 5504
IHR GUTER STERN AUF ALLEN STRASSEN

Abb. 126
Mercedes-Benz
Fünf Personen in einem *Mercedes?*
Ein seltenes Vergnügen in der
Daimler-Benz-Werbung.
Aus: *Constanze* 11/1955

VW Käfer (Abb. 121). Die erste Neuentwicklung, die nach dem Krieg auf den Markt gebracht wird, »der Wagen den die ganze Welt bewundert« (Abb. 124), kostet ungefähr zehnmal so viel wie der zu diesem Zeitpunkt sehr erfolgreiche *Messerschmitt Kabinenroller*. Eines wird ganz deutlich: Die Untertürkheimer wollen so schnell wie möglich die exklusive Oberklasse besetzen.

Dieser für einen Autohersteller an sich nicht ungewöhnliche Wunsch ist bei der *Daimler-Benz AG* noch am ehesten erklärbar – aus der Geschichte: Aufgrund seiner mangelnden Wirtschaftlichkeit war das privat genutzte Automobil in den ersten Jahrzehnten seiner Entwicklung das bevorzugte Objekt einer reichen Elite. Ohne Männer wie Emil Jellinek hätte es sich wahrscheinlich nicht so rasch durchgesetzt. Diese ursprüngliche Exklusivität, die die Firmenpolitik lange Zeit maßgeblich beeinflußte, hat sich bei den ältesten Automobilfabriken am tiefsten eingegraben. So scheint es fast ›natürlich‹, daß eine Firma wie *Daimler-Benz* der Idee teurer Autos in kleinen Auflagen intensiver nachhängt als andere.[9.16]

So erlebt auch die Tradition des Rennsports in den fünfziger Jahren noch einmal eine Blüte; Autorennen sind für die Untertürkheimer wie für die meisten Automobilproduzenten zugleich Werbeveranstaltungen. 1955 erringt *Mercedes-Benz* die Markenweltmeisterschaft. Der »ursprünglich als Rennsportwagen konzipierte« *300 SL*[9.17] glänzt dank seiner Rennsiege in einer ›zivilen‹ Version auf dem für den Export so wichtigen amerikanischen Markt. In seinem Fahrwasser wird auch der ›kleine Bruder‹, der *190 SL*, zum Geschäft.

Betrachtet man die Produktionsentwicklung des Konzerns bis in die siebziger Jahre, so zeigt sich, daß das konsequente Festhalten an der Oberklasse langfristig erfolgreich ist. Mehr als alle anderen Hersteller ist *Daimler-Benz* unabhängig von konjunkturellen Bewegungen des Automarktes. Zwar kann der allgemein enorme Produktionszuwachs der Jahre 1950 bis 1953 nicht mitvollzogen werden, sogar Rückgänge

Abb. 127
Mercedes-Benz
Erfolgsstory »7. Folge«:
»Safety first – auf Grund der wachsenden Verkehrsunsicherheit«.
(Nicht zum schnellen Kauf überreden, ist hier die Devise, sondern langfristig überzeugen.)
Aus: *Neue Illustrierte* 23/1954

der Zulassungszahlen müssen zunächst verkraftet werden. Jedoch werden in der Folgezeit die Umsatzstagnation der frühen sechziger Jahre und der Absatzeinbruch von 1966/1967 praktisch unberührt überstanden.[9.18] Das deutet darauf hin, daß grundsätzliche Änderungen in der Selbstdarstellung – und der Werbung – aufgrund der Umsatzentwicklung innerhalb dieses Zeitraums nicht notwendig erschienen.

Wie bei den Mitanbietern beginnt die Nachkriegswerbung der *Daimler-Benz AG* mit zum Teil opulent gemalten farbigen Anzeigen (Backcover).[9.19] Das beworbene Luxusobjekt ist dabei zunächst alleiniger – sogar doppelter (Abb. 121) – Illustrationsmittelpunkt. Aus einer abstrakt angedeuteten Straßenkurve (Abb. 122) wird bald eine attraktive Ferienkulisse (Abb. 123) oder eine konkrete Verkehrssituation (Abb. 124). Mitte der fünfziger Jahre tauchen auch bei *Daimler-Benz* das gemeinschaftliche Fahrerlebnis und die »kleinen Kosten« – nicht jedoch der Begriff ›sparsam‹ – auf (Abb. 126). Der Typ *180,* vor allem seine erfolgreiche Dieselversion, erfordert diese Profilierung und bringt die angestrebte Produktionssteigerung. Doch wird er gegen Ende der fünfziger Jahre durch den Typ *190* ersetzt, ebenso wie dieser Mitte der sechziger Jahre vom Typ *200* abgelöst wird. Die ersten Werbefotografien zeigen das Automobil wieder wie die ersten Zeichnungen: auf dem Präsentierteller, als Ausstellungsstück (Abb. 128). Der Mensch verschwindet aus den Anzeigen (Abb. 131–137); wenn das Auto noch gemalt ist, wird es imposant ›geschönt‹, gestreckt, tiefergelegt, verbreitert (Abb. 131, 132). Details werden in den Vordergrund geschoben (Abb. 129, 135) oder symbolträchtig mit abstrakten Zeichen kombiniert (Abb. 136). In den sechziger Jahren gerät der Markenname *Mercedes-Benz* immer mehr in den Mittelpunkt der Anzeigen (Abb. 133–139). Eine geschickte Trennung von Kommentar und technischen Daten erlaubt dabei weiterhin die Vorstellung einzelner Fahrzeugtypen (Abb. 134,137). Natürlich setzt *Daimler-Benz* wie die Konkurrenz verstärkt auf seine Spitzenmodelle, um das Image des Markennamens zu heben. 1963, als die Anzeige Abbildung 134 geschaltet wird, verkauft *Daimler-Benz* ganze drei Exemplare von dem beworbenen Modell *600*, aber insgesamt so viele Fahrzeuge wie nie zuvor.[9.20]

GEGENÜBER:
Abb. 128
Mercedes-Benz
Wie ein Modell im Modesalon ›stellt‹ sich der elegante neue *220 S* der potentiellen Kundschaft.
Aus: *Film und Frau* 23/1958

Elitäre Zurückhaltung kennzeichnet die Anzeige Abbildung 121. Geworben wird in den gehobenen Kreisen, in denen jeder Kontaktaufnahme eine Visitenkarte vorausgeschickt wird. Das Luxusmodell der *Mercedes-Benz*-Kollektion zu dieser Zeit ist das *170 S A-Cabriolet.* In der Anschaffung fast doppelt so teuer wie die Dieselausführung, der *170 D*, bietet es nur zwei Personen Platz, und seine Brennstoffkosten sind bei gleichem Hubraum fast dreimal so hoch. Aber die Vorführung des profanen Alltagseinsatzes ist nicht Ziel dieser Werbung; wie ein Modell auf der Drehscheibe eines noblen Autosalons wird der Wagen präsentiert. Der *170 S* ist ein Fahrzeug aus der Vorkriegszeit; der Mangel an Material, Werkzeug und Maschinen nach dem Krieg machte diesen Rückgriff nötig. Zwar stellt er schon eine Weiterentwicklung des *170 V* dar, offiziell ist er die erste Nachkriegsentwicklung von *Daimler-Benz*, aber auch sein Prototyp ist bereits 1941 gebaut worden.

Wie auf einer Visitenkarte liefert der symmetrisch gesetzte Anzeigentext in hochgestochenem Tonfall einige allgemein gehaltene Zusatzinformationen, Angaben zu technischen Größen fehlen ganz. Dafür ist das Fahrzeug umständlich beschrieben, wie es schon in den zwanziger Jahren üblich war. ›Vornehmer Stil‹, ›erlesener Geschmack‹, ›vollendete Harmonie‹, »ein Meisterstück der Automobilbaukunst«, das sind Attribute, die ebenso in die Vergangenheit weisen wie der – am kleinsten gedruckte – Kernsatz der Anzeige: »Älteste Automobilfabrik der Welt«. Mit diesem Fahrzeug baut *Daimler-Benz* eindrucksvoll an der Nachkriegsrealität vorbei und erleidet von 1950 bis 1953 im Gegensatz zu den meisten deutschen Automobilherstellern deutliche Umsatzeinbußen.

Das ändert sich auch mit den Dieselversionen des *170*, den Typen *170 D* und *DS*, nicht, die in der Anzeige Abbildung 122 im Jahr 1953 vorgestellt werden. Zwar wird in der sprachlichen Argumentation konkret auf die besondere Mangelsituation eingegangen, aber auf die *Mercedes*-eigene Art: ein »Weltrekord der Wirtschaftlichkeit« muß es sein. Die »Betriebskosten eines Motorrades« und die »Bequemlichkeit einer *Mercedes-Benz*-Limousine« verbinde das beworbene Fahrzeug, wird festgestellt. Was für das *FuldaMobil* (Abb. 9, 13) schlüssig klingt, kann auch dem *Mercedes-Benz* zu etwas nutze sein. Der genaue Dieselverbrauch ist allerdings nicht angegeben. Es ist nicht die Intention der Anzeige, einen ›preiswerten‹, geschweige denn ›sparsamen‹ Wagen zu lancieren, »wirtschaftlich« muß für die *Mercedes-Benz*-Kundschaft reichen. Die direkte Konkurrenz zu den Kleinwagen wird so vermieden.

Ein Dauerargument aus dem Hause *Daimler* taucht in der Anzeige auf: »150 000 Kilometer und mehr ohne jede Reparatur«. Was dreißig Jahre vor dieser Werbung der »Ruf, unverwüstliche Automobile zu bauen« war, wird vierzig Jahre nach ihr – zeitgemäß gesteigert – lauten: »Für manche Weltrekorde braucht man etwas länger [...] Gesamtlaufleistung 2.170.000 km«.[9.21]

Intelligent setzt die Zeichnung den Wettlauf um den »Weltrekord« um. Aufgrund der Kurve ist nicht zu entscheiden, ob eines der beiden Fahrzeuge vorne liegt. (Und welcher der beiden Wagen ist der *D* und welcher ist der *DS*?) Wichtig ist nur, daß es sich um einen Zweikampf unter *Mercedes*-Fahrzeugen handelt. Ein Verkaufsrekord wird dieser Wagen allerdings nicht, erst mit einer neuen Karosserie soll sich dieser Wunsch erfüllen. So schreibt die Presse über den *170 D* enttäuscht: »Es bleibt die Frage offen, warum sich trotz der zweifellos vorhandenen Vorzüge der Diesel-Motor im Personen-Kraftwagen noch nicht allgemein durchgesetzt hat.«[9.22]

895 PG

Ihrem Temperament entsprechend...

Wünschen Sie sich einen Wagen, der groß, sicher und elegant ist? Dann haben Sie sich eigentlich schon für den 220 S entschieden, der Ihnen jetzt sogar noch spezielle Motorwünsche erfüllt. Er ist serienmäßig mit einem temperamentvollen, elastischen 106-PS-Vergasermotor ausgestattet. Auf Wunsch aber - und wenn Sie etwas mehr Geld anlegen wollen - erhält Ihr 220 S den neuen, sportlich-kraftvollen 115-PS-Sechszylinder-Einspritzmotor. Wählen Sie also Ihrem Temperament entsprechend:

220 S mit Vergasermotor oder
220 SE mit Einspritzmotor

MERCEDES-BENZ

Ihr guter Stern auf allen Straßen

1954 stellt die *Daimler-Benz AG* den Typ *220* vor. Fahrwerk und Karosserie entsprechen dem ein Jahr zuvor erschienenen Typ *180*. Der erreichte in seinem zweiten Jahr schon fast die höchsten Absatzzahlen seines Vorgängers *170*, und auf dieser Erfolgsbasis soll mit dem Typ *220* so schnell wie möglich wieder der Weg in die Oberklasse beschritten werden.

Die Anzeige Abbildung 123 setzt ganz auf die – inzwischen bekannte und erfolgreiche – neue Pontonform des Wagens: »Eine Freude für das Auge, rassig wie eine schnittige Yacht«. Dazu bietet sie nun den größeren Motor, der »[S]portliche« mit seinem »Temperament begeistert«. Doch wieder werden technische Daten nur ganz allgemein angesprochen. Lediglich der Hubraum ist in der Typenbezeichnung angedeutet: etwa 2200 ccm. Statt dessen lockt »sein Komfort anspruchsvolle Fahrer [...] durch Form und Fahreigenschaften«.

Die Anzeigenillustration zeigt im Hintergrund eine südliche Ferienlandschaft mit Segelyacht, die ein junges Paar offenbar mit Hilfe seines *Mercedes* erreicht hat. Während die Frau mit dem Fernglas in die Weite blickt, hat sich der Mann fast demonstrativ dem Wagen zugewandt. Als stolzer *Mercedes*-Besitzer gehört er wahrscheinlich zu denjenigen, die sich, wie die Werbung weiß, »in ihr Automobil verlieben können«.

Den Mitte der fünfziger Jahre bei *Daimler-Benz* stattfindenden Typenwechsel visualisiert die Anzeige Abbildung 124. Die neue Pontonform löst nicht nur die hohe Karosserie mit außen liegenden Kotflügeln ab, sie setzt auch in den Produktionszahlen neue Maßstäbe. Während von dem Typ *300* bis 1962 gerade 11 430 Stück abgesetzt werden, überschreitet die Baureihe des Typs *220* die 100 000er Marke.[9.23] Die Anzahl der horizontalen Segmente auf der Kühlerattrappe hat sich von neun auf nun sechs verringert, ein Trend, der sich auch in Zukunft fortsetzen wird.[9.24]

Daß der vorgeführte Überholvorgang symbolischen Charakter hat, zeigt ein Blick auf die tatsächliche Leistungsfähigkeit der beiden Fahrzeuge. Obwohl der Typ *300* von 1954 mit 185 PS in 17 Sekunden die 100-Kilometer-Marke erreicht, im Gegensatz zu 19 Sekunden, die der Typ *220* benötigt, profiliert die Anzeige diesen als den schnelleren. Seine – geringere – Motorkraft wird nun sogar mit Hilfe diverser Komparative besonders herausgestellt: »schneller, anzugsfreudiger und temperamentvoller«. Was in früheren Anzeigen undenkbar schien (Abb. 121), wird nun Realität, die »gestoppte Spitzengeschwindigkeit von 150 km« findet Eingang in die *Mercedes-Benz*-Werbung, verbunden mit der Aufforderung, sie »voll auszunützen«! Wie die Zeichnung demonstriert, können die Fußgänger dieser neuen Generation von schnellen Autos nur noch staunend hinterhersehen.

Daß der Mittelpunkt der Welt nicht nur für die *Daimler-Benz*-Beschäftigten der *Mercedes*-Stern sein soll, führt die Anzeige Abbildung 125 vor – wohlgemerkt: Nicht das Automobil von *Daimler-Benz*, auch nicht die Marke *Mercedes-Benz* (deren Name in dieser Werbung gar nicht auftaucht), sondern zunächst allein das Zeichen des Sterns. Nicht nur die vielen Erdenbürger, die nicht lesen können, werden hier erfolgreich angesprochen, auch die hochzivilisierten (Kunden) erleben eine »Verführung zum wohligen Analphabetismus«.[9.25] Daß das Zeichen mehr leisten kann als viele Worte, erkennt der Werbefachmann Horst Slesina.[9.26] Er macht aus dem Dreizack endgültig den Stern. Denn, was der Stern im Altertum als unverzichtbarer Wegweiser

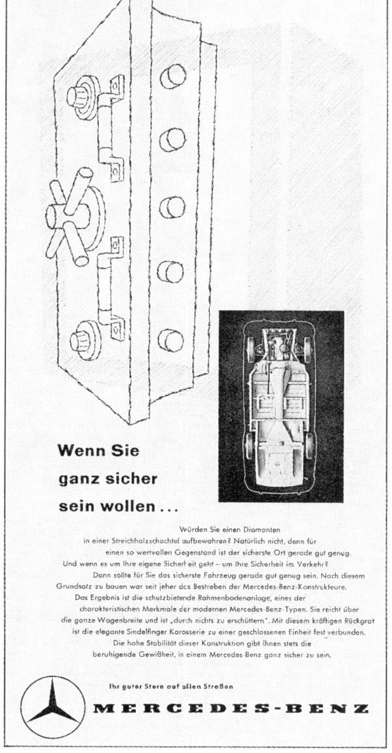

Abb. 129
Mercedes-Benz
Diamanten in den Tresor und Sie in einen *Mercedes-Benz* – wenn »Sie ganz sicher sein wollen«.
Aus: *Film und Frau* 10/1956

bedeutete, münzt er geschickt um in einen neuzeitlichen Slogan: »Ihr guter Stern auf allen Straßen«. Dieses Motto ist von nun an in praktisch allen Werbemitteln von *Daimler-Benz* enthalten.

So weit hat Gottlieb Daimler sicher nicht gedacht, als er seiner Frau einst eine Postkarte sandte, auf die er einen Stern gemalt hatte. Der werde eines Tages über seinem Werk aufgehen, hatte er dazu geschrieben. Die *Daimler-Motorengesellschaft* hegte schon eher derartige Ambitionen, als sie 1909 einen Dreizack zum Warenzeichen anmeldete, als Symbol der Motorisierung zu Lande, zu Wasser und in der Luft.[9.27]

Die diversen Linien und Kreise in der Anzeige erinnern jedoch auch an ein Spinnennetz. Kombiniert man diesen Eindruck mit der Bedrohung des in den fünfziger Jahren herrschenden Kalten Krieges und den Kämpfen zwischen dem kapitalistischen und dem kommunistischen Block um die Weltherrschaft, so stellen sich angesichts dieser Werbung auch noch ganz andere Assoziationen ein.

Der erfolgreichste *Mercedes-Benz* der fünfziger Jahre war der *180 Diesel*. Er symbolisiert den Wandel vom exklusiven Nobelimage zur hochwertigen Gebrauchsmarke. Dieser Trend wird auch von der Werbung unterstützt (Abb. 126). Es werden zwar – wie schon beim *170 D* (Abb. 122) – Begriffe wie ›preiswert‹ oder ›sparsam‹ vermieden, aber der »großen Fahrt« stellt der Text doch die »kleinen Kosten« gegenüber. Um die »Fahrtkosten [...] auch nach einer Diesel-Preiserhöhung« zu senken, reisen fünf Personen in dem »eleganten Gebrauchswagen« – ein seltenes Vergnügen in der *Daimler-Benz*-Werbung.

Möglicherweise in direkter Verbindung damit steht die ungewohnte Bescheidenheit, mit der die sonstigen Vorzüge des Wagens geschildert werden. Was für die gleiche Baureihe in der nachfolgenden Anzeige zu wortreichen Lobpreisungen führt, ist nun auf einen einzigen kurzen Satz zusammengeschrumpft: »die Annehmlichkeiten des gediegenen Raum- und Fahrkomforts«. Aber vielleicht ist das bei fünf Personen auf großer Fahrt ja nicht so wichtig.

Der Erfolg der *180*er-Reihe hat auch Kehrseiten. Die aufgrund der starken Nachfrage entstandenen langen Lieferfristen halten manchen potentiellen Kunden davon ab, sich für einen *Mercedes-Benz* zu entscheiden. Daher werden Werbekampagnen lanciert, die in recht sachlichem Ton Überzeugungsarbeit in eigener Sache zu leisten versuchen. So erscheinen zum Beispiel Anzeigen, die das Problem unter der Überschrift »Es lohnt sich auf einen *Mercedes* zu warten« direkt ansprechen. (Worauf *BMW* öffentlich mit einer Gegenfrage antwortet: »Warum warten, wenn man gleich ein gutes Auto kriegen kann?«) Unter dem Titel »Die Vorzüge des *Mercedes-Benz* Typ *180*« wird Mitte der fünfziger Jahre die Anzeigenserie veröffentlicht, aus der die Abbildung 127 stammt.

Für die Benzinversion des Typs *180* kann – und muß – die Werbung vom ›preiswert- reisen-Image‹ abrücken. Erstens kostet der Wagen fast 10 000 DM – eine *Borgward Isabella* kostet zu diesem Zeitpunkt 7 200 DM (Abb. 38) – und zweitens braucht er 11,5 Liter, 40 Prozent mehr als eine *Isabella*, die ihren Normverbrauch mit 8,4 Litern angibt.[9.28] Daher kehrt die Anzeige Abbildung 127 zu der »Formel, [die] seit einem halben Jahrhundert oberstes Gesetz all unserer Konstruktionen« ist, zurück: »Sicherheit, Fahrkomfort, Schnelligkeit!«

Abb. 130
Mercedes-Benz
Nur schneller überprüft
oder gleich durchgelassen?
(Der Unterschied zwischen *Mercedes*-Eignern und Busreisenden.)
Aus: *Das Beste aus Reader's Digest* 9/1958

Gegen Ende der fünziger Jahre werden mehr und mehr Fotografien in der Automobilwerbung eingesetzt. Wie ein Modell im Modesalon ›stellt‹ sich der *220 S* dem Fotografen und dem Publikum (Abb. 128). Ähnlich wie zu Beginn des Jahrzehnts (Abb. 121) wird der Repräsentationscharakter des Fahrzeugs besonders herausgestellt. Chromleisten und Weißwandreifen kontrastieren auffällig zu dem schwarzen Hochglanzlack. Designermöbel und eine schöne Frau als Kundin bilden das passende Ambiente. Das Foto ist mit einem Passepartout versehen, in dem verschiedene Schriftblöcke für grafische Auflockerung sorgen.

Ein maßgebliches Prinzip der Firmenpolitik, die Typenvielfalt, wird zur Argumentationsbasis des Anzeigentextes. »Wählen Sie«, fordert er die potentielle Kundschaft auf – aber natürlich nur zwischen zwei Wagen von *Mercedes-Benz* – »Ihrem Temperament entsprechend . . .«, der Käufer soll sich mit seinem Auto identifizieren können. Bei aller Zurückhaltung im Ton – auf die Nennung der konkreten PS-Zahlen kann inzwischen nicht mehr verzichtet werden: 106 PS serienmäßig im »temperament-

Abb. 131
Mercedes-Benz
Hart, kalt, eckig – die sechziger Jahre kündigen sich an.
Aus: *Praline* 19/1959

vollen, elastischen« Vergasermotor und 115 PS im »neuen sportlich-kraftvollen Sechszylinder-Einspritzmotor«. Geschickt profiliert sich *Daimler-Benz* dann am eigenen Image des ›etwas teureren Autoherstellers‹, indem er seine Fahrzeuge zu Wertobjekten erklärt: »wenn Sie etwas mehr Geld anlegen wollen«.

Neben der Fähigkeit zur problemlosen Dauerleistung vor allem seiner Dieselfahrzeuge ist die Sicherheit das in der gesamten *Daimler-Benz*-Werbegeschichte konstanteste Thema. Unter der Überschrift »Wenn Sie ganz sicher sein wollen ...« stellt eine Anzeige aus dem Jahr 1956 (Abb. 129) etwas drastisch die »schutzbietende Rahmenbodenanlage« der Tür eines Panzerschranks gleich. Aber deftige Vergleiche sind bei *Daimler-Benz* üblich, »wenn es um Ihre eigene Sicherheit geht«. Was Mitte der fünfziger Jahre durch die Safetür symbolisiert ist, wird knapp vierzig Jahre später »Sicherheitszelle« genannt werden. »Eine Hochsicherheitszelle muß keine Strafe sein«, wird es dann heißen, – »denn für einen so wertvollen Gegenstand ist der sicherste Ort gerade gut genug«, ließe sich im Rückgriff auf die fünfziger Jahre (Abb. 129) vervollständigen. So lautet auch das Fazit, die »beruhigende Gewißheit, in einem *Mercedes-Benz* ganz sicher zu sein«, noch Jahrzehnte später sehr ähnlich: »Man fühlt sich einfach sicher«.[9.29]

1957 hat sich die deutsche Wirtschaft so weit erholt, daß in vielen Firmenzentralen Überlegungen zur Exportintensivierung stattfinden. Auch *Daimler-Benz* startet eine weltweit angelegte Werbekampagne zur optischen Vereinheitlichung des Markenimages, die Farben Blau und Silber werden zu den *Mercedes*-Farben erhoben.[9.30]

Zahlreiche Anzeigenmotive greifen das Fernweh der bundesdeutschen Bürger auf, denen vor allem Italien ans Herz gewachsen zu sein scheint (vgl. Abb. 7, 45, 51, 56, 76 u. a.). So zeigt auch die *Mercedes-Benz*-Werbung Berge, Palmen und südeuropäischen Baustil (Abb. 130). Den dargestellten Grenzübertritt greift die Überschrift auf: »Ob in Deutschland – oder irgendwo in der Welt«. Während der Bus kontrolliert wird, darf der *Mercedes* passieren. Ist er nur schneller überprüft worden, oder thematisiert die Werbung zusätzlich den Gegensatz ›Bus- und Individualreise‹? Auch Tourismusländer wissen zwischen Gruppenreisenden und *Mercedes*-Eignern zu unterscheiden. Ohne Zweifel eine durchaus realistische Variante des *Daimler-Benz*-Credos »Ihr guter Stern auf allen Straßen«.

GEGENÜBER:
Abb. 132
Mercedes-Benz
Aus dem »Meisterstück
der Automobilbaukunst« ist
die »Hohe Schule des
Automobilbaus« geworden.
Aus: *Auto Motor und Sport* 8/1962

OBEN:
Abb. 133
Mercedes-Benz
»75 Jahre Motorisierung des
Verkehrs« – auf allerhöchstem
Niveau.
Aus: *Westermanns Monatshefte*
6/1961

OBEN LINKS:
Abb. 134
Mercedes-Benz
Deutschlands Beitrag zum »exklusiven Kreis internationaler Automobile« ist gleich »ein neues Leitbild im internationalen Automobilbau«.
Aus: *Westermanns Monatshefte* 11/1963

OBEN RECHTS:
Abb. 135
Mercedes-Benz
Optische Effizienz: Bedrohlich nah ist die Stahlmaschine ›Auto‹ an die Beschauer herangerückt.
Aus: *Constanze* 17/1964

GEGENÜBER:
Abb. 136
Mercedes-Benz
»Immer weiter [. . .] Stufe um Stufe« höher – wer ganz nach oben will, kommt am ›Stern‹ nicht vorbei.
Aus: *Westermanns Monatshefte* 6/1963

1959 hebt »die *Daimler-Benz AG* den Vorhang zur Premiere der neuen Sechszylinder«. Die neue Einheitskarosserie, deren Gesamtprogramm über zehn Typvarianten – vom *190 D* bis zum *300 SE Coupé* – kennt, »ist durch eine straffe, dennoch aber elegante Linienführung gekennzeichnet«.[9.31]

Die Anzeige Abbildung 131 stellt den Typ *220* mit der etwas längeren Motorhaube vor. Die Illustrationstechnik demonstriert eindrucksvoll ihre Daseinsberechtigung: Länger, breiter und tiefer als in Wirklichkeit ›grinst‹ der Wagen den Beschauer fast wie ein amerikanischer Straßenkreuzer an. Allein steht er nun im stahlblauen Karree; kein Bewunderer, kein Beiwerk stört seine Aura: »Eine Klasse für sich«. Kalt wirken nicht nur die Ecken und Kanten des Fahrzeugs, hart sind auch die zwei Schriftblöcke über der Illustration. Nach einem Jahrzehnt voller Kurvendynamik und Farbigkeit kündigen die »klaren Linien« in Autodesign und Anzeigengestaltung nun die sechziger Jahre an.

Formal ähnlich präsentiert sich die Anzeige Abbildung 132 aus dem Jahr 1962. Zwei symmetrische Schriftblöcke sind in Illustrationsbreite mit der Zeichnung der beworbenen Fahrzeuge kombiniert. Die verstärkte Perspektive läßt das gezeichnete Cabriolet länger und breiter erscheinen. Keine menschlichen Wesen beeinträchtigen die optische Konzentration auf die Wagen, keine profanen Technikdaten lenken vom Lob der »Hohe[n] Schule« ab.

Der Anzeigentext beginnt mit einem Verweis auf die Vergangenheit: »*Mercedes-Benz* Coupes und Cabriolets gelten seit jeher als Meisterwerke der Automobilbaukunst.« Und richtig, bereits 1952 hieß es, der offene Zweisitzer sei »ein Meisterstück der Automobilbaukunst« (Abb. 121). Schon damals präsentierte die Werbung zwei Ansichten des vorgestellten Typs, demonstrierten Weißwandreifen und Chrom-

Immer weiter

Konstrukteure und Techniker der Daimler-Benz AG haben viele Lorbeeren geerntet - aber sie ruhen nicht darauf aus. Unsere Entwicklung ist dynamisch. Jenseits von modischen Spielereien gehen wir unbeirrbar Stufe um Stufe den geraden Weg zum Ziel: das Gute noch besser zu machen, die Zweckmäßigkeit zu vollenden.

Ihr guter Stern auf allen Straßen

MERCEDES-BENZ

3158 Ma I

leisten, daß es sich um Luxusausführungen handelte. Nun aber, da der wirtschaftliche Aufschwung eine wohlhabende Käuferschicht geschaffen hat, ist diese Modellvariante ein großer Erfolg – fast 17 000 Exemplare können bis 1965 verkauft werden.[9.32]

1961 feiert die *Daimler-Benz AG* das Jubiläum »75 Jahre Motorisierung des Verkehrs«. Zu diesem Anlaß werden Anzeigen konzipiert, die besonderes Gewicht auf die »Kraft der Tradition« legen. Ein diesbezügliches, überaus pathetisches Motto beherrscht daher die Anzeige Abbildung 133. Es ist fast doppelt so groß gedruckt wie das Foto des beworbenen *220 SE Coupe*. Mit optischer Schwere lastet die schwarze Schriftfläche auf dem Fahrzeug, das dadurch wie flachgedrückt wirkt.[9.33] Zwar wird in der Überschrift der Wagentyp genannt, doch findet im Grunde keine typenspezifische Werbung statt, es geht allein um den Markennamen.

Wie weit sich *Daimler-Benz* 1961 mit derartigen Anzeigen von den deutschen Mitanbietern entfernt hat, mag ein kurzer Blick auf Konkurrenzwerbungen dieser Jahre zeigen. *Borgward* versucht noch mit Anzeigen wie den Abbildungen 55 und 56, das eigene Ende zu verhindern, was jedoch nicht gelingen wird. *NSU-Neckarsulm* hat gerade seinen *Prinz* herausgebracht (Abb. 61), und die *Auto Union AG* erlebt mit dem *DKW Junior* und dem *Auto Union 1000* ihre besten Nachkriegsjahre (Abb. 29, 30). *BMW* bezieht immer noch einen Teil seines Profils aus der *Isetta* (Abb. 62) und hat gerade nur knapp das eigene Ende verhindern können. *Ford* verbucht mit seiner ›Badewanne‹ in der Mittelklasse beachtliche Erfolge, wirbt aber ganz konkret mit dem besonders günstigen Preis-Leistungsverhältnis seiner Erzeugnisse (Abb. 82). *Opels* Credo »grundsolide und zuverlässig« erweist sich im Moment als dem Kölner Konkurrenten unterlegen und beschert bis Mitte 1962 eine Umsatzflaute (Abb. 96).[9.34] Der *Daimler-Benz AG* aber gelingt es, die Extraklasse ihrer Fahrzeuge mit elitären Anzeigen (Abb. 132–136) mehr und mehr im öffentlichen Bewußtsein zu verankern und damit weitere Produktionssteigerungen zu sichern.

Den »exklusiven Kreis internationaler Automobile« und einen vorläufigen Gipfel ihres weltweiten Ansehens erreicht die *Daimler-Benz AG* 1963 mit ihrem »Großen *Mercedes*« *600*. Begeistert feiert die Presse die Ankunft eines »Achtzylinder-Repräsentationsfahrzeugs, das die Ausmaße eines amerikanischen Straßenkreuzers erreicht«.[9.35] Das Ziel ist jedoch deutlich weiter gesteckt; der gestiegenen wirtschaftlichen Bedeutung der Bundesrepublik gemäß, spricht die Werbung von einem »neue[n] Leitbild im internationalen Automobilbau« (Abb. 134). Vielleicht auch weil die diesbezüglichen Superlative in der Werbung durch die ständigen Wiederholungen schon leichte Abnutzungserscheinungen zeigen, zählt die Anzeige das »Wichtigste der Technik« konkret auf, was eine durchaus beeindruckende Anhäufung von technischen Finessen ergibt.

Die klare optische Trennung dieses Informationsteils vom restlichen Text bewahrt dabei die Möglichkeit, im Kommentarton weiter am Image des Autoherstellers zu feilen. Das führt allerdings zu übergroßen Textmengen, die die etwas statisch gestaltete Anzeige in ihrer Wirkung beeinträchtigen. Zusätzlich reduzieren die ungewohnte Form der Überschrift und die nicht gerade vorteilhafte Seitenansicht des *Mercedes*-Flaggschiffs die Souveränität der Anzeige.

Abb. 137
Mercedes-Benz
»Alle Fragen der Autofahrer von heute [. . .] beantwortet. Alle. Besser denn je« – Imagepflege und Modellpräsentation in klugem Einklang.
Aus: *Auto Motor und Sport* 20/1965

Wie optische Effizienz zu erreichen ist, demonstriert im Gegensatz zur vorherigen die Anzeige Abbildung 135: »Dieser Scheinwerfer genügt«. Bedrohlich nah ist das Riesenauge der Stahlmaschine ›Auto‹ an den Beschauer herangerückt. Chrom, Glas und Stahl demonstrieren schiere physische Überlegenheit – der Umgangston der sechziger Jahre wird härter, nicht nur im Verkehr.

Ähnlich dem Foto, beleuchtet auch der Anzeigentext nur einen kleinen Teil des Ganzen: Es wird kein bestimmtes Modell vorgestellt, nicht einmal die *Mercedes-Benz*-Wagen im allgemeinen, wie in Abbildung 130, sondern die besondere Fertigungsqualität der Untertürkheimer: »auf 10 Mitarbeiter in der Produktion [kommt] ein Mann für Qualitätskontrolle« – womit indirekt wiederum die höheren Endpreise gerechtfertigt werden.

Konsequent wie seine Fahrzeuge entwickelt *Daimler-Benz* auch seine Anzeigen »[i]mmer weiter«, »Stufe um Stufe den geraden Weg« zur reinen Imagewerbung. Völlig losgelöst von jeder Straßenrealität, geht es in der Anzeige Abbildung 136 nur noch um das Markenrenommee. Wo einst Automobile und ihre Bewunderer die Werbeillustrationen bevölkerten, sind nun abstrakte Zeichen und Formen zu Symbolen verbunden. Gerade, rechte Winkel und Kreise versinnbildlichen die moderne Firmenphilosophie: Technik, »[j]enseits von modischen Spielereien«.

Keine Typenbezeichnungen, geschweige denn profane technische Größen stellen im Anzeigentext Verbindungen zum grauen Autoalltag her. Es geht nur noch um die Formel ›Aufstieg‹. Wer will da nicht dabeisein, wer kann es sich schon erlauben, auf den verchromten Dreizack zu verzichten? Denn, und das scheint die unterschwellige Botschaft des Bildes zu sein, (nur) *mit* dem Stern geht es ganz nach oben.

Oben links:
Abb. 138
Mercedes-Benz
Mit *dem* Wagen kann jeder sportlich fahren.
Aus: *Westermanns Monatshefte* 12/1966

Oben rechts:
Abb. 139
Mercedes-Benz
Und was bekommt man alles bei der *Daimler-Benz AG* für sein Geld? (Vielleicht auch eine schöne Frau?)
Aus: *Epoca* 5/1965

Gegenüber:
Abb. 140
Mercedes-Benz
»Ihr guter Stern auf allen Straßen« in der Wüste (und nicht mehr in der Anzeige).
Aus: *Epoca* 5/1967

Ihre neuen Modelle stellt die *Daimler-Benz AG* im Herbst 1965 mit einer »informativen«[9.36] Kampagne vor. Es war der Vorwurf laut geworden, in den letzten Jahren seien »die Wagen, das eigentliche Angebot, nicht genügend sichtbar« gewesen.[9.37] Wie die Abbildung 137 zeigt, gelingt es, Imagepflege und Typenpräsentation zufriedenstellend zu verbinden. »Die Anzeige wurde nicht konzipiert, um sportliche Wagen der *SL*-Klasse zu verkaufen oder das Modell *600* oder Taxen mit Dieselmotor, sie erinnerte aber daran, daß das Programm nicht nur aus Familien-Limousinen bestand.«[9.38] Das bewährte Prinzip ›Wählen Sie!‹ – aber natürlich nur unter *Mercedes-Benz*-Wagen – findet indirekt auch hier Anwendung.

Wie in den vorhergehenden Anzeigen findet eine strenge optische Trennung von Kommentar und technischen Informationen, die nun »Dokumentation« genannt werden, statt. Schon die Überschrift vermittelt die Selbstsicherheit und das Traditionsbewußtsein, mit dem in Untertürkheim umgegangen wird. »Niemals zuvor in seiner Geschichte« hat *Daimler-Benz* acht verschiedene Modellreihen gleichzeitig angeboten. Das muß natürlich zu der bescheidenen Einsicht führen: Die »*Mercedes-Benz*-Klasse« biete Antworten auf »alle Fragen der Autofahrer«.

Das Foto versammelt nur die kleineren Modelle, von den größeren gibt es Einzelanzeigen. Auch wenn bewußt Vorder-, Hinter- und Seitenansicht der Wagen präsentiert werden, kann kein Zweifel daran bestehen, daß es nicht um das Design der neuen Karosserien geht. Kein Wort verliert der Text zu diesem Thema. Daß der neue Typ *250 SE* etwas tiefer und flacher geworden ist und nicht mehr über die in Peilstegen auslaufenden hinteren Kotflügel verfügt, zeigt die Aufnahme besser, als es beschrieben werden könnte. Wiederum reduziert auf nun fünf wurde die Anzahl der Segmente auf der Kühlerblende. Das Wichtigste, der ›gute Stern‹, prangt ja noch immer als weithin sichtbares Markenzeichen auf der Verschlußattrappe. Und dagegen sind bekanntlich alle anderen optischen Fragen zweitrangig.

Sie können Ihren 250 SL als Roadster oder als Roadster mit Coupé-Aufsatz bestellen.

Mit dem Fahrwerk und dem Motor eines Sportwagens, aber mit dem Komfort einer Reiselimousine

Der neue Mercedes-Benz 250 SL

Warum ändern wir jetzt den Mercedes-Benz 230 SL, obwohl er in einem einzigen Jahr mehr gekauft worden ist als der berühmte 190 SL in 6 Jahren?

Weil wir in der Entwicklung unserer Fahrzeuge nicht stehenbleiben.

Hier die wichtigsten Änderungen

Der Motorhubraum ist größer. 2,5 Liter. Die Kurbelwelle läuft jetzt in 7 wertvollen Lagern. Der Effekt? Noch weit ruhigerer Lauf als bisher. Der Motor verhält sich außerordentlich elastisch. In Verbindung mit dem hohen Drehmoment ermöglicht das ein kraftvolleres Beschleunigen in den einzelnen Gängen aus niedrigen Drehzahlen heraus. Im Stadtverkehr fahren Sie den 250 SL jetzt in ruhigeren, motorschonenden Drehzahlen.

Neu sind auch die groß bemessenen Scheibenbremsen an allen 4 Rädern und der Bremskraftregler. Zweikreis-Bremssystem und Servobremsanlage sind ja für einen Mercedes-Benz ohnehin Selbstverständlichkeiten.

Der 250 SL ist selbstverständlich auch mit Mercedes-Benz Automatischem Getriebe und Servolenkung lieferbar.

Damit ist der neue 250 SL mehr als bisher ein Automobil mit der Kraft eines echten Sportwagens, dem Komfort einer Reiselimousine und der Sicherheit eines Mercedes-Benz.

Mit dem neuen Mercedes-Benz 250 SL ist das Mercedes-Benz Personenkraftwagen-Programm für 1967 vollständig.

Weitere Änderungen in unserem Pkw-Programm wird es in diesem Jahr entgegen anderslautenden Gerüchten nicht geben!

Mercedes-Benz

719 PI

Eine technische, auch unter *Mercedes*-Eignern kontrovers diskutierte Frage greift die Anzeige Abbildung 138 auf: »Automatik, ja oder nein?« Die Schalthilfe hat den Ruf, ›unsportlich‹ zu sein. Was auf die vielen Automatik-Fahrer abfärbt und andere wiederum davon abhält, sich diesem Extra positiv zu nähern. Dagegen soll etwas getan werden: »Der Fahrer kann [...] eingreifen. Die *Daimler-Benz* Automatik[9.39] aber ›schaltet‹ schneller, präziser, schonender. Sie können mit der Automatik genauso individuell und sportlich fahren wie bisher.« Daß dieses Extra schon wegen seines Eigengewichts einige PS und einige Kilometer der Höchstgeschwindigkeit kostet, wird natürlich nicht erwähnt. Geschickt illustriert die Fotografie die Ausführungen zu der so gering bewerteten Schalthilfe mit dem rassigen *280 SL*. (Dessen schönes ›Pagodendach‹ ist abgeschnitten – um der Aufnahme mehr Zufälligkeit zu verleihen?) Auf diese Weise soll auch der letzte Zweifler überzeugt werden: Mit *diesem* Wagen kann man immer sportlich fahren.

Daß *Daimler-Benz*-Preise ›etwas höher‹ sind als die der Mitanbieter, gilt als allgemein bekannt. Nur sehr selten werden in der Werbung diesbezüglich konkrete Zahlen genannt. Was aber nicht bedeutet, daß das Thema in den Anzeigen Tabu sei, wie die Abbildung 139 belegt. Unter der Überschrift »Was ist der Preis für einen *Mercedes-Benz*?«, räumen die Untertürkheimer sogleich ein, daß sie nicht die billigsten sind: »Gewiß, Preise spielen eine große Rolle«. Aber dann wird auf das Preis-Leistungsverhältnis verwiesen: »ist es nicht wichtiger, daß ein Wagen wert ist, was er kostet?« Etwas konkreter wird der Text nur beim Vergleich mit der Konkurrenz: »Komfort, der sich nicht in Armlehnen und Aschenbechern erschöpft«. Die besonderen Vorzüge der Nobelmarke werden im gewohnten Kommentarton nur ganz allgemein hochgehalten: »Straßenlage, Federung, Motorleistung, Lebensdauer«. Was jedoch zu Profilierungsmöglichkeiten führt, wie sie in dieser Souveränität nur ein *Mercedes-Benz* bieten kann: »männlich, modern, gelassen«. Der Blick aus dem luxuriösen Interieur eines *220 SE* mit seinem aufwendig ausgestalteten Armaturenbrett liefert dazu den Beleg: Der Herr findet Beachtung.

Gegen Ende der sechziger Jahre gibt es in der Bundesrepublik nur noch wenig ernsthafte Konkurrenz für die großen *Mercedes-Benz*-Modelle. Einer der wenigen Mitanbieter, die eine Nische in der Oberklasse fest besetzt haben, ist *Porsche*. Sein Typ *911* hat sich weltweit als *der* superschnelle Sportwagen durchgesetzt. Um mit diesem Konkurrenten mithalten zu können, muß *Daimler-Benz* nicht nur den Hubraum seines *230 SL*, sondern auch die Anzahl der Kurbelwellenlager in dessen Motor vergrößern. Mit einem kräftig erhöhten Drehmoment schickt die Werbung nun den neuen *250 SL* auf eine Schotterpiste, wo er seinen Vorteil gegenüber dem Rivalen voll ausspielen kann (Abb. 140). Denn der *Porsche* gilt nicht nur als sehr sportliches, sondern auch als extrem hart gefedertes Fahrzeug. So lautet die Bildunterschrift, die gleichzeitig Headline ist, folgerichtig: »Mit dem Fahrwerk und dem Motor eines Sportwagens, aber mit dem Komfort einer Reiselimousine«.

Mit der in zwanzig Jahren in der Bundesrepublik entwickelten und bewährten Linie ist die *Daimler-Benz AG* in den folgenden Jahrzehnten auch weltweit erfolgreich, kann Absatzkrisen in Deutschland dank des florierenden Auslandsumsatzes kompensieren und ihren Vorsprung weiter vergrößern.

10 Auf und ab und auf ... – *BMW*

Abb. 141
BMW
»Ein Rennwagen, dessen Karosserie große Rohre schmücken, die Schlangen mit explosivem Atem gleichen [...] ist schöner als die Nike von Samothrake.«[10.12]
Aus: *Das Beste aus Reader's Digest* 6/1954

Nur selten war ein Firmenschicksal so eng mit der deutschen Geschichte verbunden wie das der *Bayerischen Motoren Werke*. Erst 1917 von den beiden Ingenieuren Franz-Joseph Popp und Max Friz gegründet, bedeutete schon 1919 ein Abschnitt des ›Versailler Vertrages‹ fast das Aus für das junge Unternehmen.[10.1] Jener Passus besagte, daß es den Deutschen verboten war, Flugzeugmotoren von mehr als 20 PS Leistung herzustellen, damals das einzige Produkt des Münchener Herstellers. Mit der Entwicklung von schnellen Motorrädern gelang es in den Folgejahren jedoch, wirtschaftlich wieder Fuß zu fassen. Eine der frühen Maschinen, die *R 32* aus dem Jahr 1923, wurde siebzig Jahre lang im Prinzip unverändert gebaut.[10.2] Ende der zwanziger Jahre begann *BMW* mit der Produktion von Automobilen; zunächst wur-

OBEN:
Abb. 142
BMW
Zum aktuellen Modellkleid gleich den richtigen Kleinwagen. Er »paßt so wunderbar zur Silhouette der Frau von heute«.
Aus: *Freundin* 8/1958

GEGENÜBER:
Abb. 143
BMW
Die »Höhepunkte des Lebens«: Wein, Weib und Gesang (aber natürlich nur für Männer).
Aus: *Film und Frau* 26/1953

den nur Kleinwagen in Lizenz hergestellt, 1932 erschien dann aber mit dem *AM-4* die erste Eigenkonstruktion.[10.3] Als außerordentlich erfolgreich erwies sich gleichzeitig der Wiedereinstieg in die Konstruktion von Flugzeugmotoren.

Nachdem die Weltwirtschaftskrise dank der Motorradproduktion einigermaßen überstanden war, begannen überaus glückliche Jahre für *BMW*. Die Nachfrage nach kleineren Wagen stieg spürbar an, ein »Baukastensystem aus Gleichteilen machte schnelles Reagieren auf dem Automarkt möglich«.[10.4] Eine enge Zusammenarbeit mit den Firmen *Benz & Cie* und *Daimler-Motorengesellschaft* – sogar ein Zusammenschluß mit den beiden war geplant, es fand dann aber nur die bekannte ›Zweierhochzeit‹ statt – scheiterte unter anderem an den Ambitionen von *BMW* im Bereich größerer Personenwagen.[10.5] 1936 wurde mit dem Typ *328* nicht nur ein Traumauto dieses Jahrzehnts, sondern auch der »schnellste serienmäßige Sportwagen seiner Klasse der Welt« auf den Markt gebracht.[10.6]

Im Zuge der von den Nationalsozialisten begonnenen Kriegsvorbereitungen mußte auch *BMW* seine Produktion mehr und mehr auf Rüstungsgüter umstellen. Vor allem Flugzeugmotoren und gepanzerte Motorräder, zum Teil mit Beiwagen für Maschinengewehre, wurden gebaut.[10.7]

Im Zweiten Weltkrieg werden große Teile der Fertigungsstätten zerstört, und Deutschland wird in verschiedene Zonen aufgeteilt. Das Eisenacher Werk ist hinter der Demarkationslinie endgültig verloren; unter dem Namen *EMW (Eisenacher Motoren Werke)* wird dort noch einige Zeit der *BMW 327* gebaut, nach einem verlorenen Markenzeichenprozeß mit weiß-rotem Emblem. Das Münchener Werk wird auf Anordnung der Alliierten demontiert. So erleben die Verantwortlichen zum zweiten Mal das Scheitern ihrer unternehmerischen Pläne.

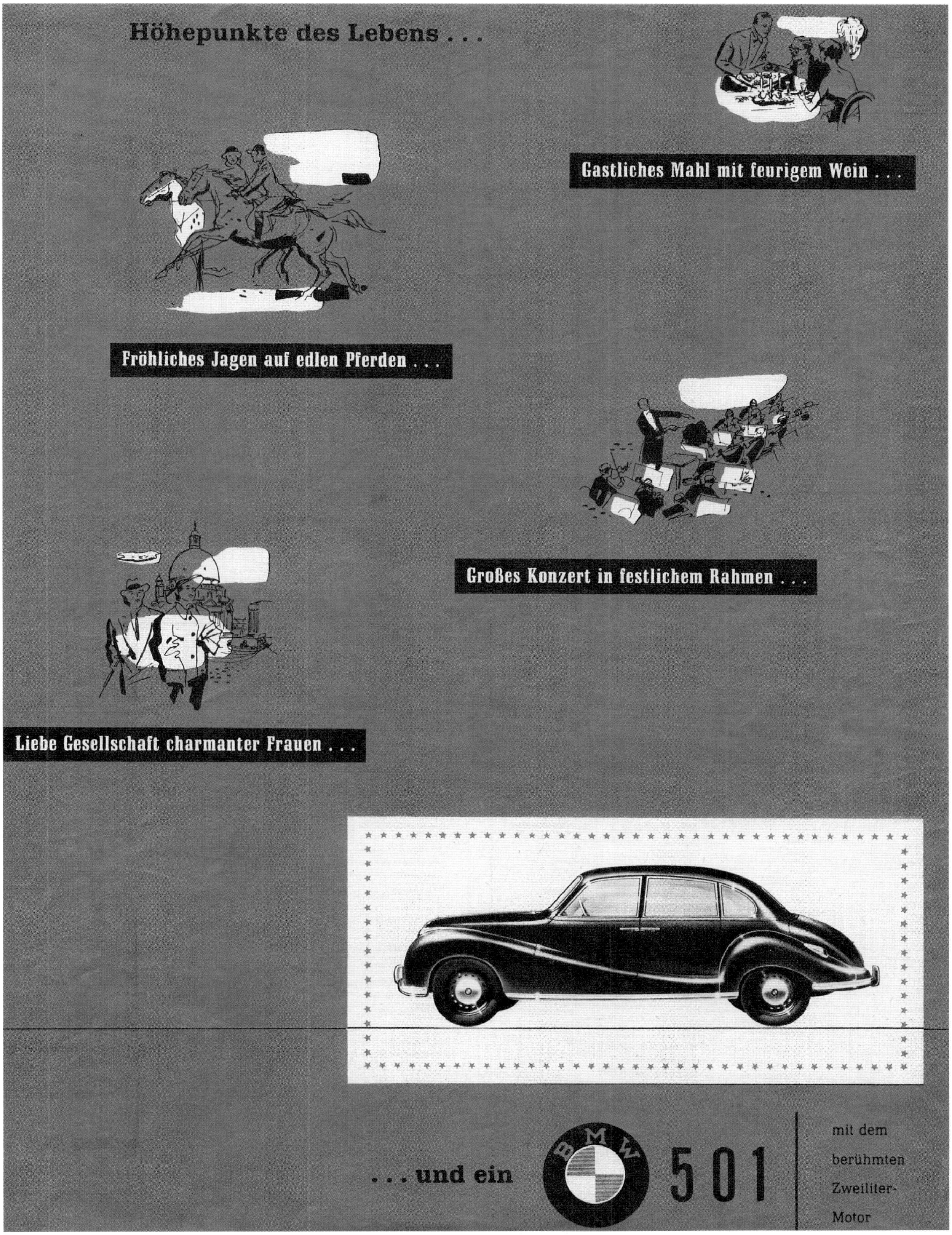
Höhepunkte des Lebens . . .
Gastliches Mahl mit feurigem Wein . . .
Fröhliches Jagen auf edlen Pferden . . .
Großes Konzert in festlichem Rahmen . . .
Liebe Gesellschaft charmanter Frauen . . .
. . . und ein BMW 501
mit dem berühmten Zweiliter-Motor

Abb. 144
BMW
»Während er beim Weltmeisterschafts-motor 60 PS erreicht, ist der Boxer-motor des *BMW 600* auf 19,5 PS ausgelegt, was [...] dem Anzugsvermögen [...] zugute kommt.«
Aus: *Neue Revue* 52/1958

Im Gegensatz zu den meisten deutschen Herstellern erhält *BMW* 1948 nur eine Erlaubnis zum Bau von Motorrädern – im demontierten Werk Milbertshofen.[10.8] Erst 1952 darf mit dem *BMW 501* der Anschluß an die eigene Geschichte wiederhergestellt werden. »Der Wagen gerät unter schwersten Bedingungen des ausgeweideten Werkes konservativ, ästhetisch wie technisch.«[10.9] Trotz zahlreicher Verbesserungen scheinen sich die Wünsche nach höheren Produktionszahlen nur für kurze Zeit zu erfüllen, nach 4567 Exemplaren im Jahr 1955 können 1957 nur noch 1701 Fahrzeuge des großen Wagens abgesetzt werden.[10.10] 1954 versucht *BMW*, durch den Ankauf einer *Iso*-Lizenz mit der kleinen *Isetta* noch auf den ›Kleinstwagenzug‹ aufzuspringen, was auch gelingt (Abb. 10, 21, 29, 62). Doch die eigene Weiterentwicklung, der Typ *600* (Abb. 142, 144), erweist sich als nicht mehr zeitgemäß, die Umsatzzahlen sinken so bedrohlich, daß die Unternehmensleitung am 9. Dezember 1959 den Aktionären vorschlägt, die *BMW AG* an die *Daimler-Benz AG* zu verkaufen. Aufregende Stunden folgen. Aufgrund zahlreicher Einwände und Widerstände wird die Entscheidung vertagt, das Ultimatum für das Kaufangebot aus Stuttgart verstreicht unbeantwortet. Eine Verminderung des Grundkapitals bei gleichzeitiger Aufstockung schafft neue Liquidität, *BMW* ist – mal wieder – gerettet.

Schon 1961 kann der Prototyp für die »Neue Klasse« vorgestellt werden, ein Jahr später steht der *BMW 1500* bei allen Händlern. »Der vielbeachtete neue Mittelklasse-*BMW*, der die Lücke zwischen dem *Opel/Ford* und dem *Mercedes-Benz* füllen sollte, zeigte eine sehr elegante moderne Linie und dabei durchaus eigene Stylingmerkmale.«[10.11] Trotz zahlreicher ›Kinderkrankheiten‹ gelingt es, die Marktnische, die *Borgward* freigemacht hat, durch ständige Verbesserungen zu vergrößern. Mit dem ersten Nachkriegs-Sechszylinder wird bald darauf an ruhmreiche Vorkriegszeiten angeknüpft, ein großer Schritt nach vorn auf dem Weg zu internationalem Renommee.

1952 präsentiert *BMW* mit dem *501* seine erste Nachkriegsproduktion. Die Karosserie ähnelt ein wenig der des englischen *Austin Atlantic,* und der Motor ist eine Weiterentwicklung des alten *326*er Antriebsaggregats.

Unter der Überschrift »Die Europäische Linie« stellen sich die bayerischen [!] Autobauer in der Werbung kompromißlos hinter den europäischen Gedanken (Abb. 141). Nach dem Motto »Gemeinsam sind wir stark« (gegen die amerikanische Konkurrenz) wird eine abendländische Front geschaffen: »Man weiß drüben die zweckgeborene Schönheit des ›European Look‹ zu schätzen«. Ein gewisser Chauvinismus kann jedoch offenbar nicht aufgegeben werden: »Dazu kommt aber der ›männliche Zug‹ in den Fahrzeugen der ›Europäischen Linie‹«. Und der zeigt sich dann beim Fahren, wenn das »faszinierende Zusammenspiel von Mensch und Fahrzeug nicht durch ein Übermaß an technischen Raffinessen aufgehoben« ist.

Abb. 145
BMW
Eine zukünftige *BMW*-Tradition kündigt sich an: »120 km/h Spitze« und mehr (aus 697 ccm Hubraum).
Aus: *Constanze* 10/1963

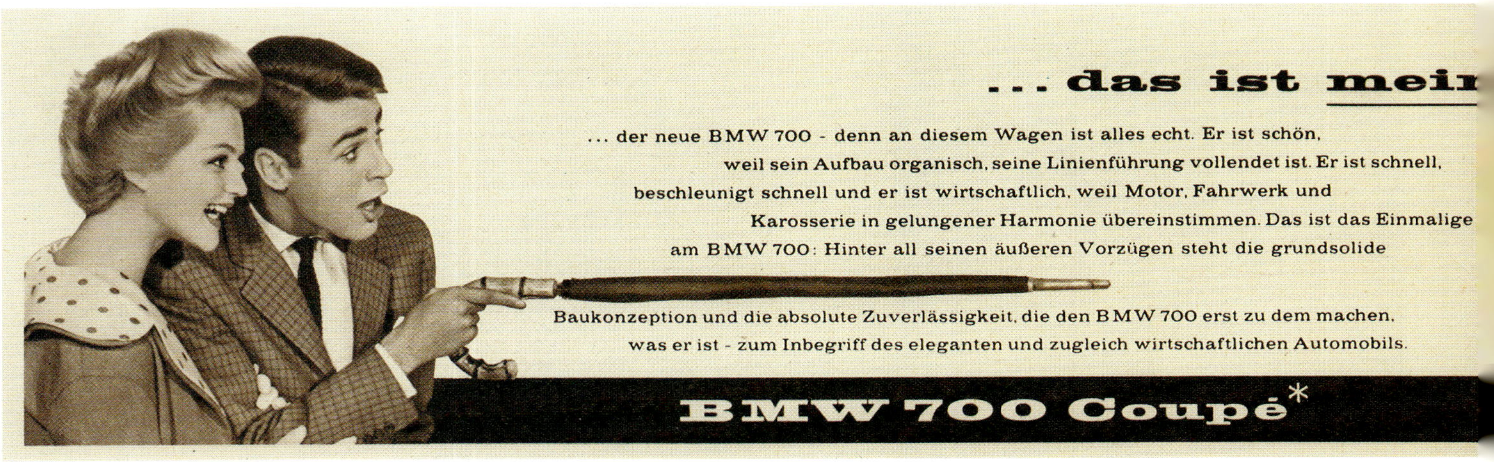

Abb. 146
BMW
»[A]n diesem Wagen ist alles echt.«
(Endlich ein Kleinwagen »normalen Aussehens«.[10.17])
Aus: *Für Sie* 22/1959

Größer als den beworbenen Wagen zeigt die Anzeige von 1954 den Torso einer antiken Marmorstatue. Die Anzeigengestalter nehmen wohl Bezug auf den Futuristen Marinetti, der 1909 die Schönheit der Technik besungen hatte: »Ein Rennwagen [...] ist schöner als die Nike von Samothrake«.[10.12] (Oder ist die im Volksmund übliche Bezeichnung »Bayerischer Barockengel« Hintergrund dieser Anzeige?) Der *501* ist jedenfalls kein Verkaufsschlager, auch wenn er – etwas gegen den Trend dieser Anzeige – von der bayerischen Regierung zur »Staatslimousine« erklärt wird.[10.13]

Schon zwei Jahre nach der Einführung der *Isetta* kommt *BMW* mit einer eigenen Weiterentwicklung, dem Modell *600*, auf den Markt. Zwei Türen und gleiche Spurweite vorne wie hinten zeigen die Bemühungen, ein vollwertiges Auto anzubieten. »Das Fahrzeug zeichnet sich durch saubere Technik und Verarbeitung aus, wirkt aber in der Gesamtkonzeption wenig überzeugend.«[10.14] »Die ersten beiden von den USA angekauften Wagen werden vor Weihnachten hinübergeflogen.«[10.15] Aber die Zeit der originellen Kleinwagen ist vorbei, schon nach knapp zwei Jahren und etwa 35 000 verkauften Exemplaren wird die Produktion dieses Typs wieder eingestellt.

Die Anzeige Abbildung 142 setzt unter einer nicht ganz zutreffenden Überschrift (gerade das »Profil« des *600* ist dem der *Isetta* sehr ähnlich) auf ein modisches Ambiente, um das Image des Wagens zu heben. Ein junger deutscher Modeschöpfer und zwei Mannequins in »*Oestergaard*-Modellen« ergänzen das Angebot an die potentiellen Kundinnen: »Es paßt so wunderbar zur Silhouette der Frau von heute«. Da werden technische Argumente natürlich zweitrangig, nicht eines wird im Text erwähnt; wichtiger ist, daß das »Publikum [...] Freude an seinem Besitz haben« will. Immerhin erlaubt die Szene eine objektive Einschätzung der Wagengröße, ein nicht gerade häufiges Angebot in der Werbung von Kleinwagen.

Die »Höhepunkte des Lebens« sind Thema der Anzeige Abbildung 143. Fünf Beispiele sind in Wort und Bild vorgeführt, die ›Krönung‹ bildet der beworbene *BMW 501*. Der intensive Einsatz blumiger Adjektive koloriert nicht nur die dargestellten Szenen, er hebt auch das gemeinsame Niveau. ›Gastlich, feurig, fröhlich, edel, groß, festlich, lieb, charmant‹ ist eine Atmosphäre, in der sich jeder Autohersteller gern profiliert.

Auch wenn man die vorgeführten »Höhepunkte« nicht ganz ernst nimmt, läßt sich feststellen, daß sie etwas einseitig auf den männlichen Teil der Leserschaft zugeschnitten sind. ›Essen und Trinken‹ wird von beiden Geschlechtern gleichermaßen genossen, wie auch der Besuch eines Konzerts. Aber schon die Jagd ist ein ursprünglich männliches ›Vergnügen‹. Und die »Gesellschaft charmanter Frauen« ist ausschließlich ein Angebot an die ›Herren der Schöpfung‹, diesen Eindruck stützt jedenfalls die dazugehörige Illustration. Aber 1953 haben es die Männer offenbar besonders nötig, daß man(n) ihnen in der Werbung das Rückgrat stärkt, und so bietet die Werbung solche Wagen ausschließlich den ›Familienvorständen‹ an.[10.16]

Die eigenen Vorzüge im Vergleich zu Motorrädern darzustellen, ist, wie gesehen, bei Kleinstwagen gang und gäbe. Der *BMW 600* ist diesbezüglich jedoch in einer besonders günstigen Situation. Einerseits bietet er mit vier Rädern und einem festen Dach Wetterschutz und Sicherheit, also deutlich mehr als die Zweiräder. Andererseits verfügt sein *BMW*-Antriebsaggregat über die »gleiche Grundkonstruktion« wie der »weltberühmte *BMW* Zweizylinder-Viertakt-Motor« der bayerischen Motorräder.

Um von diesem ›Halbbruder‹ möglichst viel zu profitieren, wird er zunächst kräftig gelobt (Abb. 144). Er »gewann 1958 zum fünften Mal in ununterbrochener Folge die Weltmeisterschaft«. Sein Motor »hat zu dieser Siegesserie entscheidend beigetragen«. Da läßt sich für den kleinen *600*er sogar wieder etwas zurücknehmen: »Freilich besitzt er hier keinen Renncharakter«. Auf 19,5 PS ist seine Motorleistung reduziert, was, so dichtet der Anzeigentext, sowohl seinem »Anzugsvermögen« [!], seiner »Bergfreudigkeit«, wie dem »Geldbeutel« der Kunden zugute komme.

1959 kommt *BMW* ›endlich‹ mit einem Kleinwagen »normalen Aussehens«[10.17] auf den Markt. Seine Technik ist vom Typ *600* abgeleitet und die Karosserie ein Entwurf des Italieners Giovanni Michelotti, »einem der talentiertesten Autodesigner jener Epoche«.[10.18] Unfreiwillig spielt er sowohl beim Absturz in, als auch beim Aufstieg aus der Krise von 1959 eine entscheidende Rolle.[10.19]

In grafisch auffällig gestalteten Werbungen wird der neue Typ *700* vorgestellt (Abb. 146). Ohne Zweifel streckt die extrem längliche Grundfläche der Anzeige auch die Karosserie des Wagens. Um die Horizontale zu betonen – selbst der Fließtext scheint in Seitwärtsbewegungen hin und her zu schwimmen – sind die Reifen des Fahrzeugs beschnitten. Der sehr breite Schrifttyp, vor allem der fett gesetzten Headlines, verstärkt diesen Eindruck zusätzlich. Im Text werden deutliche Versuche unternommen, sich vom früheren Kleinwagenimage abzusetzen: »an diesem Wagen ist alles echt«. Unter dem Druck der Konkurrenz wird nun ein Fahrzeug angeboten, daß nicht mehr »vom Herkömmlichen abweicht« (Abb. 142), sondern »elegant und wirtschaftlich« ist – wie die meisten Mitanbieter. Aber dieser Weg führt letztendlich zum Erfolg: Über 180 000 Exemplare dieser Baureihe können bis 1965 abgesetzt werden.

Einen großen Schritt weiter in Richtung Mittelklasse geht *BMW* 1962 mit dem *LS Coupe* beziehungsweise dem *LS Luxus* (Abb. 145). Obwohl es sich dabei um die 1959 (Abb. 146) angekündigte »viersitzige Limousine« handelt, fehlt in der Typenbezeichnung die Zahl ›700‹. Mit zahlreichen Komparativen verstärkt der Text diese Abgrenzung: »größer, besser, schneller, sparsamer«. Die Headline »Der Wagen mit Profil« stimmt wieder nur begrenzt, der Wagen hat sich dem bundesdeutschen Autoangebot eher angepaßt.

OBEN LINKS:
Abb. 147
BMW
Das Vorbild: »Allein in den Jahren 1936 bis 1939 gab es für den *BMW 328* und seine schnellen Verwandten 405 Erst- und ›nur‹ 145 Zweitplazierungen im Motorsport!«[10.25]
Aus: *Constanze* 30/1965

OBEN RECHTS:
Abb. 148
BMW
Aggressiv wie ein Hai – zum Glück außerhalb des Käfigs.
Aus: *Constanze* 31/1965

GEGENÜBER:
Abb. 149
BMW
Acht Jahre nach dem Blick in den Abgrund wieder unter den ersten fünf »besten Automobil-Marken der Welt« – ein beachtlicher Erfolg.
Aus: *Epoca* 10/1967

Eine zukünftige *BMW*-Tradition deutet sich in dieser Werbung an: Für ein Auto um 5000 DM – von 1964 an kostet es sogar nur noch 4985 DM[10.20] – und nur 697 ccm Hubraum bietet der *LS* eine beachtlich hohe Spitzengeschwindigkeit. 120 Kilometer pro Stunde, beim *Coupe* sogar 135, das ist eine verlockende Offerte. In der Presse heißt es folgerichtig: »30 wilde Pferde im Heck [...] Wir fuhren den temperamentvollen *BMW 700*«. An der positiven Gesamtbeurteilung ändern dann auch Konstruktionsmängel (»Fest steht, daß der rechteckige [Tür]Knopf Fingernägel kostet.«) nichts mehr. Selbst das laute Motorgeräusch (»Das bedeutet Kraft und Zuverlässigkeit.«) wird akzeptiert: »Den Krach muß man hinnehmen – wenn man die Nerven dazu hat.«[10.21]

Besonders groß kann die Anzahl der Autofahrer nicht sein, die »ihre Väter« beneiden, weil »die in den dreißiger Jahren einen *BMW 328* gefahren haben«, ganze 462 Exemplare wurden gebaut.[10.22] Als »Vorbild« jedoch ist der Wagen gerade wegen seiner Exklusivität sehr geeignet, »ihn darf man wohl den berühmtesten *BMW* schlechthin nennen«.[10.23] »Dieser Wagen hat bis in unsere Tage hinein das Image von *BMW* geprägt.«[10.24]

So tut die Werbeleitung gut daran, ihn auch knapp dreißig Jahre nach seinem Erscheinen ins Scheinwerferlicht zu rücken (Abb. 147). Tatsächlich entspricht sein motorisches Temperament ganz der 1962 gestarteten »Neuen Klasse«: »Allein in den Jahren 1936 bis 1939 gab es für den *BMW 328* und seine schnellen Verwandten 405 Erst- und ›nur‹ 145 Zweitplazierungen im Motorsport!«[10.25] Der erste *BMW* der »Neuen Klasse«, der Typ *1500*, verfügt noch nicht ganz über die Höchstgeschwindigkeit des prominenten Vorfahren, trotz der gleichen Leistung von 80 PS. Aber schon das 1964 erscheinende Modell *1600* übertrifft ihn mit 155 Kilometern etwas. Und der in der Anzeige Abbildung 148 beworbene Typ *1800* erreicht schließlich 162 Kilometer pro Stunde, deutlich mehr als die vergleichbaren Konkurrenzfahrzeuge.

High Society

Die amerikanische Automobil-Fachzeitschrift ‚Road and Track' hat die Rangliste der besten Automobil-Marken der Welt veröffentlicht. Ergebnis: Drei deutsche unter den ersten fünf. BMW ist dabei. (Herzliche Glückwünsche auch nach Untertürkheim und Zuffenhausen.)

BMW

Aus Freude am Fahren – BMW – Die Wagen der Neuen Klasse

OBEN:
Abb. 150
Renault
»Stundenlang können Sie auf der Autobahn die Höchstgeschwindigkeit beibehalten« – das macht Deutschlands Autofahrern Freude.
Aus: *Film und Frau* 8/1959

GEGENÜBER:
Abb. 151
Citroën
»Fahren ohne Gefahren« – mit einer ›Göttin‹ aus Frankreich.
Aus: *Elegante Welt* 6/1959

Ein solcher Wagen ist nicht mehr passives Fotoobjekt der Werbung, sondern ein aktives Bewegungssymbol. Bedrohlich dicht kommt er auf den Betrachter zu; sein Kühlergrill hat etwas von einem Haifischmaul, die Scheinwerfer erinnern an Augen. Der Fotoausschnitt hält das aggressive Gefährt wie ein Haikäfig auf sicherer Distanz. Die Kraftreserve, die eine solche Attacke möglich macht, ist die einzige Information, die die Anzeige bietet. ›83, 90, 110 PS‹, das sind die wenigen in der Werbung genannten technischen Größen (Abb. 147, 148). Aber sie sind auch die Hauptursache für die besondere Lesart des *BMW*-Credos »Aus Freude am Fahren«.

»Warum zeigt die Werbung keine Vorbildverbraucher? Weil *BMW*-Fahrer sich als Individualisten fühlen. Sie erkennen deshalb Vorbildverbraucher nicht an, weil sie selbst Vorbilder sein möchten.«[10.26]

In der »High Society«, in der der *2000 CS* im Jahr 1967 verkehrt, verfügt man über etwas mehr Souveränität. Nicht ohne Grund, denn soeben wurden die bayerischen Autobauer durch die Automobilfachzeitschrift *Road and Track* ausgezeichnet. »Drei deutsche unter den ersten fünf« der besten Automobilmarken der Welt, meldet die Anzeige; *BMW* unter ihnen (Abb. 149). Das darf nicht auf ein Topmodell begrenzt dargestellt werden, daher keinerlei Typenbezeichnung. Das gesamte *BMW*-Programm soll im Rampenlicht stehen.

Geschickt steigert die besondere Formulierung des Textes die amerikanische Markenhitparade zur ›veröffentlichten Rangliste‹. Aber es besteht natürlich kein Zweifel, kaum zwanzig Jahre nach den ersten denkbar einfachen Nachkriegsproduktionen – für die Bayern sind es nicht einmal 15 – ist die deutsche Automobilindustrie wieder Weltspitze. Und *BMW* ist ganz oben dabei, eine durchaus beachtliche Leistung.

Das Autofahren beginnt in der Kurve!

Haben Sie die Nerven, mit hoher Geschwindigkeit in die Kurve zu gehen? Dann wissen Sie, was Autofahren heißt und wo die Technik der Kühnheit eine Grenze setzt. Nehmen Sie mit der gleichen Geschwindigkeit in einem Citroën die Kurve, dann müssen Sie umlernen. Die an sich schon hohe Kurvensicherheit des Frontantriebs ist durch die Luftfederung und durch die geradezu unwahrscheinliche Bodenhaftung des neuen Citroën vollkommen geworden. Wo selbst sportliche Fahrzeuge Seitensprünge machen, bleibt der Citroën unbeirrbar in seiner Spur. Was beweist das?

Es beweist:
Im Citroën sind heute schon die höchsten Ansprüche an Fahrleistung und Fahrsicherheit erfüllt, die man sich allenfalls von der Zukunft erhofft hatte.

Es beweist:
Nicht mehr Schönheit, Repräsentation und Größe allein bestimmen den Wert eines Wagens, sondern so wichtige Qualitäten wie Straßenlage, Kurvensicherheit, Federung und Bodenhaftung!

Es beweist:
Der Citroën DS 19 und ID 19 ist der Wagen für Sie und alle anspruchsvollen Fahrer, für die die Sicherheit oberstes Gebot ist.

CITROËN

Fahren ohne Gefahren

DS 19 75 PS · 1,9 l · DM 12100,– **ID 19** 66 PS · 1,9 l · ab DM 8990,–

„Umgang mit einer Göttin." Unter diesem Titel hat der bekannte Auto-Fachschriftsteller A. Spoerl seine Begeisterung, seine erstaunlichen Fahreindrücke und technischen Erkenntnisse vom neuen Citroën in einem meisterhaft geschriebenen Büchlein zusammengefaßt. Wir schicken Ihnen diese unterhaltsame und interessante Schrift gern gegen eine Schutzgebühr von DM 1,— (Briefmarken oder Postscheck Köln Nr. 5011) zu. Bitte schreiben Sie an: CITROEN Automobil AG - Köln, Aachener Str.

11 Die ausländischen Mitanbieter

OBEN:
Abb. 152
Wartburg
In preiswerter östlicher Gesellschaft: für 4800 DM-West. (Gegenwert: »14 500 DM-Ost«).
Aus: *Stern* 52/1959

GEGENÜBER:
Abb. 153
Renault
In guter westlicher Gesellschaft: das kostet allerdings etwas mehr. (Für den, »der das Besondere liebt« und »doch wunderbar bescheiden« bleiben will.)
Aus: *Das Schönste* 5/1961

Die Bedeutung importierter Autos in Deutschland ist bis in die sechziger Jahre hinein relativ gering. Weder was die Verkaufszahlen, noch was ihre Präsenz in den Werbemedien anbetrifft, erreichen sie westdeutsche Dimensionen. Ausnahmen bilden in begrenztem Maße *Renault* – die Exportzahlen der französischen Autofirmen steigen von 1955 bis 1960 steiler als die westdeutscher Produzenten – und *Fiat*.[11.1] Da der Marktanteil dieser Fahrzeuggruppe in den folgenden Jahrzehnten jedoch ständig zunimmt, soll auch ihre frühe Werbung in einzelnen Beispielen vorgestellt werden. Wie schnell zu erkennen ist, obliegt die Gestaltung in vielen dieser Fälle den deutschen Großhändlern. Die Anzeigen haben formal nichts ›Ausländisches‹, auch handelt es sich meist nicht um ausgefeilte Firmen- oder Modellprofile. Sie sind häufig, und das erscheint folgerichtig, den hiesigen ›Sehgewohnheiten‹ angepaßt; nur mit ihren eigenen Argumenten kann der übermächtigen westdeutschen Konkurrenz erfolgreich entgegengetreten werden.

Die wahrscheinlich erste ausländische Automarke auf dem deutschen Nachkriegsmarkt (nach *Fiat*) ist die französische Firma *Renault*. Sie war 1898 von den drei Brüdern Louis, Marcel und Fernand Renault gegründet worden und stellte schon 1913 mit über 5000 Angestellten mehr als 10 000 Fahrzeuge her.[11.2] 1944 war die Firma nach dem Tod von Louis Renault – er saß aufgrund einer Anklage wegen Kollaboration mit den Deutschen im Gefängnis, wo er unter mysteriösen Umständen ums Leben kam – verstaatlicht worden und galt seitdem als Musterbeispiel dirigistischer

Floride
in guter
Gesellschaft
Glücklich wer sie fährt! Ob als Coupé oder als Cabriolet, die Floride weist ihren Besitzer als Menschen aus, der das Besondere liebt und doch das Vernünftige schätzt. Floride – ein Wagen der Luxusklasse – doch wunderbar bescheiden in Wartung und Verbrauch!
Wassergekühlter 4-Takt-Motor 4 Zylinder · 845 ccm · 36 PS · 126 km/h 4-Gang-Getriebe · Aerostable-Luftfederung · Serienmäßige Ausstattung mit Gebläseheizung und Defroster, Weißwandbereifung, Scheibenwaschanlage · 6,5 l/100 km
Cabriolet DM 8500.– mit Hardtop DM 515.- mehr – Coupé DM 8600.–
Renault Floride
RENAULT

OBEN LINKS:
Abb. 154
BMC
Ein ›Auto für Frauen‹, eine verwirrende Aufzählung von Automarken, ein nahezu unbekannter englischer Hersteller und »MEHR« – doch das kann alles den Erfolg des *Mini Cooper* nicht verhindern.
Aus: *Das Beste aus Reader's Digest* 7/1962

OBEN RECHTS:
Abb. 155
Citroën
»Die Familie der *Citroën*-Automobile« präsentiert »ihren jüngsten Sprößling« auf eine sehr ungewohnte Weise – und hat Erfolg damit.
Aus: *Quick* 38/1962

GEGENÜBER:
Abb. 156
Renault
»600 km ist sie gefahren, um ihn zu besuchen.« (Damit kommt sie genau bis nach Köln, zur *Deutschen Renault AG,* wo *er* arbeitet.)
Aus: *Constanze* 6/1960

westlicher Industrieunternehmen.[11.3] Mit den Arbeiten an dem später in Großserie hergestellten Kleinwagen *4 CV* war während der deutschen Besatzung heimlich begonnen worden. Das in Frankreich als »Cremeschnittchen« (Abb. 11) berühmt gewordene Fahrzeug verschafft *Renault* als einziger reiner Importmarke schon in den fünfziger Jahren einen nennenswerten Marktanteil in der Bundesrepublik.[11.4]

So ist es nur konsequent, daß *Renault* 1959 auch seine *Dauphine* hier bewirbt (Abb. 18, 150). »Eine besonders eindrucksvolle Demonstration der hervorragenden Fahrleistungen des *Dauphine* waren die ersten vier Plätze bei der ›Mille Miglia‹ im Jahre 1956.«[11.5] Diesen Erfolg überträgt die Anzeige auf die in Deutschland so beliebten öffentlichen Rennstrecken: »Die durchschnittliche Reisegeschwindigkeit der *Renault Dauphine* versetzt immer wieder in Erstaunen. Stundenlang können Sie auf der Autobahn die Höchstgeschwindigkeit beibehalten«. Das kommt im Land der Schnellstraßen gut an, vor allem wenn sich der erreichbare Schnitt »in dreistelligen km/h-Bereichen« bewegt. Es ist also kein Wunder, daß die *Dauphine* als erstes französisches Auto die Grenze von zwei Millionen Exemplaren überschreitet.

Eine deutsche Sechziger-Jahre-Geschichte erzählt eine *Renault*-Anzeige (Abb. 156) im Jahr 1960 ihren Lesern.[11.6] Aus der isolierten Stadt Berlin hat sich eine junge Frau auf einen langen Weg gemacht: »600 km ist sie gefahren, um ihn zu besuchen«. (Damit kommt sie genau bis Köln, wo *er* vielleicht bei der *Deutschen Renault AG* arbeitet.) Es ist im Moment in der westlichen Welt Mode, zur ehemaligen Hauptstadt zu stehen, und so ist die *Renault*-Heldin eine Berlinerin. Da stimmt die öffentliche Meinung zu: »Die Welt sagt ja zu [solchen Demonstrationen von] *Renault.*« In fast liebenswert harmloser Zweideutigkeit formuliert die Anzeigenüberschrift »Morgen so begehrt wie heute«. Das gilt natürlich für *sie* ebenso wie für die *Dauphine.* So bleibt nicht nur der weibliche Charakter der französischen ›voiture‹ erhalten, es wird auch die Eigenständigkeit der Frauen betont.

Morgen so begehrt
wie heute
B-DI 70
Die Dauphine ist in äußerer Form und technischer Ausstattung für die Zukunft gebaut. Ihr Geld ist gut angelegt in diesem zeitlos schönen und so überaus wirtschaftlichen Wagen.
600 km ist sie gefahren, um ihn zu besuchen. Wenn der Tachometer 60000 km zeigt, wird ihre Dauphine noch genau so chic, genau so modern sein wie heute.
DIE WELT SAGT ja ZU RENAULT
4 Türen - 4 Sitze - Luftfederung - 845 ccm - 26,5 PS - 5,9 l/100 km
115 km/h. - Preis: DM 4.990,- ab Köln.
750 Kundendienststellen im Bundesgebiet
DEUTSCHE RENAULT AUTOMOBILGESELLSCHAFT KOMMANDITGESELLSCHAFT KÖLN-SÜLZ
RENAULT
Dauphine

Abb. 157
Hillmann
Noch eine »Visitenkarte«, diesmal die des Gentleman. (Aber bedeutet das nun distinguiert und konservativ oder sportlich und überragend?)
Aus: *Quick* 20/1962

Eine nicht nur grafisch reizvolle Anzeige bewirbt 1961 die *Renault Floride* (Abb. 153). Eine Gruppe von Bewunderern hat sich im Foto leicht geöffnet, um dem Betrachter einen Blick auf den beworbenen Sportwagen zu ermöglichen. Man darf sich aufgenommen fühlen in »guter Gesellschaft«, in der schöne junge Menschen das ›Objekt der Begierde‹ »wunderbar bescheiden« aus gepflegter Distanz betrachten. Wer »das Besondere liebt und doch das Vernünftige schätzt«, muß aber auch über ausreichend Kleingeld verfügen, denn mit 8500 DM ist die *Floride* fast 50 Prozent teurer als das vergleichbare, vielleicht nicht ganz so schicke *BMW 700 Sport Coupé*.

Etwas später als *Renault* kommt *Citroën* auf den bundesdeutschen Markt. 1919 von André Citroën in Paris gegründet, hatte sich die französische Firma mit zukunftsweisenden technischen Konzepten schnell zu einem der führenden europäischen Autohersteller hochgearbeitet. Schon 1927 verfügte *Citroën* über 5000 Vertragswerkstätten bei mehr als 35 000 Angestellten.[11.7] 1934 mußte der Gründer, der kurz darauf starb, seine Firma an den Reifenproduzenten *Michelin* verkaufen, da er sich mit der technischen Entwicklung des *Traction Avant* – der berühmten »Gangsterlimousine« – finanziell völlig verausgabt hatte.[11.8]

Im Oktober 1955 präsentiert *Citroën* die »aerodynamische und stylistische Meisterleistung« *DS 19* (›Déesse‹ = ›Göttin‹).[11.9] Ihre hydropneumatische Federung war schon in einigen späten Ausgaben des *Traction Avant* eingesetzt worden,[11.10] ihr Luftwiderstandsbeiwert von 0,36 – Mitte der fünfziger Jahre noch eine relativ unbekannte Größe – wird auch zwanzig Jahre später von vielen neuen Fahrzeugen nicht erreicht.[11.11] Trotz der zukunftsweisenden Karosserieform geht die Werbung ausschließlich auf technische Aspekte des Wagens ein: »Nicht mehr Schönheit, Repräsentation und Größe allein bestimmen den Wert eines Wagens, sondern so wichtige Qualitäten wie Straßenlage, Kurvensicherheit, Federung und Bodenhaftung!« (Abb. 151). Eine stilisierte S-Kurve illustriert zusätzlich zum Foto »die geradezu unwahrscheinliche Bodenhaftung des neuen *Citroën*«. Auffällig ist das Fehlen jeglicher Angebote zur individuellen Profilierung mit Hilfe des Wagens. Wo andere 1959 schreiben: »Eine Klasse für sich« (Abb. 131), geht es bei *Citroën* um den reinen Gebrauchswert: »Fahren ohne Gefahren«.

Im April 1961 wird der *Ami 6*, »eine Art *2 CV* in einer aufwendigeren Ausführung«,[11.12] vorgestellt. Die Anzeige Abbildung 155 verbreitet ein für Deutschland unübliches, eher unernstes Flair. Lustig gemalte Löwen verkörpern die »Familie der *Citroën*-Automobile«, der *Ami 6* ist der »jüngste Sprößling«. Wahrscheinlich erlangt aber gerade diese Darstellung bei den Liebhabern der sehr eigenen französischen Formgebung große Aufmerksamkeit. Wie schon die vorhergehende grenzt auch diese Werbung den Wagen nicht von anderen ab, behauptet nicht, daß seine Karosserie besonders schön sei. Keine elegante junge Frau ›schmückt‹ die Szene und keine Nachbarn ›brauchen erst allmählich dahinter zu kommen‹. Die Anzeige bildet ein kluges Mosaiksteinchen in der westdeutschen Illusion vom »Leben in Frankreich« und verkauft ihr Produkt.

Auf eine lange Tradition können die ostdeutschen *Wartburg*-Fahrzeuge zurückblicken, die in den Anzeigen Abbildung 152 und 167 beworben werden. Den ersten »Kutschierwagen« dieses Namens baute die 1896 gegründete *Fahrzeugfabrik Eisenach* bereits um 1898 aufgrund eines Lizenzvertrages mit der französischen Firma *Decauville*.[11.13] Seit 1904 wurden dort dann die Autos der Marke *Dixi* hergestellt, die 1928 von den *Bayerischen Motoren Werken* übernommen wurde – so kam es 1930 zum vorläufig letzten *(BMW-)Wartburg*.

Erst 1956 wird mit der Umbenennung des *Ifa* (einer ostdeutschen Version des Vorkriegs-*DKW*) zu *Wartburg* der alte Markenname wieder zum Leben erweckt. Noch Jahrzehnte später erinnern Frontantrieb und Zweitakt-Dreizylindermotor an den Urahnen. Auch wenn die DDR-Produktion dem Aufstieg der westdeutschen Autoindustrie nichts entgegenzusetzen hat, ist sie in den fünfziger Jahren auf den Automobilmessen dort stets vertreten – nicht nur der dringend benötigten Devisen wegen. »14 500 DM-Ost« kostet der Wagen in der DDR (»Und die Ostmark ist für die Bevölkerung der Sowjetzone ebenso teuer wie die D-Mark für die Bundesrepublikaner.«[11.14]), 4800 DM im Westen. Deshalb läßt er sich dort absetzen, »wenn auch das verwendete Material noch immer so schlecht ist, daß damit auf den westlichen Märkten kein Blumentopf zu gewinnen ist.«[11.15] Aber eine vergleichbare Ausführung des westdeutschen ›Bruders‹ *DKW Universal* kostet mit 6775 DM noch über 40 Prozent mehr.[11.16] Und zumindest im Foto ›grinst‹ die Kühlerverkleidung des *Wartburg* doch genauso beeindruckend wie die meisten Westwagen (Abb. 152).

1966 gelingt den ostdeutschen Ingenieuren mit der modernisierten, gestrafften Karosserie des *Wartburg 1000* ein »formliches Meisterstück«.[11.17] Der zumindest äußerlich westlichen Ansprüchen angenäherte Wagen läßt sich aufgrund des niedrigen Preises auch »drüben« einigermaßen verkaufen, im gesamten Ostblock gilt er sowieso als das »weitaus modernste Auto«.[11.18] Den bundesdeutschen Verkaufspreis (6450 DM) nennt die Anzeige nicht – um den offiziellen Umtauschkurs nicht erneut ad absurdum zu führen? (Abb. 167).

Geht es um den Export, so haben die ostdeutschen Verkäufer offenbar keine Schwierigkeiten, der vor-sozialistischen Vergangenheit positive Seiten abzugewinnen: »Guter Ruf verpflichtet«. In England, wo der Wagen unter dem Namen »Knight« vertrieben wird, werden aus der »70jährige[n] Erfahrung« gar »70 years car manufacture Eisenach«.[11.19] Vergleicht man die beiden *Wartburg*-Anzeigen, so läßt sich in der neueren ein wenig von dem spröden Charme entdecken, den die DDR im Lauf ihrer Jahre entwickelt hat. Der Stolz auf das Erreichte scheint nachfühlbar, ebenso wie eine Art sozialistischer Sinnlichkeit.

Englische Wagen haben es in Westdeutschland schon in den fünfziger und sechziger Jahren schwer. Abgesehen von den exklusiven Nobelmarken *Rolls-Royce* und *Jaguar*, denen die hohen EG-Außenzölle nur wenig anhaben können, haben sie »ein insgesamt wohl nicht besonders positives Image«.[11.20] Obwohl die Engländer bis 1956 die größten Automobilexporteure der Welt sind – in diesem Jahr werden sie von der jungen Bundesrepublik überholt[11.21] –, sind ihre Absatzquoten in Deutschland vergleichsweise gering. Das ändert sich ein wenig mit dem »revolutionären Kleinwagen«[11.22] *Morris Minor 850,* weltbekannt und heiß geliebt unter der Bezeichnung *Mini Cooper*, der im August 1959 der Öffentlichkeit vorgestellt wird.

Englands Autoindustrie war etwas später ›in Gang gekommen‹ als die der restlichen Welt. Das hatte unter anderem an einem Gesetz gelegen, das den Eisenbahnen gegenüber dem Straßenverkehr den Vorzug gab. Im Jahr 1896 schließlich wurde jene Bestimmung aufgehoben, »wonach ein ›Selbstbeweger‹ nur mit Schrittgeschwindigkeit auf öffentlichen Straßen verkehren durfte«.[11.23] Auch William Morris begann erst 1913 mit der Konstruktion von Automobilen, vornehmlich unter Verwendung von Aggregaten anderer Hersteller. Doch schon in den zwanziger Jahren waren seine beiden Modelle *Oxford* und *Cowley* »die meistverkauften englischen Automobile jenes Jahrzehnts«.[11.24] Der 1948 erschienene *Morris Minor* war »das erste englische Auto, dessen Stückzahl die Millionengrenze überschritt«.[11.25]

1952 schließt sich *Morris* mit *Austin* zur *BMC (British Motor Corporation)* zusammen. Aus dieser Verbindung gehen 1959 der von Alec Issigonis konzipierte *Morris Minor 850* – der *Mini* – und der fast baugleiche *Austin Seven 850* hervor. Die Anzeige Abbildung 154 aus dem Jahr 1962 bewirbt den Wagen, wie es für Fahrzeuge dieser Größe aktuell ist, als Auto für Frauen: »Alles, was man sich wünscht – *er* hat's«. Damit zeigt *sie* sich dann gern bei ihren Einkäufen, die sie, auch dem Fotografen zuliebe, von der Beifahrerseite einlädt. Mit dem Zusatz »Quality first« und einer phantasievollen Prämierungsplakette für die *BMC* soll das Verarbeitungsimage des englischen Fahrzeugs gehoben werden. In die gleiche Richtung führt der Text, indem er von einem »MEHR« und der »Wertbeständigkeit« spricht, die *BMC* »ihren Wagen mitgibt«. Den Preis nennt die Anzeige nicht, denn der ist 40 Prozent höher als der des übermächtigen Konkurrenten *VW Käfer.*

Ein Großteil des umfangreichen Textes besteht aus dem Versuch, den Namen *BMC* zu etablieren. Es ist fraglich, ob die Aufzählung der inzwischen in der *British Motor Corporation* zusammengefaßten Marken *Austin, Austin Healey, Morris, M. G. (Morris Garage), Riley, Wolseley, Vanden Plas Princess* die dafür notwendige Klarheit schafft. Nicht einmal auf die Erwähnung der hinter der *BMC* stehenden *Nuffield*-Gruppe wird verzichtet.[11.26] Mit einer so komplizierten Selbstdarstellung kann auch »Großbritanniens größte Automobilfabrik«, die durch den Zusammenschluß entstanden

Abb. 158
Daf
Die ›gelbe Narzisse‹ – nur ein Wagen für »Anfänger, Frauen und Faulpelze«?
Aus: *Revue* 45/1962

ist, nicht den Untergang einzelner Mitglieder verhindern. Der *Mini* jedoch beweist, daß ein gutes Auto selbst den Untergang seines Markennamens überleben kann; er wird unter verschiedenen Bezeichnungen noch dreißig Jahre lang angeboten.

Wie der *Morris* ist auch der *Hillmann Super Minx* ein Produkt einer großen englischen Markengruppe, des *Rootes*-Konzerns (Abb. 157).

William Hillmann, der wie Morris und die meisten Automobilhersteller ursprünglich im Fahrradgeschäft tätig gewesen war, stellte 1907 seinen ersten Wagen vor. Doch schon dessen Debut bei der *Tourist Trophy* im gleichen Jahr führte zu einem folgenschweren Unfall, der die Entwicklung der Firma nachhaltig beeinträchtigte. Erst Anfang der zwanziger Jahre konnte mit dem *9 HP* ein einigermaßen erfolgreiches Fahrzeug lanciert werden. 1928 wurde *Hillmann* von den Gebrüdern Rootes übernommen, die sich bis dahin um den Auslandsvertrieb gekümmert hatten.[11.27] 1930 erwarben diese beiden zusätzlich die Marke *Humber*, 1935 die *STD*-Gruppe *(Sunbeam-Talbot-Darracq)* und 1956 die *Singer Motors.* Ihr »Stamm- und Volumenfabrikat« aber war und bleibt bis in die siebziger Jahre hinein *Hillmann.*[11.28]

Die Anzeige nutzt die Herkunft des Fahrzeugs zur Wiedergabe eines der gängigen Klischees über die Insel, dem des englischen Gentleman. Ist der *Super Minx* als die »Visitenkarte des Herrn« erst akzeptiert, so belegt er automatisch eine Reihe von weiteren positiven Begriffen. Assoziationen wie ›vornehm, distinguiert, großzügig‹ stellen sich ein, aber auch: ›einer wie viele, angepaßt, konservativ‹. Dagegen setzt der Text Angebote zur individuellen Profilierung: »anspruchsvoll [...] sportlich [...] überragend«. Mit dem Preis des Wagens kann auch diese Anzeige nicht werben, denn mit 8800 DM ist der *Hillmann* 30 Prozent teurer als beispielsweise ein *Opel Rekord* 1,5 Liter. So bleibt er ein seltener Gast auf Deutschlands Straßen.

OBEN LINKS:
Abb. 159
Fiat
Ein 4-Gang-Getriebe »System *Porsche*«, eine »Klimaanlage«, »Frostschutz bis −35° C und nur »DM 4590« – der ist natürlich »genau der Richtige« für Deutschland.
Aus: *Auto Motor und Sport* 26/1964

OBEN RECHTS:
Abb. 160
Fiat
Pininfarinas »äußerst modernes Design« führt in der Bundesrepublik ein erfolgreiches »Leben als Individualist«.
Aus: *mot* 12/1962

Eine der wenigen nach dem Krieg gegründeten Kleinwagenfirmen, die über Jahrzehnte erfolgreich produzieren, ist die niederländische *Daf AG*. Sie geht auf die *van Doorne's Automobielfabriek* in Eindhoven zurück, die seit den zwanziger Jahren Anhänger für Lastwagen, von 1950 an auch Nutzfahrzeuge herstellt. Als Modellname für ihren »als revolutionär bezeichneten Wagen« wird seit 1961 das englische Wort *Daffodil* (›gelbe Narzisse‹) benutzt.[11.29]

Kernstück des 1958 in Amsterdam vorgestellten Fahrzeugs ist die »variomatic«, eine stufenlose Getriebeautomatik, die Schalten und Kuppeln überflüssig macht. Da derartige Fahrhilfen bei Deutschlands Männern – ganz anders als zum Beispiel in den USA – als ›unsportlich‹ gelten, bietet die Werbung ihr Produkt ausschließlich den Frauen an. »So leicht wie Kaffee kochen« ist das *Daf*-Fahren, wird behauptet (Abb. 64), andere Anzeigen sprechen älteren Damen unter der Überschrift »Neuer Schwung mit dem *daf*« Lebensmut zu. »Seit wir den *daf* haben, sind wir viel zufriedener«, weiß der Text dann zu berichten. Den herrschenden Vorurteilen gemäß sind es die technisch ach so unbegabten Frauen, die sich »im *daf* gleich sicher« fühlen, »weil bei ihm nichts verwirrt, nichts ablenkt«, so eine weitere Anzeige. Schrecken nicht solche Werbungen die Männer, die sich gern dieser Vollautomatik bedient hätten, endgültig ab? »Man hält den *daf* für ein Auto für Anfänger, Frauen und Faulpelze – kurzum für Leute, die nicht ›richtig‹ fahren können und wollen«[11.30] – liegt das nicht auch an diesen Anzeigen?

Nur noch selten wird in den sechziger Jahren die Methode, ein Auto durch eine Zeichnung zu ›schönen‹, so exzessiv eingesetzt wie in der Anzeige Abbildung 158. Natürlich soll auf diese Weise das unsportliche Image des Wagens verbessert werden, denn selbst Frauenzeitschriften schreiben in insgesamt positiven Kritiken: »Wer sportlich fahren möchte, der lasse die Finger vom *daf*«.[11.31] Aber die Gefahr einer Enttäuschung beim Anblick des realen Wagens wird dadurch doch deutlich größer.

»Es geschehe« oder so ähnlich mögen im Jahr 1899 einige Turiner Geschäftsleute gedacht haben, als sie den kleinen Autohersteller *Ceirano* übernahmen. Das war die Geburtsstunde von *F.I.A.T.,* der *Fabbrica Italiana Automobili Torino,* einer der größten Automobilmarken der Welt.[11.32] In ihren ersten Jahrzehnten profilierte sich die italienische Firma mit großmotorigen Sportwagen auf allen Rennpisten der Welt. Aufgrund von bis zu 28 [!] Litern Hubraum wurden Geschwindigkeiten um 290 Kilometer pro Stunde erreicht.[11.33] Doch auch kleine Wagen für den italienischen Alltag wurden von *Fiat* – seit 1906 fehlen die Punkte im Firmennamen – erfolgreich angeboten. Ein erster ›Großserienwagen‹ war der *Zero* von 1912, von dem über 2000 Exemplare hergestellt wurden. 1925 erschien der Typ *509,* von ihm wurden in nur vier Jahren fast 100 000 Stück gebaut. Mit dem 1936 vorgestellten *Topolino 500,* von dem allein bis 1948 knapp 130 000 Exemplare aufgelegt wurden, etablierte sich *Fiat* endgültig als europäische Großmarke. Kein Autoname hat je den Markt eines westlichen Landes so klar beherrscht, wie das für *Fiat* zu dieser Zeit in Italien galt.

1929 erwarben die Turiner die Heilbronner Fertigungsstätten der in finanzielle Schwierigkeiten geratenen *NSU* sowie das Recht, eigene Produkte unter dem Namen *NSU* auf dem deutschen Markt anzubieten. Wie in ähnlichen Fertigungsstätten Frankreichs, Polens und der damaligen Tschechoslowakei wurde in Heilbronn zunächst der unter dem Namen *Balilla* berühmt gewordene *Fiat 508* montiert, von 1936 an auch der *Topolino.* Doch schon bald wurden dort die ersten eigens für den deutschen Markt konzipierten Modelle hergestellt, so erschien zum Beispiel 1939 eine offene Roadster-Version des Typs *500 A.*[11.34]

Nach dem Zweiten Weltkrieg werden zunächst wieder nur italienische Wagen zusammengesetzt, aber schon 1953 erscheint mit dem *Neckar* der erste Eigenbau. Er ist auf der Basis des *Fiat 1100* entwickelt und erlebt in seinem langen Leben zahlreiche Wandlungen (Abb. 14). Es folgen die ›deutschen‹ *Jagst, Weinsberg* und *Europa.* Nach einem verlorenen Rechtsstreit verzichtet *Fiat* von 1966 an auf das Kürzel *NSU,* nun heißen alle in Heilbronn gefertigten Fahrzeuge *Neckar.*[11.35]

Unter Vermeidung direkter Konkurrenz zur deutschen Tochtergesellschaft bietet *Fiat* seine rein italienischen Modelle in der Bundesrepublik an (Abb. 16), auch sie werden zum Teil in Heilbronn montiert. Zusammen kann so im Jahr 1956 mit 54 348 Fahrzeugen ein Marktanteil von 2,7 Prozent erreicht werden, das ist mehr als das Fünffache des Zweitplazierten *Renault.*[11.36]

Einen 1,5-Liter-Wagen bietet *NSU-Heilbronn* nicht an, daher kann der *Fiat 1300/ 1500* im Jahr 1962 problemlos beworben werden (Abb. 160). Das Duo zeigt »ein äußerst modernes Design [von *Pininfarina*] mit knapp unterhalb der Gürtellinie durchgezogener Prägekante und Doppelscheinwerfern«, das sich »auch bald als Exporterfolg« entpuppt.[11.37] Mit 6690 beziehungsweise 6890 DM sind sie bis zu 500 DM preiswerter als der *Opel Rekord* und der *Ford 17 M,* die Mittelklassekonkurrenten. Trotzdem bieten sie im Gegensatz zu diesen beiden »Scheibenbremsen an den Vorderrädern« und ein ›etwas anderes‹ Image. Die angebotene persönlichere Profilierung als »Individualist« kommt bei den deutschen Fahrern gut an, *Fiat* kann mit der neuen Modellreihe »den Tagesausstoß um rund 600 auf über 2500 Einheiten« steigern.[11.38]

»[G]enau der Richtige« für den westdeutschen Markt ist auch der *Fiat 850.* Diese Hubraumklasse wird von *NSU-Heilbronn* ausgespart und daher aus Importen

Abb. 161
Simca
Ja gut, großer Innenraum, aber wie sieht der Wagen *aus?*
Aus: *Quick* 21/1962

bedient. Der Typ *850* ist zwar in der Anschaffung etwas teurer als der diese Klasse beherrschende *VW Käfer,* aber dafür preiswerter in der Unterhaltung und deutlich schneller. Seine Serienausstattung enthält ein vollsynchronisiertes 4-Gang-Getriebe »System *Porsche*« und – wie die Werbung (Abb. 159) betont – sogar eine »Klimaanlage mit Elektro-Ventilator«, was auch immer damit gemeint sein mag. Wie weit man sich südlich der Alpen schon auf die deutschen Verhältnisse eingestellt hat, zeigt der erwähnte »Kühlwasserkreislauf mit Frostschutz bis –35 °C«. So festigt auch dieses Modell die Position von *Fiat* als *der* traditionellen Importmarke in Deutschland – bei einer inzwischen stark angestiegenen Zahl von Mitanbietern.

Zu diesen Mitanbietern gehört die französische Automarke *Simca.* Sie war nicht immer Konkurrent der Italiener gewesen, denn ihr Gründer war im Jahr 1932 der *Fiat*-Generalvertreter in Frankreich, Henry-Théodore Pigozzi. In der ›*Société Industrielle de Mécanique et Carrosserie Automobile*‹ wurden – wie bei *NSU* in Heilbronn – leicht geänderte *Fiat*-Modelle für den französischen Markt montiert. Zunächst der *508 Balilla* als *6 CV,* von dem die Werbung behauptete, er sei ein rein französischer Wagen, später der *500 Topolino* als *Simca Cinq* und andere. Doch schon der Ende der vierziger Jahre vorgestellte *Simca Six* erschien in Italien erst ein Jahr später – als *Fiat 500 C.*[11.39]

1951 kommt mit der *Simca Aronde* – ein altfranzösisches Wort für ›Schwalbe‹, die bald darauf im Markenzeichen auftaucht – eine erste Eigenkonstruktion der Franzosen auf den Markt. Der Wagen ist ein überwältigender Erfolg, über 200 000 Exemplare können bis 1959 abgesetzt werden. Mitte der fünfziger Jahre erwirbt *Simca* gegen eine 15prozentige Beteiligung die Fertigungsstätten von *Ford* in Poissy, der *Ford Vedette* wird zur weitaus erfolgreicheren *Simca Vedette.* Aus einer Kombination

Abb. 162
Skoda
Ein wahrlich beeindruckendes Verkaufsargument!
(Je kleiner desto größer.)
Aus: *Neue Illustrierte* 13/1964

des großen *Vedette*-Fahrwerks, das normalerweise mit einem Achtzylinder bestückt ist, und dem *Aronde*-Motor wird 1957 die *Simca Ariane* (Abb. 161). Sie gilt als großräumiges Familienauto und ist mit 6895 DM – man vergleiche sie mit *Hillmanns Super Minx* – auch in Deutschland recht preiswert. Ohne die EG-Außenzölle können ausländische Hersteller den deutschen Mittelklassekonkurrenten durchaus Paroli bieten. Um die Platzverhältnisse im Werbefoto ausreichend zu verdeutlichen, haben alle Autoinsassen das Fahrzeug verlassen. Sie verdecken so die etwas altmodische Karosserieform und betonen die praktische Seite dieser ›Familienkutsche‹. Wahrscheinlich ist der Wagen wirklich »der Größte seiner Klasse«, jedenfalls bietet *Simca* damit »einen echten, bequemen Sechssitzer« an, der sich auch in Westdeutschland verkaufen läßt.

1958 beginnt *Simcas* Ausverkauf an *Chrysler.* Der amerikanische Hersteller übernimmt zunächst 15 Prozent von *Ford,* dann weitere 10 Prozent vom bis dahin die französische Marke beherrschenden *Fiat*-Konzern. Nach dem Tod des französischen Firmengründers steigert er sich bis auf 99 Prozent, bevor er die Firma komplett wieder verkauft – an *Peugeot.*[11.40] Erste Konsequenz dieser Beteiligung ist die Verlagerung der *Aronde*-Produktion nach Australien. 1961, als auch die *Vedette*-Herstellung ins Ausland verlegt wird, hat *Simca* noch einmal ein Erfolgserlebnis: »Bedeutendste Neuheit« auf dem Pariser Autosalon dieses Jahres ist »nämlich der *Simca 1000*«.[11.41] Mit seiner modernen Karosserie und einem vergleichsweise kräftigen Motor ist er in der Klasse bis 5000 DM zu diesem Zeitpunkt in Deutschland das attraktivste Auto. Das gilt nicht nur für die Bundesrepublik, wie die Werbung der potentiellen Kundschaft weismachen will (Abb. 170). Unter dem Einfluß der Amerikaner wird nun ein »Wagen für Europa« angeboten. Was Anfang der sechziger Jahre an Klischees dafür zur Verfügung steht, wird eingesetzt: Der Baskenmütze und

OBEN LINKS:
Abb. 163
Volvo
›Ich rolle‹ aus Schweden
(im Zeichen des Mannes?).
Aus: *Auto Motor und Sport* 23/1964

OBEN RECHTS:
Abb. 164
Saab
Ein Zweitakt-Dreizylinder mit 841 ccm macht sich erfolgreich einen Namen als ›sicherer‹ Rallyesieger.
Aus: *Auto Motor und Sport* 10/1964

GEGENÜBER:
Abb. 165
Peugeot
Das »Meisterstück des Karosseriedesignstudios von *Pininfarina*« »fährt eine garantierte Geschwindigkeit von mindestens 160 km/h«.[11.51]
Aus: *Auto Motor und Sport* 5/1965

Menjou-Bärtchen tragende französische Charmeur liebt vor allem den »Komfort«. Karambolagen können selbst von den Parisern mit dem *Simca 1000* vermieden werden, denn »jedes Parkmanöver gelingt auf Anhieb«. Im fortschrittlichen Holland, so hört man, darf auch schon mal ein ›Meisje‹ fahren; aber, kälteempfindlich, wie die Frauen nun mal sind, muß dann vor allem für eine angemessene Temperatur gesorgt werden. Eine »Klimaanlage« produziert »Behaglichkeit«, da doch ständig ein kräftiger Seewind bläst. »4 große, versenkbare Fenster« sorgen für die ausreichende »Rundumsicht nach allen Seiten« – über die flachen Niederlande. Der elegante Brite demonstriert Zusammengehörigkeit im äußersten Fall mit einer Schottenmütze und denkt eher konservativ. Er akzeptiert das *Simca*-Motto »Sicherheit kennt keine Grenzen« – so lange es um Autotechnik geht – wegen der bekannten englischen Wetterverhältnisse: »Sturm und Regen«. Und der Deutsche? Er trägt einen Tirolerhut mit Gamsbart und ist Technikfan. Insbesondere aber fährt er gern und schnell Auto: »An der Ampel«? *Er* »schießt vor. Beim Überholen«? *Er* ist »schnell vorbei. Auf der [Autobahn–]Strecke«? *Er* »ist schon weg«. Aber das sind natürlich *alles nur* Vorurteile.

Ohne diesen Aufwand kommt *Skoda* 1964 in seiner Werbung aus (Abb. 162). Das tschechische Großunternehmen war 1925 mit der Marke *Laurin & Klement,* deren Wurzeln bis ins letzte Jahrhundert reichten, eine Fusion eingegangen. Zunächst war ein *Hispano-Suiza* in Lizenz gebaut worden, er gilt als erstes gemeinsames Produkt. Nachdem von 1929 an alle Fahrzeuge nur noch *Skoda* hießen, wurde eine ganze Reihe von großmotorigen Automobilen in kleinen Auflagen konzipiert. Erst in den dreißiger Jahren begannen die Bemühungen, auch in der unteren Mittelklasse Fuß zu fassen. Diese Richtung wurde nach dem Zweiten Weltkrieg – die CS(S)R war inzwischen ein Teil des ›Ostblocks‹ geworden – verstärkt weiterverfolgt.

Stigulinszky

Sie fordern
Straßenlage*)

Testen Sie den 404 !

und ausgezeichnete
Bremsen –

*) eine ausgezeichnete Straßenlage: Peugeot erfüllt Ihre Forderung. Das Thermo-Hydrovac-Bremssystem - Ergebnis jahrelanger Forschung und Erprobung - sorgt für das Maximum an Sicherheit.

Das ist gut bei den hohen Geschwindigkeiten, die der Peugeot entwickelt. Der 404 aus der Vergaser-Serie ist 146 km/h schnell. Der 404 mit der Kugelfischer-Einspritzpumpe, der ebenfalls serienmäßig gebaut wird (und das ist neu), fährt eine garantierte Geschwindigkeit von mindestens 160 km/h.

Im Preis sind serienmäßig enthalten: 4 Türen, Schiebedach, Liegesitze, verstellbare Rückenlehnen, X-Reifen, automatische Ventilator-Kupplung.

Peugeot 404 Limousine mit Vergasermotor:
DM 8195 verzollt a.W.
Peugeot 404 Limousine mit Benzin-Einspritzung:
DM 9545 verzollt a.W.

Karosserie von Pinin Farina.
Peugeot baut Automobile seit 1892.

PEUGEOT
404

OBEN:
Abb. 166
Honda
Harmloser Vorbote einer globalen Verschiebung.
Aus: *Großer Preis von Europa* 1968 (Programmheft)

GEGENÜBER:
Abb. 167
Wartburg
Der ganze Stolz der DDR sucht seinen Weg nach Westen.
Aus: *Epoca* 3/1967

»Popular«, das war schon 1935 die Bezeichnung für den ersten »Volks-*Skoda*«[11.42] gewesen, und ›popular‹ sollte das Fünfziger-Jahre-Modell mit diesem Namen auch im Westen werden. Das wichtigste Verkaufsargument des tschechischen Produkts ist auch aus zehn Metern Entfernung noch zu lesen: der Preis, 3995 DM (Abb. 162). Dafür bekommt man 1964 in der Bundesrepublik einen *Fiat 500 D Luxus*, ein *Glas Goggomobil T250*, einen *Renault R4 Standard* oder einen *Fiat 600 E*,[11.43] aber keinen Fünfsitzer, wie ihn der *Skoda Popular* darstellt. Seine technische Seite, »40 PS, 1100 ccm, ca. 125 km/h«, klingt vorzeigbar, wird aber nicht besonders herausgestellt. Wichtiger scheint zu sein, daß das Auto mit dem Ost-Image in einer »Luxus-Exportausführung« geliefert wird – keiner soll denken, er müsse sich mit dem Niveau von ›drüben‹ begnügen.

Das oben rechts klein abgebildete »elegante Sportcabriolet *Felicia*« ist im ganzen Ostblock als »Miniatur-*Ferrari* des kleinen Mannes«[11.44] beliebt. Auch im Westen läßt es sich verkaufen, kostet aber – wer Cabrio fahren will, ist bereit, ›etwas mehr‹ zu zahlen – fast 50 Prozent mehr als die Limousine. Unfreiwillig erinnert die Anzeige an die Teilung Deutschlands: ein »Händlernachweis« ist nur für »Süddeutschland [. . .], Nord-Westdeutschland und Berlin« angeboten. Aber gerade dort sitzen eben die zahlungskräftigen Kunden, und so fließt manche DM-West als Devise gen Osten.

Wesentlich schwerer hat es da der schwedische Hersteller *Volvo*. Er muß sich an feste Wechselkurse halten, und »die Zollbelastung (Schweden ist EFTA-Land) machte ihn noch teurer, als er ohnedies schon« war.[11.45]

1924 hatten die beiden Schweden Assar Gabrielsson und Gustaf Larson beschlossen, einen Personenkraftwagen zu konstruieren. Beide arbeiteten bei der weltberühmten Kugellagerfabrik *SKF*, die die Bemühungen ihrer beiden Angestellten mit gemischten Gefühlen verfolgte. Als jedoch nach drei Jahren ein funktionsfähiges Fahrzeug vorgeführt werden konnte, ließ sie sich überreden, das nötige Kapital für den Bau der ersten tausend Exemplare bereitzustellen. Als Markenname wurde ein Wort gewählt, das schon im vorigen Jahrhundert als Handelsbezeichnung für alle Arten von Kugel- und Rollenlagern üblich war; ›volvo‹, die lateinische Verbform für ›ich rolle‹.[11.46] Nach anfänglichen Schwierigkeiten konsolidierte sich die

GUTER RUF VERPFLICHTET

Einen „WARTBURG“ kauft man für viele Jahre und für Zehntausende Kilometer. 70jährige Erfahrungen liegen der Konstruktion des „WARTBURG 1967“ zugrunde. Seine neue Form und guten Fahreigenschaften, seine technische Reife und große Wirtschaftlichkeit werden auch Sie (wie bereits viele andere vor Ihnen) begeistern.

Seine technischen Daten:

Dreizylinder-Zweitaktmotor · 45 Din-PS · 130 km/h · 8,5–9,8 l/100 km. Ihr Fachhändler erwartet Sie zu einer unverbindlichen Probefahrt.

Generalvertreter: Norwed Bauer, 33 Braunschweig, Steinstraße 2
Karl-Heinz Meller, 2 Hamburg 22, Winterhuder Weg 58–62

Bitte besuchen Sie uns während der Leipziger Frühjahrsmesse vom 5. bis 14. März 1967 in der Halle 22

TRANSPORTMASCHINEN EXPORT-IMPORT
DEUTSCHER INNEN- UND AUSSENHANDEL · DDR · 108 BERLIN

Abb. 168
Sunbeam
»Das sportliche Herz« des ›Sonnenstrahls‹ läßt die von Männern höher schlagen.
Aus: *Revue* 45/1962

neue schwedische Automarke und setzte sich gegen die ausländische Konkurrenz im eigenen Lande mehr und mehr durch. Die dem Ursprungsland entsprechende besondere Robustheit ließ sich in zahlreichen internationalen Rallyes und Rennen unter Beweis stellen, und bald genoß *Volvo* hohes Ansehen als »qualitativ hochwertiges, dauerhaftes und langlebiges Automobil«.[11.47]

Dem Ruf, teuer zu sein, tritt der nordische Hersteller 1964 mit einer Anzeigenkampagne vehement entgegen: »Schweden-Qualität zu EWG-Preisen« (Abb. 163). Ganz kann die Rechnung aber nicht aufgehen, denn der angegebene Preis von 8990 DM liegt immer noch etwa 2000 DM über dem vergleichbarer *Opel*- oder *Ford*-Modelle. Ein weiterer Schritt zur international erfolgreichen Exportmarke ist damit aber getan, wenngleich es noch einige Jahre dauert, bis sich auch in Deutschland eine nennenswerte Anzahl von *Volvo*-Fahrzeugen absetzen läßt.[11.48]

Ein anderer skandinavischer Hersteller, der in der Bundesrepublik Autos anbietet, ist die ebenfalls schwedische Firma *Saab.* Ihre Tradition reicht jedoch nicht annähernd so weit zurück wie die des Mitanbieters *Volvo.* Erst 1947 hatte die *Svenska Aeroplan Aktiebolaget,* angeregt durch die Erfolge des Konkurrenten, mit der Konstruktion eines Kleinwagens begonnen. Ihrer Profession als Flugzeughersteller gemäß, entstand schon zu diesem Zeitpunkt ein vergleichsweise aerodynamisch gestyltes Fahrzeug, das seine Grundform in den folgenden Jahrzehnten nicht mehr ändern sollte. Angetrieben wurde der mit einer selbsttragenden Karosserie ausgestattete Wagen von einem relativ kleinen Zweizylinder-Zweitaktmotor in *DKW*-Tradition. Aus diesem ersten Typ *92* – so lautete die Projektnummer des Debut-Modells aus dem Jahr 1949 – wird 1952 der *92 B,* dann der *93,* 1959 der *95* und im Jahr 1960 schließlich der *Saab 96* (Abb. 164).[11.49]

Abb. 169
Jaguar
Wer über einen 3,8-Liter-6-Zylinder-Motor, 220 PS und Overdrive verfügt, braucht keinen ›Tiger im Tank‹.
Aus: *Epoca* 4/1964

Die Zahl 96 wird aber in der deutschen Werbung nur selten benutzt, denn dieser Typ ist Anfang der sechziger Jahre der einzige *Saab,* der in der Bundesrepublik angeboten wird. Hauptargument der Anzeige ist die enge Verbindung mit der Muttergesellschaft: »Gebaut wird er von einem der größten europäischen Hersteller modernster Flugzeugtypen«, daher nenne man ihn »den schwedischen Wagen mit ›Flugzeugqualität‹«. In anderen *Saab*-Anzeigen wird ähnlich geworben: »Seine Karosserie ist flugstahlverstärkt«, heißt es, oder es wird hinter dem Wagen ein Düsenjäger abgebildet. Das passende Firmen-Credo lautet dann: »*Saab* = Sicherheit« (Abb. 164). Technische Daten nennt die Anzeige nicht, deren Extraklasse, wie auch die ausreichende Motorisierung, soll mit Hilfe der aufgeführten Rallyesiege nachgewiesen werden. Auch wenn *Saab* in Deutschland keine großen Stückzahlen verkaufen kann, so hat sich die schwedische Marke doch dort wie »bei Qualitätsbewussten Kraftfahrern in aller Welt besten Ruf« erworben.

Eine der ältesten Automobilfabriken der Welt ist die französische Firma *Peugeot.* 1889 hatte Armand Peugeot, Besitzer einer Fahrradfabrik und Sproß einer Dynastie in der französischen Stahlbranche, ein Dreirad konstruiert, das von einer Dampfmaschine angetrieben wurde. Als er jedoch Daimlers schnell laufenden Benzinmotor kennenlernte, erwarb er – wie viele andere – eine Lizenz zum Nachbau. Schon bald stellte er im Kundenauftrag kleine Serien von Fahrzeugen her – was siebzig Jahre späte der Werbung als Verkaufsargument dient: »*Peugeot* baut Automobile seit 1892« (Abb. 165). Von 1906 an gab es dann gleich zwei Produzenten, die – verfeindet, aber erfolgreich – unter dem Namen *Peugeot* Autos anboten.[11.50] Mit der Vereinigung der beiden Kontrahenten zur »Société Anonyme des Automobiles et Cycles *Peugeot*« begann 1910 der weltweite Siegeszug dieser Marke.

1960 wird als Weiterentwicklung des Mittelklassewagens *403,* dessen Auflage drei Jahre später die Millionengrenze erreichen wird, der Typ *404* präsentiert. Er ist ein »Meisterstück des Karosseriedesignstudios von *Pininfarina*«.[11.51] Die moderne Linie seiner Form wird auch in der Werbung sichtbar: Vorder-, Hinter- und Seitenansichten bietet die Anzeige Abbildung 165. Da der *404* nicht gerade als preiswertes Fahrzeug gilt – er wird »vornehmlich von Angehörigen der Oberschicht wie Ärzten, Apothekern, Rechtsanwälten, Architekten u. a. gekauft, wobei der Preis keine große Rolle spielt«[11.52] – sind die Extras aufgezählt, die »serienmäßig enthalten« sind. Für »4 Türen, Schiebedach, Liegesitze« und ähnliches muß bei *Ford* und *Opel* zusätzlich bezahlt werden. Die Konkurrenz zu den deutschen Herstellern schreibt auch die Profilierung mit Hilfe der Spitzengeschwindigkeit vor, was zu einer schönen Formulierung führt: »Der *404* [...] fährt eine garantierte Geschwindigkeit von mindestens 160 km/h«. Jedenfalls gelingt ihm die Bewährung vor Ort, schon bald gilt er »zu Recht als sehr zuverlässig«[11.53] und ist mitverantwortlich für die ständig steigenden Importzahlen auf dem westdeutschen Automarkt.

Bis 1968 sind die Versuche der japanischen Autoindustrie, in der Bundesrepublik Fuß zu fassen, nur zaghaft. Der Vorsprung westlicher Technologie scheint zu groß, um sich dem direkten Vergleich zu stellen.[11.54] Der erste, der sich auf das Wagnis einläßt, ist im Jahr 1963 Soichiro Honda.[11.55] Erst 1947 hatte er mit der Herstellung von Motorrädern begonnen und sich inzwischen ein Weltunternehmen aufgebaut.[11.56] Seit Anfang der sechziger Jahre stellt er auch Autos her. Sein erstes offizielles Produkt, der Typ *360,* entspricht der in Japan steuergünstigen Klasse bis 360 ccm. Dieser Hubraum ist auf vier Zylinder verteilt und ermöglicht aufgrund der hohen Drehzahl von 9000 Umdrehungen pro Minute bis zu 33 PS – eine Technologie, deren Entwicklung auf den Erfahrungen mit schnell drehenden Motorradmotoren beruht. Daneben engagiert sich *Honda* mit zunehmendem Erfolg im Autorennsport.

In den westdeutschen Medien erzeugt das Angebot aus Fernost schon früh Reaktionen. Diese spiegeln eine Mischung aus Arroganz (»Wenn Butterfly ins Grüne will«[11.57]) und Faszination: »Was Millionen deutsche Autofahrer wissen wollen: Wie gut sind Japans Autos?«[11.58] Ergebnissen aus Recherchen im Land der aufgehenden Sonne (»Wir fanden kein Automobilwerk, das schon heute so viele Autos ausstößt, daß die großen in Europa – wie *VW, Fiat* und *Renault* – Sorge um ihren Absatz zu haben brauchten.«[11.59]) stehen frühe Einsichten gegenüber: »In fünf Jahren hat unsere Industrie hier nichts mehr zu melden.«[11.60]

Einfach, etwas grell, schon im typischen 3-D-Look der siebziger Jahre, werden der Winzling *N 360* und sein etwas größerer ›Bruder‹ in der Anzeige Abbildung 166 beworben. Daß die Überschrift »Für alle« nicht reines Wunschdenken ist, wird die Zukunft offenbaren. Ohne Rücksicht auf Traditionen setzen sich diese beiden wie viele andere kleine japanische Fahrzeuge auf allen Märkten der Welt mehr und mehr durch. Schon Ende 1967 übertrifft die japanische Jahresproduktion an Automobilen die der Bundesrepublik Deutschland.[11.61] Und Mitte der siebziger Jahre kann auch der Auto-Exportweltmeister BRD erreicht werden.[11.62]

Von solchen Zukunftsaussichten kann die Traditionsmarke *Sunbeam* nur träumen. Sie war 1899 gegründet worden und damit nicht nur eine der ersten, sondern auch eine der wenigen im vorigen Jahrhundert gegründeten englischen Autofabriken.

Abb. 170
Simca
... aber das sind natürlich *alles nur* Vorurteile.
Aus: *Revue* 48/1962

Alderman John Maston hatte schon lange bevor er mit der Konstruktion von Automobilen begann, Fahrräder unter dem Namen *Sunbeam* verkauft. Sein erstes Gefährt verfügte über 3 PS, doch schon gut zehn Jahre später waren es 70 PS und mehr. In den zwanziger Jahren galt *Sunbeam* auch auf dem Kontinent als ausgesprochen erfolgreiche Rennsportmarke. Mitte der dreißiger Jahre geriet die inzwischen mit *Talbot* und *Darracq* zur *STD*-Gruppe verbundene Firma in große finanzielle Schwierigkeiten und wurde 1935 vom *Rootes*-Konzern übernommen.

Erst 1953 wird dort mit dem ersten *Alpine* wieder ein *Sunbeam* präsentiert. Von der Rennsportvergangenheit der englischen Marke zehrt auch der offene Zweisitzer dieses Namens, den die Anzeige Abbildung 168 im Jahr 1962 bewirbt. Schon der Name *Alpine* soll an den Gruppensieg der ›Sonnenstrahlen‹ bei der Alpenrallye in den Jahren 1948 und 1952 erinnern.[11.63] »Das sportliche Herz«, das derartige Erfolge möglich macht, ist größer abgebildet als der Wagen selbst. 81 PS aus 1,5 Litern verhelfen dem nur 900 Kilogramm schweren Wagen zu über 160 Kilometern in der Stunde, das hält jedem Vergleich mit Fahrzeugen westdeutscher Provenienz stand. Aber mit 10 950 DM kostet der Zweisitzer so viel wie ein *Opel Kapitän* Sechszylinder und mehr als ein *Mercedes 190.*[11.64] Und da er sich durch die Heckflossen doch erheblich vom Klischee des englischen Sportwagens unterscheidet, findet er in der Bundesrepublik nur eine relativ kleine Zahl von Liebhabern.

Mit einem seltenen ausländischen Gast in Deutschlands Anzeigenwelt soll das Kapitel abgeschlossen werden, einem *Jaguar.* Die englische Marke, die von einem überproportionalen Exportanteil lebt, genießt auch in der Bundesrepublik hohes Ansehen. Entstanden war sie aus der 1922 von William, später Sir William, Lyons gegründeten *Swallow Side Car and Coach Building Company,* die unter dem Kürzel *SS* seit 1931 atemberaubende Sportwagen und Edellimousinen anbot.[11.65]

Nach dem Zweiten Weltkrieg wird der Markenname aus verständlichen Gründen geändert, die Firma heißt nun *Jaguar,* so war bereits das Modell *SS-100* genannt worden.[11.66] Zunächst wird der fast übermotorisierte Zweisitzer *XK 120,* danach eine Reihe großer Limousinen angeboten. Vom 1961 vorgestellten weltberühmten *E-Type* werden 85 Prozent exportiert, vornehmlich in die USA; er wird in Westdeutschland praktisch nicht beworben.[11.67] Das ändert sich 1963 mit dem Typ *S,* für derartige Nobelkarossen gibt es in Westdeutschland einen aufnahmefähigen Markt.

Die Anzeige Abbildung 169 ist denkbar einfach im Aufbau: Typenbezeichnung, drei fast gleich große Textblöcke, die hartkopierte Seitenansicht des Wagens und die Bezugsadresse. Getragen wird diese formale Reduzierung vom Vertrauen in die eindrucksvolle Linie und das Renommee der Nobelmarke. Daran feilt auch der Werbetext: »Hiermit kündigen die *Jaguar*-Werke [...] an [...] Lederpolsterung, fein regulierbare Fondheizung und viel, sehr viel Komfort.« Da der – angegebene – Preis für dieses Statussymbol vergleichsweise gering ist, kann von den bis 1968 gebauten 24 900 Exemplaren ein guter Teil nach Deutschland geliefert werden.[11.68]

Dort zeigen sich zum Ende des Jahrzehnts erste Wolken am Autohimmel. Als Vorboten einer globalen Verschiebung erobern Kleinwagen aus Fernost die Märkte der Welt. Die deutsche Automobilindustrie steht vor einem harten Verdrängungswettbewerb – nicht nur im eigenen Land. Beinah mit Wehmut erinnert man sich der ersten Profilierungsversuche, die bei scheinbar unbegrenzten Marktkapazitäten so manche schillernde Blüte trieben.

Anmerkungen

1.1 Zitiert nach: Hanns Peter Rosellen, ›Deutsche Kleinwagen‹, Augsburg 1991, S. 6 f.

1.2 Ebenda und Hans-Christof Graf von Seherr-Thoss, ›Die deutsche Automobilindustrie‹, Stuttgart 1974, S. 385 ff.

1.3 Rosellen, ›Kleinwagen‹ (wie Anm. 1.1), S. 6.

1.4 Hartmut Lehbrink/Gerhard Berngruber, ›Chronologie des Automobils‹, Frankfurt a. M. 1986, S. 54.

1.5 Hans-Christof Graf von Seherr-Thoss, ›Die deutsche Automobilindustrie‹, Stuttgart 1974, S. 386.

1.6 Ebenda, S. 385.

1.7 Kurt Pritzkoleit, ›Wem gehört Deutschland‹, München 1957, S. 476.

1.8 Ebenda, S. 480.

1.9 Seherr-Thoss, ›Automobilindustrie‹ (wie Anm. 1.5), S. 122.

1.10 Pritzkoleit, ›Wem gehört Deutschland‹ (wie Anm. 1.7), S. 476.

1.11 Ebenda, S. 471.

1.12 Seherr-Thoss, ›Automobilindustrie‹ (wie Anm. 1.5), S. 386.

1.13 Ebenda, S. 388 f.

1.14 Vgl. Arthur Railton, ›Der *Käfer*‹, Zürich 1985, S. 143.

2.1 Rosellen, ›Kleinwagen‹ (wie Anm. 1.1), S. 8.

2.2 Ebenda, S. 16.

2.3 Hier wird Bezug genommen auf die unter der Bezeichnung »Geliebte contra Ehefrau« bekannt gewordene Untersuchung, die Ernest Dichter Mitte der fünfziger Jahre in den USA durchführte. Es handelt sich dabei um das Phänomen, daß Cabriolets in Schaufenstern von Autohäusern mehr Käufer anlocken, die aber dann Limousinen kaufen. Beschrieben von Vance Packard in dem Buch ›Die geheimen Verführer‹, Frankfurt a. M. 1969, S. 65 f.

2.4 Rosellen, ›Kleinwagen‹ (wie Anm. 1.1), S. 16.

2.5 Allein von 1949 bis 1951 stieg die Zahl der Pkw-Hersteller um 34 auf 39 an. Vgl. Ulrich Kubisch/Volker Janssen, ›*Borgward* / Ein Blick zurück‹, Berlin 1986, S. 66.

2.6 Ulrich Kubisch, ›*Hansa Lloyd*‹, Bremen 1986, S. 11 ff.

2.7 Werner Oswald, ›Deutsche Autos 1945 bis 1975‹, Stuttgart 1987, S. 549.

2.8 Ebenda, S. 459.

2.9 Das *FuldaMobil* war einer der am längsten gebauten Kleinstwagen, bis 1968 wurde er in Griechenland unter dem Namen *Attica* und *Alta* in Lizenz gebaut.

2.10 Gernot Brauer, ›Stationen einer Entwicklung‹ (Hrsg. *BMW AG*), München 1991, S. 34.

2.11 Wolfgang Roediger, ›Hundert Jahre Automobil‹, Leipzig 1987, S. 83.

2.12 Rosellen, ›Kleinwagen‹ (wie Anm. 1.1), S. 42 ff.

2.13 Oswald, ›Autos‹ (wie Anm. 2.7), S. 461 ff.

2.14 Zitiert nach: *Orion, Illustrierte Zeitschrift für Natur und Technik,* München 9/1954, S. 3.

2.15 Ebenda.

2.16 Rosellen, ›Kleinwagen‹ (wie Anm. 1.1), S. 123.

2.17 Werner Scholze-Stubenrecht u. a., ›Duden‹, Bd. 1, 19. Auflage, Mannheim 1986, S. 23.

2.18 Oswald, ›Autos‹ (wie Anm. 2.7), S. 360.

2.19 Bundesminister für Verkehr (Hrsg.), ›Die Verkehrspolitik‹, Hof 1965, S. 269.

2.20 Oswald, ›Autos‹ (wie Anm. 2.7), S. 459.

2.21 Bundesminister, ›Verkehrspolitik‹ (wie Anm. 2.19), S. 269.

2.22 Pritzkoleit, ›Wem gehört Deutschland‹ (wie Anm. 1.7), S. 482.

3.1 Seherr-Thoss, ›Automobilindustrie‹ (wie Anm. 1.5), S. 385 f.

3.2 I Ebenda, S. 403.
II In der DDR werden diese Motoren noch bis in die siebziger Jahre weiterentwickelt und in den *Wartburg* eingebaut.

3.3 Oswald, ›Autos‹ (wie Anm. 2.7), S. 460.

3.4 Ebenda.

3.5 *Audi AG* (Hrsg.), ›Rad der Zeit‹, Ingolstadt 1992, S. 134.

3.6 Oswald, ›Autos‹ (wie Anm. 2.7), S. 460.

4.1 Zitiert nach: Ulrich Kubisch/Volker Janssen, ›*Borgward* / Ein Blick zurück‹, Berlin 1986, S. 7.

4.2 Ebenda, S. 16.

4.3 Ebenda, S. 5, 23.

4.4 Ebenda, S. 24.

4.5 Oswald, ›Autos‹ (wie Anm. 2.7), S. 459.

4.6 Zitiert nach: Kubisch/Janssen, ›Borgward‹ (wie Anm. 4.1), S. 47.

4.7 Oswald, ›Autos‹ (wie Anm. 2.7), S. 424.

4.8 Zitiert nach: Kubisch/Janssen, ›*Borgward*‹ (wie Anm. 4.1), S. 52.

4.9 Oswald, ›Autos‹ (wie Anm. 2.7), S. 424.

4.10 Seherr-Thoss, ›Automobilindustrie‹ (wie Anm. 1.5), S. 392.

4.11 Ebenda, S. 372 ff.

4.12 Oswald, ›Autos‹ (wie Anm. 2.7), S. 407.

4.13 *Orion* (wie Anm. 2.14) 5/1954, S. 411.

4.14 Ebenda, S. 412.

4.15 Kubisch/Janssen, ›*Borgward*‹ (wie Anm. 4.1), S. 88.

4.16 Oswald, ›Autos‹ (wie Anm. 2.7), S. 424.

4.17 Ebenda.

4.18 Ebenda.

4.19 Kubisch/Janssen, ›*Borgward*‹ (wie Anm. 4.1), S. 80.

4.20 Oswald, ›Autos‹ (wie Anm. 2.7), S. 422.

4.21 Ebenda, S. 460 f.

4.22 Ebenda, S. 420.

4.23 *Orion* (wie Anm. 2.14) 9/1957, S. 724.

4.24 Oswald, ›Autos‹ (wie Anm. 2.7), S. 461.

4.25 Ebenda, S. 428.

4.26 In der Anzeigenserie, aus der dieses Beispiel stammt, werden Zeitschriften aus der ganzen Welt jeweils in ihrer Originalsprache zitiert.

4.27 Kubisch/Janssen, ›*Borgward*‹ (wie Anm. 4.1), S. 112.

4.28 Oswald, ›Autos‹ (wie Anm. 2.7), S. 460 f.

4.29 Hiermit sei Herrn Oskar Pfeffer, Wöllstadt, ganz herzlich gedankt für seine freundlichen und schnellen Auskünfte.

4.30 Zitiert nach: Kubisch/Janssen, ›*Borgward*‹ (wie Anm. 4.1), S. 68.

4.31 *hobby, Das Magazin der Technik,* Stuttgart 11/1958, S. 74.

4.32 *Madame,* München 2/1959, S. 38.

4.33 *hobby* (wie Anm. 4.31), S. 75.

4.34 Oswald, ›Autos‹ (wie Anm. 2.7), S. 460 f.

4.35 Es wird hier Bezug genommen auf die von Carl Borgward stets forciert betriebene Entwicklung großräumiger Limousinen in »Pullmann«-Ausführung. Sowohl sein Festhalten am *Borgward 2400* trotz niedrigster Verkaufszahlen, als auch die Entwicklung des letzten *Borgward,* des *2,3-Liter-Airswing* mit 100-PS-Motor, dürften den Konkurs eher beschleunigt haben.

4.36 Kubisch/Janssen, ›*Borgward*‹ (wie Anm. 4.1), S. 112 f.

4.37 Wilhelm Eberwein/Jochen Tholen, ›*Borgwards* Fall: Arbeit im Wirtschaftswunder‹, Bremen 1987, S. 14.

4.38 Vgl. Michael Kriegeskorte, ›Werbung in Deutschland 1945–1965‹, Köln 1992, S. 102 ff.

4.39 Kubisch/Janssen, ›*Borgward*‹ (wie Anm. 4.1), S. 113 f.

5.1 Ilse Witt, ›... das ist wie bei Hund und Katze‹, in: Heide Wohlers u. a., ›Die geheimen Verführerinnen‹, Berlin 1986, S. 71.

5.2 Ebenda.

5.3 Sylvia Lott-Almstadt, ›Brigitte – Die ersten hundert Jahre‹, Hamburg 1986, S. 121.

5.4 Vgl. Kriegeskorte, ›Werbung‹ (wie Anm. 4.38), S. 135 ff.

5.5 Der Anzeigentext erinnert hier wohl an den *Opel Olympia* von 1935, aber die Aussage müßte eigentlich die Einschränkung ›in Deutschland und in dieser Größenklasse‹ enthalten.
Auch *Ford* schreibt in seiner Selbstdarstellungsbroschüre ›Informationen über *Ford,* Köln 1992, S. 12: »1952 Der *Taunus 12 M* ist [...] das erste deutsche Auto mit selbsttragender Karosserie«.
Schon der *Hansa 1500,* den *Borgward* 1949 auf dem Genfer Salon vorstellte, hatte eine Pontonkarosserie.

6.1 Aus einer seiner früheren Firmen, der *Henry Ford Company,* wurde nach Henry Fords Ausscheiden der Automobilhersteller *Cadillac.* Vgl. ›Enzyklopädie des Automobils‹, London 1990, S. 179.

6.2 ›Enzyklopädie des Automobils‹, London 1990, S. 181.

6.3 Seherr-Thoss, ›Automobilindustrie‹ (wie Anm. 1.5), S. 402.

6.4 *Orion* (wie Anm. 2.14) 2/1955, S. 12.

6.5 *Orion* (wie Anm. 2.14) 7/1954, S. 569.

6.6 ›Enzyklopädie des Automobils‹ (wie Anm. 6.2), S. 259.
6.7 I Halwart Schrader, ›Große Automobile‹, Augsburg 1991, S. 148.
II Mitte der sechziger Jahre erscheinen auch in Italien, Argentinien und Brasilien *Ford*-Fahrzeuge von mehr oder weniger individuellem Zuschnitt.
6.8 Oswald, ›Autos‹ (wie Anm. 2.7), S. 147.
6.9 Pritzkoleit, ›Wem gehört Deutschland‹ (wie Anm. 1.7), S. 496.
6.10 Es wird hier Bezug genommen auf die Politik der amerikanischen Firmenleitung als Aktienmehrheitsinhaber, die in der ersten Hälfte der fünfziger Jahre häufiger zu scharfen Auseinandersetzungen in den Hauptversammlungen der deutschen *Ford AG* führte.
Vgl. Pritzkoleit, ›Wem gehört Deutschland‹ (wie Anm. 1.7), S. 495 f.
6.11 *Orion* (wie Anm. 2.14) 2/1955, S. 12.
6.12 Oswald, ›Autos‹ (wie Anm. 2.7), S. 459.
6.13 Ebenda, S. 152.
6.14 Ebenda.
6.15 Zitiert nach: *Orion* (wie Anm. 2.14) 12/1959, S. 935.
6.16 Ebenda.
6.17 Es sind hier drei Überschriften aus weiteren Anzeigen der genannten Kampagne zitiert.
6.18 *Mercedes-Benz*-Archiv, Stuttgart.
6.19 Roger Gloor, ›Personenwagen der 60er Jahre‹, Bern 1984, S. 163.
6.20 Oswald, ›Autos‹ (wie Anm. 2.7), S. 156.
6.21 Halwart Schrader, ›Große Automobile‹, Augsburg 1991, S. 164.
6.22 Michael Sedgwick, ›Die schönsten Autos der 50er und 60er Jahre‹, Düsseldorf 1983, S. 166.
6.23 *Madame* (wie Anm. 4.32) 11/1964, S. 50.
6.24 Oswald, ›Autos‹ (wie Anm. 2.7), S. 168.
7.1 Pritzkoleit, ›Wem gehört Deutschland‹ (wie Anm. 1.7), S. 489.
7.2 K. H. Mai (Hrsg. *Opel*), ›*Opel*. Porträt eines Unternehmens‹, Rüsselsheim 1968, S. 83.
7.3 Pritzkoleit, ›Wem gehört Deutschland‹ (wie Anm. 1.7), S. 491.
7.4 Ebenda.
7.5 »Der hessische Staat hatte – so wenigstens wußte damals die Presse zu melden – den Opels anläßlich der Umwandlung gewisse Steuervergünstigungen gewährt, wogegen sie sich verpflichteten, für eine Reihe von Jahren den Familiencharakter der Gesellschaft zu erhalten.« Man »fürchtete die Überfremdung« – die dann eintrat.
Pritzkoleit, ›Wem gehört Deutschland‹ (wie Anm. 1.7), S. 491.
7.6 I Ralph Stein/Winfried M. Schnitzler, ›Legendäre Automobile‹, Augsburg 1991, S. 132.
II Der letzte große *Opel*, der *Admiral*, fällt dem Kriegsausbruch zum Opfer.
7.7 Hans-Jürgen Schneider, ›125 Jahre *Opel* – Autos und Technik‹, Köln 1987, S. 227.
7.8 Ebenda, S. 228.
7.9 Ebenda, S. 234.
7.10 *Orion* (wie Anm. 2.14) 7/1955, S. 578.
7.11 Ebenda, S. 576.
7.12 Oswald, ›Autos‹ (wie Anm. 2.7), S. 459.
7.13 Ebenda.
7.14 Vgl. Kriegeskorte, ›Werbung‹ (wie Anm. 4.38), Abb. 99, S. 121.
7.15 Zitiert nach: Schneider, ›125 Jahre *Opel*‹ (wie Anm. 7.7), S. 242.
7.16 Bodo Fischer (Hrsg. *Opel*). ›*Opel*. Modellkatalog 1899 bis 1987‹, Rüsselsheim, S. 447.
7.17 I Vgl. Harald Linke u. a., ›*Opel* – Räder für die Welt‹, Princeton 1975, S. 50 f.
II Für den *Opel Olympia* vgl. auch Fischer, ›*Opel*‹ (wie Anm. 7.16), S. 437.
7.18 Schneider, ›125 Jahre *Opel*‹ (wie Anm. 7.7), S. 249.
7.19 Zitiert nach: Schneider, ›125 Jahre *Opel*‹ (wie Anm. 7.7), S. 248.
7.20 Willi Mertens in der *Neuen Revue* 18/1963, S. 46.
7.21 Ebenda, S. 48.
7.22 Oswald, ›Autos‹ (wie Anm. 2.7), S. 460.
7.23 Zitiert nach: Schneider, ›125 Jahre *Opel*‹ (wie Anm. 7.7), S. 251.
7.24 I Sedgwick, ›Die schönsten Autos‹ (wie Anm. 6.22), S. 272.
II Bei *Vauxhall*, dem englischen *GM*-Unternehmen entsteht zeitgleich der sehr ähnliche *Viva*.
7.25 Schneider, ›125 Jahre *Opel*‹ (wie Anm. 7.7), S. 254.
7.26 *Stern*, Hamburg 10/1964, S. 23.
7.27 Oswald, ›Autos‹ (wie Anm. 2.7), S. 95.
7.28 Zitiert nach: Schneider, ›125 Jahre *Opel*‹ (wie Anm. 7.7), S. 257.
7.29 *Stern* (wie Anm. 7.26) 10/1964, S. 23.
7.30 Schneider, ›125 Jahre *Opel*‹ (wie Anm. 7.7), S. 277.
7.31 Fischer, ›Modellkatalog‹ (wie Anm. 7.16), S. 462.
8.1 Der Schriftsteller Hellmut Holthaus über diese Anzeige in einem Beitrag für *Westermanns Monatshefte* 3/1957, S. 64.
8.2 Zitiert nach: Railton, ›*Käfer*‹ (wie Anm. 1.14), S. 172.
8.3 Wilfrid Bade, ›Das Auto erobert die Welt‹, Berlin 1938, S. 350 f.
8.4 Zitiert nach: Railton, ›*Käfer*‹ (wie Anm. 1.14), S. 20.
8.5 I Railton, ›*Käfer*‹ (wie Anm. 1.14), S. 22.
II Tatsächlich hatte der *Standard*-Konstrukteur Josef Ganz Anfang der dreißiger Jahre wie Porsche an Kleinwagenprojekten für den Motorradhersteller *Zündapp* gearbeitet, die, wie er behauptete, zu Konstruktionselementen geführt hatten, welche sich später im *VW Käfer* wiederfanden.
Vgl. Railton, ›*Käfer*‹ (wie Anm. 1.14), S. 22 und Rosellen, ›Kleinwagen‹ (wie Anm. 1.1), S. 297.
8.6 Zitiert nach: Railton, ›*Käfer*‹ (wie Anm. 1.14), S. 37.
Auch Heinrich Nordhoff, damals noch *Opel*-Angestellter, war bei dieser Szene zugegen und versuchte vergeblich, den ›Führer‹ zu besänftigen.
8.7 ›Eine Idee macht Geschichte – Die *Volkswagen* Chronik‹ (Hrsg. *Volkswagen AG*), Wolfsburg 1991 (?), S. 8.
8.8 *Der Spiegel*, Hamburg 33/1955, S. 17.
8.9 Eine Voraussetzung für den Export war ein voll synchronisiertes Getriebe (1952), das den Unterschied des *VW Export* zur Standardausführung vorwiegend ausmachte, diese erhielt erst 1964 ein synchronisiertes Getriebe.
8.10 So *VW*-Werbeleiter Hahn auf einer Verkaufsleitertagung am 11. Dezember 1952.
8.11 Die Popularität des *Käfers* ging so weit, daß die Besatzungssoldaten auf den Verkehrsschildern, die sie aufstellten, das englische Wort ›sedan‹ (›Personenwagen‹) manchmal mit ›*Volkswagen*‹ übersetzten.
8.12 Hahn, Verkaufsleitertagung (wie Anm. 8.10).
8.13 Railton, ›*Käfer*‹ (wie Anm. 1.14), S. 163 f.
8.14 So lautete die Überschrift einer Presseverlautbarung der *VW*-Werbeabteilung aus dem Jahr 1962.
8.15 Der »aus den USA zurückgeholte« (Zitat Werbechef H. Zerbst) *VW*-Werbemann Helmut Schmitz in einem »Demonstrationsvortrag« vor *VW*-Großhändlern im Jahr 1962.
8.16 Einer der zahlreichen Versuche, die Faszination des *Käfers* zu erklären. Zitiert nach: Railton, ›*Käfer*‹ (wie Anm. 1.14), S. IV.
8.17 Ferdinand Porsche wurde 1948 für die Konstruktion des *KdF-Wagens* mit 200 000 DM abgefunden und der mehr symbolischen Summe von einer Mark pro verkauftem *Käfer* – was sich dreißig Jahre später für seine Familie doch noch als lukratives Geschäft herausstellte.
Vgl. Railton, ›*Käfer*‹ (wie Anm. 1.14), S. 143 f.
8.18 Oswald, ›Autos‹ (wie Anm. 2.7), S. 374.
8.19 Die Firma *Dannenhauer & Stauss* baute 1951 eine *Käfer*-Sonderkarosserie, die der abgebildeten (und damit dem *Porsche 356 Coupé*) sehr ähnlich sieht.
8.20 So der *VW*-Werbeleiter Karl Heil aus Anlaß einer *VW*-Werbeausstellung 1954. Zitiert nach: ›*VW*/Technisches Schrifttum Verkaufsschrifttum‹ 1954 (*VW*-Archiv).
8.21 Holthaus über diese Anzeige, in: *Westermanns Monatshefte* (wie Anm. 8.1), S. 64.
8.22 Ebenda.
8.23 Schmitz, Demonstrationsvortrag (wie Anm. 8.15).
8.24 Ebenda.
8.25 Ebenda.
8.26 Heinrich Nordhoff in einem Interview der *Braunschweiger Zeitung* unmittelbar nach seiner Rückkehr aus Amerika, zitiert nach Unterlagen aus dem *VW*-Archiv.
8.27 I Railton, ›*Käfer*‹ (wie Anm. 1.14), S. 177.
II Vom *Käfer* werden 1963 in Deutschland 838 488 Exemplare produziert.
Oswald, ›Autos‹ (wie Anm. 2.7), S. 460.
8.28 Aus einem Kommentar zu den neuen *VW*-Anzeigen.
Eckhard Neumann/Wolfgang Sprang, ›Werbung in Deutschland '66‹, Düsseldorf 1966, S. 154.
8.29 Dieser *Volkswagen* heißt *Karmann-Ghia*, weil er von *Ghia* entworfen und bei *Karmann* gebaut wurde.
9.1 Auch in der *Daimler-Benz*-eigenen Geschichtsschreibung wird für die offizielle ›Vereinigung‹ zumeist das Jahr 1926 genannt. (Vgl. *Mercedes-Benz in aller Welt, Zeitschrift für die Freunde des Hauses Daimler-Benz* [Hrsg. *Daimler-Benz*], Nr. 199, 1/1986 ›100 Jahre Automobil *Daimler-Benz* 1886–1986‹, S. 28.) Dem Autor liegt die angesprochene öffentliche Bekanntmachung »Die beiden ältesten und größten ...« des Zusammenschlusses jedoch schon aus dem Jahr 1924 vor. Desgleichen sind Anzeigen vorhanden, die schon im Jahr 1925 ein Automobil mit der Markenbezeichnung *Mercedes-Benz* vorstellen.
9.2 Im August 1888 fuhr Berta Benz, die Frau von Carl Benz, ohne dessen Wissen mit ihren beiden Söhnen in dem neuen Gefährt etwa 100 Kilometer von Mannheim nach Pforzheim. Die größte Schwierigkeit, so berichten verschiedene Quellen, war der literweise Ankauf von ›Benzin‹ in den zu diesem Zweck anzufahrenden Apotheken.
Ralph Stein/Winfried M. Schnitzler, ›Legendäre Automobile‹, Augsburg 1991, S. 92.
9.3 Ebenda, S. 98.

9.4 Bei der ersten Zuverlässigkeitsfahrt ›Paris–Rouen‹ im Jahr 1894 waren die ersten vier eintreffenden Automobile mit Benzinmotoren französische Lizenzproduktionen des *Daimler*-Motors.
Pritzkoleit, ›Wem gehört Deutschland‹ (wie Anm. 1.7), S. 469.

9.5 Zitiert nach: Ralph Stein/Winfried M. Schnitzler, ›Legendäre Automobile‹, Augsburg 1991, S. 88.

9.6 Pritzkoleit, ›Wem gehört Deutschland‹ (wie Anm. 1.7), S. 504.

9.7 Sinngemäß übersetzt: »Wir sind in die Ära *Mercedes* eingetreten.«
Zitiert nach: Roediger, ›Hundert Jahre Automobil‹ (wie Anm. 2.11), S. 41.

9.8 Oswald, ›Autos‹ (wie Anm. 2.7), S. 206.

9.9 *Mercedes-Benz* (wie Anm. 9.1), S. 34.

9.10 Seherr-Thoss, ›Automobilindustrie‹ (wie Anm. 1.5), S. 387.

9.11 Ebenda, S. 385.

9.12 Der *Mercedes 300* kostete je nach Ausführung zwischen 20 000 und 36 500 DM.
Oswald, ›Autos‹ (wie Anm. 2.7), S. 208 f.
Er wurde schnell als ›Adenauer-*Mercedes*‹ bekannt. Irgendwie war er also doch ›zeitgemäß‹ – womit hätte Herr Adenauer auch sonst fahren sollen?

9.13 Oswald, ›Autos‹ (wie Anm. 2.7), S. 459.

9.14 *Opel*, *Volkswagen* und *Daimler-Benz* erreichen 1955 einen wertmäßigen Umsatz von jeweils etwa 1,44 Milliarden DM.
Pritzkoleit, ›Wem gehört Deutschland‹ (wie Anm. 1.7), S. 481.

9.15 Dieser Satz ist eine Übernahme aus den *Benz*-Anzeigen, wo er stimmte. Für die Marke *Mercedes-Benz* trifft er nicht ganz zu, *Peugeot* z. B. ist früher gegründet worden. Peter Roberts, ›any color so long as it's black …‹, New York 1976, S. 50.

9.16 Auch in anderer Hinsicht scheint *Daimler-Benz* der Tradition mehr verbunden als andere Hersteller: Noch 1955 wird ungefähr der gleiche Umsatz gemacht wie bei *VW* und *Opel* – mit 50 Prozent mehr Belegschaft. »Worin sich aber bloß erweist, daß die Vielfalt der Typen und die Aufwendigkeit der Erzeugnisse dem Rationalisierungseffekt bei *Daimler-Benz* einen viel kleineren Spielraum lassen als dies bei *Opel* und dem *Volkswagen*-Werk der Fall ist.«
Pritzkoleit, ›Wem gehört Deutschland‹ (wie Anm. 1.7), S. 481.
Insofern könnte man *Daimler-Benz* als einen typisch deutschen Autohersteller bezeichnen. Das *Volkswagen*-Werk, das sich auf das amerikanische System ›hohe Stückzahlen, wenig Wagentypen‹ eingelassen hat, kann den Weltrekord der Amerikaner übertreffen.

9.17 Katalog des *Daimler-Benz*-Museums (Hrsg. *Daimler-Benz AG*), Stuttgart 1987, S. 66.

9.18 Seherr-Thoss, ›Automobilindustrie‹ (wie Anm. 1.5), S. 574.

9.19 Vgl. Kriegeskorte, ›Werbung‹ (wie Anm. 4.38), Abb. 145, S. 178.

9.20 Oswald, ›Autos‹ (wie Anm. 2.7), S. 460.

9.21 I Zitat aus einer Anzeige der *Daimler-Benz AG,* in: *Das Magazin,* 50/1928, S. 2.
II Headline einer Anzeige von *Mercedes-Benz* aus dem Jahr 1993, internes Zeichen: *Springer & Jacoby* 21.724.

9.22 *Orion* (wie Anm. 2.14) 11/1952, S. 451.

9.23 Oswald, ›Autos‹ (wie Anm. 2.7), S. 459 f.

9.24 Der *Mercedes-Benz* Typ *260* von 1928 hat neun Kühlerattrappensegmente, der *500 K* von 1934 acht und der Typ *300* sieben Segmente.
Katalog des *Daimler-Benz*-Museums (wie Anm. 9.17), S. 46, 58, 65.

9.25 Pritzkoleit, ›Wem gehört Deutschland‹ (wie Anm. 1.7), S. 505.

9.26 *Frankfurter Allgemeine Zeitung,* Frankfurt a. M. 27. 7. 1991.

9.27 Es wurde übrigens parallel dazu auch ein Vierzackstern als Warenzeichen angemeldet.
Mercedes-Benz (wie Anm. 9.1), S. 25.

9.28 Oswald, ›Autos‹ (wie Anm. 2.7), S. 227.

9.29 Zitiert wird aus einer *Mercedes-Benz*-Anzeige des Jahres 1993, internes Zeichen: *Springer & Jacoby* 31.042.

9.30 Aus einem Tätigkeitsbericht des ›Historischen Archivs der *Daimler-Benz AG*‹, Stuttgart.

9.31 *Orion* (wie Anm. 2.14) 10/1960, S. 786.

9.32 Oswald, ›Autos‹ (wie Anm. 2.7), S. 230.

9.33 Sicher nicht hierdurch entstanden, aber durchaus passend: Im Volksmund wurde der *220 SE Coupé* auch »Flunder« genannt.

9.34 Seherr-Thoss, ›Automobilindustrie‹ (wie Anm. 1.5), S. 574.

9.35 *Quick,* 35/1962, S. 23.

9.36 Eckhard Neumann/Wolfgang Sprang, ›Werbung in Deutschland '66‹, Düsseldorf 1966, S. 162.

9.37 Ebenda.

9.38 Sedgwick, ›Die schönsten Autos‹ (wie Anm. 6.22), S. 155.

9.39 Auch in der Auslegung der Rechtschreibregeln zeigt sich das gestiegene Selbstbewußtsein von *Daimler-Benz.* Noch 1956 entsprach die Schreibweise in den Anzeigen den offiziellen Regeln: »*Mercedes-Benz*-Konstrukteure […] *Mercedes-Benz*-Typen« (Abb. 129).

10.1 Später wird das Umwandlungsdatum von Gustav Ottos *Bayerischen Flugzeugwerken* am 7. März 1916 zum Gründungsdatum der *Bayerischen Motoren Werke* bestimmt. ›Stationen einer Entwicklung – Die ersten 75 Jahre *BMW*‹, (Hrsg. *BMW AG*), München 1991, S. 3.

10.2 ›Stationen einer Entwicklung – Die ersten 75 Jahre *BMW*‹ (Hrsg. *BMW AG*), München 1991, S. 10.

10.3 1928 hatte *BMW* die Eisenacher *Dixi-Werke* übernommen, die schon 1996 als *Fahrzeugfabrik Eisenach* gegründet worden waren und damit zu den ältesten deutschen Autoherstellern zählten. Dort war zuletzt der englische *Austin Seven* in Lizenz gebaut worden. Dieser wird das erste *BMW*-Modell, der *DA 2* (*Dixi-Austin* oder ›Deutsche Ausführung‹).
Halwart Schrader, ›Seltene Automobile‹, Augsburg 1991, S. 93.

10.4 ›Stationen‹, *BMW* (wie Anm. 10.2), S. 17.

10.5 Ebenda, S. 13.

10.6 Ebenda, S. 17.

10.7 Ebenda, S. 18.

10.8 Seherr-Thoss, ›Automobilindustrie‹ (wie Anm. 1.5), S. 387.

10.9 ›Stationen‹, *BMW* (wie Anm. 10.2), S. 31.

10.10 Ebenda.

10.11 Gloor, ›Personenwagen‹ (wie Anm. 6.19), S. 80.

10.12 Tatsächlich ist die abgebildete Statue die ›Nike von Samothrake‹.
Das Zitat aus Filippo Tommaso Marinettis Manifest stammt aus:
Umbro Apollonio, ›Der Futurismus. Manifeste und Dokumente einer künstlerischen Revolution 1909–1918‹, Köln 1972, S. 33.

10.13 ›Stationen‹, *BMW* (wie Anm. 10.2), S. 31.

10.14 Oswald, ›Autos‹ (wie Anm. 2.7), S. 280.

10.15 Seherr-Thoss, ›Automobilindustrie‹ (wie Anm. 1.5), S. 422.

10.16 Vgl. Kriegeskorte, ›Werbung‹ (wie Anm. 4.38), Kap. 13, S. 115.

10.17 Oswald, ›Autos‹ (wie Anm. 2.7), S. 284.

10.18 Gloor, ›Personenwagen‹ (wie Anm. 6.19), S. 79 f.

10.19 Zunächst ist der Typ *700* Mitverursacher der Krise von 1959: »Doch glaubt die Unternehmensleitung an diesen Markterfolg zunächst nicht, sondern beschließt, die weitere Arbeit an diesem Fahrzeug einzustellen und das Projekt in Bausch und Bogen abzuschreiben.« Auf der Vollversammlung am 9. 12. 1959 stellt sich dann heraus: »Die Entwicklungskosten für den *BMW 700* hätten nicht in einem Jahr (1958) komplett abgeschrieben werden dürfen«.
›Stationen‹, *BMW* (wie Anm. 10.2), S. 37 ff.
Tatsächlich werden bis 1965 über 180 000 Exemplare dieser Baureihe abgesetzt, ein beachtlicher Erfolg, der die Firma in schwieriger Zeit ein wenig liquider hält.

10.20 Oswald, ›Autos‹ (wie Anm. 2.7), S. 284.

10.21 Die drei Zitate stammen aus: *Constanze* 19/1960, S. 62 f.

10.22 ›Stationen‹, *BMW* (wie Anm. 10.2), S. 17.

10.23 Schrader, ›Automobile‹ (wie Anm. 6.21), S. 53.

10.24 Neumann/Sprang, ›Werbung‹ (wie Anm. 9.36), S. 66.

10.25 Schrader, ›Automobile‹ (wie Anm. 6.21), S. 53.

10.26 Neumann/Sprang, ›Werbung‹ (wie Anm. 9.36), S. 66.

11.1 I Vgl. Seherr-Thoss, ›Automobilindustrie‹ (wie Anm. 1.5), Schautafel S. 577.
II »Ausländisch« soll hier und im folgenden ›komplett importiert‹ heißen, *Opel* und *Ford* sind zwar in amerikanischem Besitz, stellen aber in der Bundesrepublik Deutschland Automobile her. *Fiat* ist in italienischem Besitz, setzt aber im fraglichen Zeitraum zumindest Teile seiner Wagen in Westdeutschland für den deutschen Markt zusammen. Zumindest in wirtschaftlicher Hinsicht wird auch die damalige DDR als Ausland behandelt.

11.2 Schrader, ›Automobile‹ (wie Anm. 6.21), S. 228 f.

11.3 ›Enzyklopädie des Automobils‹ (wie Anm. 6.2), S. 342 f.

11.4 I »Cremeschnittchen« wurde der *4 CV* (Abb. 11) in Frankreich genannt, »wegen seiner anfänglich buttercremefarbenen Lackierung«.
Schrader, ›Automobile‹ (wie Anm. 6.21), S. 234.
II Der Grund für die besondere Farbgebung waren die reichlich vorhandenen Reste an Tarnfarbe ›Sand‹ des Afrika-Korps der französischen Armee, die aufgebraucht werden sollten.
›Enzyklopädie des Automobils‹ (wie Anm. 6.2), S. 344.
III Mit 9618 verkauften Fahrzeugen erreicht *Renault* 1956 einen Marktanteil von 0,5 Prozent in der Bundesrepublik. Keine andere reine Importmarke erreicht diese Zahl.
Pritzkoleit, ›Wem gehört Deutschland‹ (wie Anm. 1.7), S. 489.

11.5 ›Enzyklopädie des Automobils‹ (wie Anm. 6.2), S. 345.

11.6 Es handelt sich hierbei um eine deutsche Anzeige mit einer Zeichnung des bekannten Grafikers René Ahrlé.
11.7 Schrader, ›Automobile‹ (wie Anm. 6.21), S. 88.
11.8 ›Enzyklopädie des Automobils‹ (wie Anm. 6.2), S. 112.
11.9 I Gloor, ›Personenwagen‹ (wie Anm. 6.19), S. 107.
II Auf diese Übersetzungsmöglichkeit nimmt auch das in der Anzeige angebotene »Büchlein« von Alexander Spoerl Bezug, das da heißt »Umgang mit einer Göttin«.
11.10 Schrader, ›Automobile‹ (wie Anm. 6.21), S. 93.
11.11 Gloor, ›Personenwagen‹ (wie Anm. 6.19), S. 107.
11.12 ›Enzyklopädie des Automobils‹ (wie Anm. 6.2), S. 112.
11.13 I Halwart Schrader, ›Seltene Automobile‹, Augsburg 1991, S. 88.
II Damit verfuhren die *Fahrzeugwerke Eisenach* übrigens gleich wie Henry Royce sechs Jahre später.
11.14 *Stern* 37/1956.
11.15 Ebenda.
11.16 Oswald, ›Autos‹ (wie Anm. 2.7), S. 329.
11.17 Gloor, ›Personenwagen‹ (wie Anm. 6.19), S. 381.
11.18 Ebenda.
11.19 Sinngemäß übersetzt: ›70 Jahre Autofabrik Eisenach‹.
Sedgwick, ›Die schönsten Autos‹ (wie Anm. 6.22), Abbildung S. 141.
11.20 Eckhard Neumann/Wolfgang Sprang/Klaus Hattemer, ›Werbung in Deutschland '70‹, Düsseldorf 1970, S. 93.
11.21 Seherr-Thoss, ›Automobilindustrie‹ (wie Anm. 1.5), Schautafel S. 577.
11.22 Gloor, ›Personenwagen‹ (wie Anm. 6.19), S. 259.
11.23 Schrader, ›Automobile‹ (wie Anm. 6.21), S. 200.
11.24 ›Enzyklopädie des Automobils‹ (wie Anm. 6.2), S. 86.
11.25 Ebenda.
11.26 William R. Morris wurde zum ›Viscount Nuffield‹ geadelt und benannte seinen Konzern entsprechend um.
Roediger, ›Hundert Jahre Automobil‹ (wie Anm. 2.11), S. 113.
11.27 ›Enzyklopädie des Automobils‹ (wie Anm. 6.2), S. 203.
11.28 Gloor, ›Personenwagen‹ (wie Anm. 6.19), S. 188.
11.29 Ebenda, S. 113.
11.30 (Welch eine Sortierung!)
Aus einer Beurteilung des *Daf*-Images, in: Eckhard Neumann/Wolfgang Sprang/Klaus Hattemer, ›Werbung in Deutschland '67‹, Düsseldorf 1967, S. 272.
11.31 *Constanze* 8/1960.
11.32 ›Enzyklopädie des Automobils‹ (wie Anm. 6.2), S. 168.
11.33 Schrader, ›Automobile‹ (wie Anm. 6.21), S. 133.
11.34 »Ursprünglich bestand nur eine Handelsniederlassung zwecks Vertrieb der *Fiat*-Automobile im Reich. [...] Es ist aber ein fundamentaler Grundsatz des *Fiat*-Programmes, dort, wo schon eine lebensfähige nationale Industrie vorhanden ist, sich auf der Linie technischer Zusammenarbeit und nicht nur auf jener der bloßen Einfuhr zu bewegen. [...] Zusammenarbeit zwischen zwei großen Völkern, welche der Führer und der Duce zueinander geführt haben zum Zwecke der Förderung menschlicher Kultur und Arbeit.« Aus einer *Fiat*-Anzeige des Jahres 1938 unter dem Titel »Die *Fiat* in Deutschland«.
Illustrierter Beobachter 1938, S. 704.
11.35 Gloor, ›Personenwagen‹ (wie Anm. 6.19), S. 263.
11.36 Pritzkoleit, ›Wem gehört Deutschland‹ (wie Anm. 1.7), S. 489.
11.37 Gloor, ›Personenwagen‹ (wie Anm. 6.19), S. 146.
11.38 Ebenda.
11.39 Halwart Schrader, ›Seltene Automobile‹, Augsburg 1991, S. 252 f.
11.40 ›Enzyklopädie des Automobils‹ (wie Anm. 6.2), S. 385.
11.41 Gloor, ›Personenwagen‹ (wie Anm. 6.19), S. 327.
11.42 Schrader, ›Automobile‹ (wie Anm. 11.39), S. 267.
11.43 *Quick* 40/1964, S. 69 f.
11.44 Schrader, ›Automobile‹ (wie Anm. 11.39), S. 267.
11.45 Neumann/Sprang u. a., ›Werbung '70‹ (wie Anm. 11.20), S. 100.
11.46 Dieter Günther, ›Oldtimer Katalog‹, Schindellegi, Schweiz 1991, S. 242.
11.47 Neumann/Sprang u. a., ›Werbung '70‹ (wie Anm. 11.20), S. 100.
11.48 Noch 1968 verkauft *Volvo* lediglich 3270 Fahrzeuge in der Bundesrepublik, davon 868 an Angehörige der Stationierungstruppen. *Opel* setzt in diesem Jahr fast 381 000 Fahrzeuge allein vom Typ *Kadett* ab.
Neumann/Sprang u. a., ›Werbung '70‹ (wie Anm. 11.20), S. 100 und Oswald, ›Autos‹ (wie Anm. 2.7), S. 462.
11.49 ›Enzyklopädie des Automobils‹ (wie Anm. 6.2), S. 371 f.
11.50 Ein Vetter von Armand, Eugene Peugeot, und seine Söhne warben einen der maßgeblichen *Peugeot*-Konstrukteure ab und boten unter dem Namen *Lion-Peugeot* Autos an. Der Löwe bleibt später in der gemeinsamen Firma das Wappentier.
Schrader, ›Automobile‹ (wie Anm. 11.39), S. 192.
11.51 Gloor, ›Personenwagen‹ (wie Anm. 6.19), S. 284.
11.52 Neumann/Sprang u. a., ›Werbung '70‹ (wie Anm. 11.20), S. 96.
11.53 Ebenda.
11.54 »Wir werden natürlich zunächst unseren Export in jene Länder forcieren, die keine mächtige Autoindustrie haben und keine so guten Autos bauen wie die Deutschen.« Ein »Firmenchef in Tokio« zu Ulrich Blumenschein, der für den *Stern* Autos in Japan untersuchte.
Ulrich Blumenschein, ›Japan gibt Gas‹, *Stern* 2/1963, S. 33.
11.55 Über den in der Anzeige Abbildung 166 beworbenen *Honda N 360* schrieb der *Stern* in seiner Ausgabe 2/1963: »Dieser kleine Sportwagen wird das erste japanische Auto auf dem deutschen Markt sein.«
Ulrich Blumenschein, ›Japan gibt Gas‹, *Stern* 2/1963, S. 23.
11.56 Diese Jahreszahl ist in der *Honda*-Selbstdarstellung angegeben. ›*Honda* eine Leidenschaft‹ (Hrsg. *Honda* Deutschland), Offenbach 1993, Innenumschlag hinten.
11.57 Ulrich Blumenschein, ›Japan gibt Gas‹, *Stern* 2/1963, S. 25.
11.58 Überschrift einer Reportageserie, *Quick* 38/1963, S. 22.
11.59 Blumenschein, ›Japan‹ (wie Anm. 11.57) 2/1963, S. 23.
11.60 So lautete das Fazit eines deutschen Wirtschaftsexperten über die Chancen deutscher Automobilhersteller in Fernost. Blumenschein, ›Japan‹ (wie Anm. 11.57) 2/1963, S. 33.
11.61 I Seherr-Thoss, ›Automobilindustrie‹ (wie Anm. 1.5), Schautafel S. 576.
II »Automobile« meint hier alle Fahrzeuge, die in einem »Automobilwerk« (vgl. Zitat Anm. 11.59) produziert werden, also auch Lastwagen und Busse. Im Bau von Lastwagen, vor allem aber Diesel-Bussen ist Japan der BRD schon seit einem Jahrzehnt ebenbürtig.
Orion 9/1957, S. 674.
11.62 Ebenfalls inklusive Lkw und Busse. Seherr-Thoss, ›Automobilindustrie‹ (wie Anm. 1.5), Schautafel S. 577.
11.63 ›Enzyklopädie des Automobils‹ (wie Anm. 6.2), S. 412.
11.64 ›Parade der 97 Auserwählten‹, *Quick* 40/1964, S. 69 ff.
11.65 *SS* ist keine Abkürzung von *Swallow Side Car*, sondern bedeutet entweder *Standard Swallow* – die *Standard Motor Company* lieferte die ersten Motoren – oder *Swallow Sports*.
Stein/Schnitzler, ›Legendäre Automobile‹ (wie Anm. 9.5), S. 296.
11.66 »Auf nicht so ganz glatten Straßen fing der *SS-100-Jaguar* schon bei weit weniger als seiner Höchstgeschwindigkeit zu tanzen an und sprang wild herum – wie Kritiker spotteten, bekam er deshalb den Namen *Jaguar.*«
Stein/Schnitzler, ›Legendäre Automobile‹ (wie Anm. 9.5), S. 297.
11.67 Gloor, ›Personenwagen‹ (wie Anm. 6.19), S. 209.
11.68 I Ebenda.
II Der vergleichbare *Mercedes-Benz 300 SEL* kostete 28 600 DM, ein *BMW 3200 CS* 29 850 DM, von ausländischen Spitzenprodukten ganz zu schweigen.

Verzeichnis der Abbildungen

Bis zu 45 Jahre nach ihrem Erscheinen ist bei vielen Anzeigen trotz umfassender Recherche die Ermittlung ihrer Gestalter, Texter, Zeichner, Fotografen u. a. fruchtlos geblieben. Der Autor bittet freundlichst, ihm entsprechende Nachweise mitzuteilen, die etwa beteiligten Urheberrechte betreffend, um diese in künftigen Auflagen und Ausgaben berücksichtigen zu können. Alle Vorlagen entstammen dem Archiv des Autors.

Abb. 1 (Frontcover) **Ford**
Weiß gehöhtes Aquarell (?) kombiniert mit Satz und zum Teil farbiger Grafik, vierfarbig gedruckt. 37 x 26 cm
Aus: *Constanze* 3/1959
Auftraggeber: Ford-Werke AG, Köln
Agentur: J. Walter Thompson
Zeichnung: Walter Gotschke
© VG Bild-Kunst, Bonn 1994

Abb. 2 (Backcover) **Mercedes-Benz**
Farbige Zeichnung mit farbigem Satz und Grafik kombiniert, vierfarbig gedruckt.
18,5 x 13 cm
Aus: *Das Beste aus Reader's Digest* 3/1952
Auftraggeber: Daimler-Benz AG, Stuttgart
Zeichnung: Hans Liska
Interne Nummer: 758

Abb. 3 (Frontispiz 1, S. 1) **Opel**
Fotografie mit Satz und Grafik kombiniert, vierfarbig gedruckt.
35 x 25,5 cm
Aus: *Film und Frau* 26/1962
Auftraggeber: Opel AG, Rüsselsheim
Agentur: McCann, Frankfurt a. M.

Abb. 4 (Frontispiz 2, S. 4) **Goliath**
Fotografie mit Satz kombiniert, einfarbig (braun). 12,5 x 16,5 cm
Aus: *Freundin* 13/1954
Auftraggeber: Goliath, Bremen

Abb. 5 (S. 9) **Ford**
Farbige Zeichnungen mit zum Teil farbigem Satz kombiniert, vierfarbig gedruckt. 18,5 x 26 cm
Aus: *Das Beste aus Reader's Digest* 11/1957
Auftraggeber: Ford-Werke AG, Köln

Abb. 6 (S. 11) **Jeep**
Farbige (?) Zeichnung mit Satz und Grafik kombiniert, einfarbig (schwarz) gedruckt.
18,5 x 13 cm
Aus: *Das Beste aus Reader's Digest* 1/1950
Auftraggeber: Willys-Overland Export Corporation, USA

Abb. 7 (S. 13) **Lloyd**
Fotografien mit Satz und Grafik kombiniert, einfarbig (braun) gedruckt. 34 x 13 cm
Aus: *Freundin* 15/1954
Auftraggeber: Lloyd, Bremen

Abb. 8 (S. 14) **VW**
Strichzeichnung (?), einfarbig (schwarz) gedruckt. 21 x 14,5 cm
Aus: Stadt Köln (Hrsg.), *1900 Jahre Köln,* Köln 1949
Auftraggeber: Autohaus Jacob Fleischhauer GmbH & Co KG, Köln
Gestaltung: Gerd van Husen, Köln

Abb. 9 (S. 15) **FuldaMobil**
Zeichnung mit Satz kombiniert, einfarbig (schwarz) gedruckt. 10 x 7,5 cm
Aus: *Orion* 21/1952
Auftraggeber: Fulda GmbH, Fulda
Zeichnung: P

Abb. 10 (S. 16) **BMW**
Fotografie mit Satz und Grafik kombiniert, einfarbig (schwarz) gedruckt.
18,5 x 13 cm
Aus: *Das Beste aus Reader's Digest* 12/1958
Auftraggeber: BMW AG, München
Fotografie: R. H. aus E. (?)

Abb. 11 (S. 17) **Renault**
Zeichnungen mit Satz und Grafik kombiniert, zweifarbig (blau/schwarz) gedruckt.
18,5 x 13 cm
Aus: *Das Beste aus Reader's Digest* 10/1953
Auftraggeber: Renault Automobilgesellschaft mbH, Baden-Baden
Gestaltung: Alcover (?)

Abb. 12 (S. 18) **Messerschmitt**
Freigestellte (ausgeschnittene) Fotografien mit Handschrift und Grafik kombiniert, einfarbig (schwarz) gedruckt. 11,5 x 16 cm
Aus: *Orion* 3/1955
Auftraggeber: RSM, Regensburg

Abb. 13 (S. 19) **FuldaMobil**
Freigestellte Fotografie mit Satz und Grafik kombiniert, einfarbig (schwarz) gedruckt. 22 x 8 cm
Aus: *Orion* 12/1953
Auftraggeber: Fulda GmbH, Fulda
Gestaltung: Dobsky

Abb. 14 (S. 21) **NSU/Fiat**
Zeichnungen mit Satz und Grafik kombiniert, zweifarbig (grau/schwarz) gedruckt.
33 x 12,5 cm
Aus: *Das Schönste* 6/1957
Auftraggeber: NSU/Fiat Automobilfabrik, Heilbronn
Zeichnung: Strenger

Abb. 15 (S. 21) **NSU**
Zum Teil freigestellte Fotografie mit Satz und Grafik kombiniert, einfarbig (braun) gedruckt.
25 x 17 cm
Aus: *Constanze* 14/1960
Auftraggeber: NSU Motorenwerke AG, Neckarsulm

Abb. 16 (S. 22) **Fiat**
Strichzeichnung mit Satz und Grafik kombiniert, einfarbig (schwarz) gedruckt. 10 x 15 cm
Aus: *Hobby* 11/1958
Auftraggeber: Deutsche Fiat AG, Heilbronn

Abb. 17 (S. 23) **Zündapp**
Strichzeichnungen mit Satz und Grafik kombiniert, einfarbig (schwarz) gedruckt. 23 x 16,5 cm
Aus: *Orion* 6/1958
Auftraggeber: Zündapp, München
Zeichnung: Demand

Abb. 18 (S. 24) **Renault**
Farbige (?) Zeichnung mit Satz und Grafik kombiniert, zweifarbig (rot/schwarz) gedruckt.
18,5 x 13 cm
Aus: *Das Beste aus Reader's Digest* 11/1958
Auftraggeber: Deutsche Renault Automobilgesellschaft, Brühl

Abb. 19 (S. 25) **Lloyd**
Farbige (?) Zeichnung mit Satz und Grafik kombiniert, einfarbig (braun) gedruckt.
19 x 21,5 cm
Aus: *Für Sie* 21/1958
Auftraggeber: Lloyd, Bremen

Abb. 20 (S. 27) **Goggomobil**
Zum Teil durch Zeichnung ergänzte freigestellte Fotografien mit Satz und Grafik kombiniert, einfarbig (schwarz) gedruckt. 14 x 20 cm
Aus: *Madame* 10/1958
Auftraggeber: Hans Glas GmbH Goggomobilwerke, Dingolfing

Abb. 21 (S. 28) **BMW**
Freigestellte Fotografie mit Zeichnung, Satz und Grafik kombiniert, dreifarbig (blau/grau/schwarz) gedruckt. 18,5 x 13 cm
Aus: *Das Beste aus Reader's Digest* 11/1958
Auftraggeber: BMW AG, München

Abb. 22 (S. 29) **Zündapp**
Farbige Illustration mit freigestellter Fotografie, Satz und Grafik kombiniert, vierfarbig gedruckt.
20 x 15 cm
Aus: *Hobby* 11/1958
Auftraggeber: Zündapp, München

Abb. 23 (S. 31) **Auto Union**
Fotografien kombiniert mit Satz, zweifarbig (grau/schwarz) gedruckt. 18,5 x 13 cm
Aus: *Das Beste aus Reader's Digest* 5/1953
Auftraggeber: Auto Union GmbH, Ingolstadt
Gestaltung: Gerd van Husen, Köln (?)

Abb. 24 (S. 32) **Auto Union**
Fotografie mit Satz und Grafik kombiniert, einfarbig (braun) gedruckt. 17 x 18 cm
Aus: *Constanze* 16/1952
Auftraggeber: Auto Union GmbH, Ingolstadt

Abb. 25 (S. 33) **Auto Union**
Fotografie kombiniert mit Satz, einfarbig (braun) gedruckt. 24 x 17 cm
Aus: *Constanze* 14/1951
Auftraggeber: Auto Union GmbH, Ingolstadt

Abb. 26 (S. 34) **Auto Union**
Fotografie mit Satz und Grafik kombiniert, zweifarbig (grau/schwarz) gedruckt. 18,5 x 13 cm

Aus: *Das Beste aus Reader's Digest* 8/1954
Auftraggeber: Auto Union GmbH, Ingolstadt
Gestaltung: Gerd van Husen, Köln (?)

Abb. 27 (S. 34) **Auto Union**
Zum Teil freigestellte Fotografien kombiniert mit Satz und Grafik, einfarbig (braun) gedruckt. 36 x 25 cm
Aus: *Freundin* 9/1959
Auftraggeber: Auto Union GmbH, Ingolstadt

Abb. 28 (S. 35) **Auto Union**
Fotografien kombiniert mit Satz, zweifarbig (grau/schwarz) gedruckt. 18,5 x 13 cm
Aus: *Das Beste aus Reader's Digest* 3/1955
Auftraggeber: Auto Union GmbH, Ingolstadt

Abb. 29 (S. 36) **Auto Union**
Fotografie mit Satz und Grafik kombiniert, zweifarbig (blau/schwarz) gedruckt. 29 x 23 cm
Aus: *Neues Rheinland* 12/1958
Auftraggeber: Auto Union GmbH, Ingolstadt

Abb. 30 (S. 37) **Auto Union**
Fotografie kombiniert mit Satz, Zeichnung und Grafik, einfarbig (schwarz) gedruckt. 36 x 26 cm
Aus: *Neue Illustrierte* 46/1962
Auftraggeber: Auto Union GmbH, Ingolstadt

Abb. 31 (S. 38) **Auto Union**
Fotografie kombiniert mit Satz, einfarbig (schwarz) gedruckt. 29 x 22 cm
Aus: *Auto Motor und Sport* 7/1964
Auftraggeber: Auto Union GmbH, Ingolstadt

Abb. 32 (S. 39) **Auto Union**
Fotografie mit Satz kombiniert, einfarbig (schwarz) gedruckt. 52 x 36 cm
Aus: *Quick* 40/1964
Auftraggeber: Auto Union GmbH, Ingolstadt
Gestaltung: GGK (Gerstner, Gredinger + Kutter)

Abb. 33 (S. 41) **Borgward**
Handzeichnung kombiniert mit Satz, einfarbig (schwarz) gedruckt. 18,5 x 13 cm
Aus: *Das Beste aus Reader's Digest* 12/1952
Auftraggeber: Borgward, Bremen
Gestaltung: Ochmann-Schoppe (?)

Abb. 34 (S. 42) **Goliath**
Fotografien mit Satz kombiniert, einfarbig (braun) gedruckt. 34 x 13 cm
Aus: *Constanze* 3/1952
Auftraggeber: Goliath, Bremen
Fotos: Georg Schmidt

Abb. 35 (S. 43) **Borgward**
Zeichnung mit Satz und Grafik kombiniert, einfarbig (schwarz) gedruckt. 18,5 x 13 cm
Aus: *Das Beste aus Reader's Digest* 8/1954
Auftraggeber: Borgward, Bremen
Gestaltung: Atelier Arkenberg

Abb. 36 (S. 44) **Borgward**
Strichzeichnung mit Satz und Grafik kombiniert, einfarbig (schwarz) gedruckt. 22,5 x 8 cm
Aus: *Orion* 4/1954
Auftraggeber: Borgward, Bremen
Gestaltung: Atelier Arkenberg

Abb. 37 (S. 45) **Borgward**
Strichzeichnung kombiniert mit Satz und Grafik, einfarbig (schwarz) gedruckt. 11 x 28 cm
Aus: *Elegante Welt* 6/1953
Auftraggeber: Borgward, Bremen

Abb. 38 (S. 45) **Borgward**
Freigestellte Fotografie mit Strichzeichnung, Satz und Grafik kombiniert, einfarbig (schwarz) gedruckt. 23 x 8 cm
Aus: *Orion* 9/1954
Auftraggeber: Borgward, Bremen

Abb. 39 (S. 46) **Lloyd**
Strichzeichnungen, technisches Raster, Satz und Grafik kombiniert, einfarbig (schwarz) gedruckt. 10 x 13,5 cm
Aus: *Orion* 2/1955
Auftraggeber: Lloyd, Bremen
Zeichnung: Stö

Abb. 40 (S. 47) **Lloyd**
Fotografie mit Strichzeichnung, Satz, Handschrift und Grafik kombiniert, einfarbig (schwarz) gedruckt. 22,5 x 16 cm
Aus: *Orion* 6/1955
Auftraggeber: Lloyd, Bremen

Abb. 41 (S. 48) **Goliath**
Strichzeichnung mit Satz und Grafik kombiniert, einfarbig (schwarz) gedruckt. 12 x 17,5 cm
Aus: *Die Kunst* 8/1955
Auftraggeber: Goliath, Bremen

Abb. 42 (S. 49) **Goliath**
Fotografien kombiniert mit Satz, zweifarbig (grau/schwarz) gedruckt. 18,5 x 13 cm
Aus: *Das Beste aus Reader's Digest* 6/1955
Auftraggeber: Goliath, Bremen

Abb. 43 (S. 50) **Goliath**
Strichzeichnung mit Satz kombiniert, einfarbig (schwarz) gedruckt. 16,5 x 21,5 cm
Aus: *Das Schönste* 6/1957
Auftraggeber: Goliath, Bremen

Abb. 44 (S. 51) **Lloyd**
Fotografie mit Satz und Grafik kombiniert, einfarbig (braun) gedruckt. 16 x 23,5 cm
Aus: *Film und Frau* 27/1957
Auftraggeber: Lloyd, Bremen
Gestaltung: AWW

Abb. 45 (S. 52) **Borgward**
Farbfotografie, vierfarbig gedruckt. 24,5 x 17,5 cm
Aus: *Orion* 8/1957
Auftraggeber: Borgward, Bremen

Abb. 46 (S. 53) **Borgward**
Fotografien mit Farbzeichnungen, zum Teil farbigem Satz und Grafik kombiniert, vierfarbig gedruckt. 33 x 25 cm
Aus: *Das Schönste* 6/1957
Auftraggeber: Borgward, Bremen
Zeichnung: Kaufmann, Hamburg

Abb. 47 (S. 54) **Borgward**
Farbige (?) Zeichnungen mit Satz kombiniert, einfarbig (schwarz) gedruckt. 21 x 17 cm
Aus: *Westermanns Monatshefte* 4/1958
Auftraggeber: Borgward, Bremen
Zeichnung: Buchmann

Abb. 48 (S. 55) **Borgward**
Zum Teil farbige (?) Zeichnungen mit Satz und Grafik kombiniert, zweifarbig (grau/schwarz) gedruckt. 18,5 x 13 cm
Aus: *Das Beste aus Reader's Digest* 9/1958
Auftraggeber: Borgward, Bremen
Zeichnung: Buchmann

Abb. 49 (S. 55) **Borgward**
Zwei Zeichnungen mit Satz und Grafik kombiniert, einfarbig (schwarz) gedruckt. 23 x 17 cm
Aus: *Orion* 11/1956
Auftraggeber: Borgward, Bremen

Abb. 50 (S. 56) **Borgward**
Farbige Illustrationen mit zum Teil farbigem Satz kombiniert, vierfarbig gedruckt. 32 x 23,5 cm
Aus: *Chic* 4/1959
Auftraggeber: Borgward, Bremen
Zeichnung: A. Höfer

Abb. 51 (S. 56) **Borgward**
Fotografie mit Satz und Grafik kombiniert, vierfarbig gedruckt. 31 x 22 cm
Aus: *Praline* 4/1959
Auftraggeber: Borgward, Bremen

Abb. 52 (S. 57) **Borgward**
Farbillustration mit Satz und Grafik kombiniert, vierfarbig gedruckt. 18,5 x 13 cm
Aus: *Hobby* 11/1958
Auftraggeber: Borgward, Bremen
Zeichnung: Buchmann

Abb. 53 (S. 58) **Hansa**
Strichzeichnung mit Satz und Grafik kombiniert, einfarbig (braun) gedruckt. 4,5 x 23 cm
Aus: *Für Sie* 8/1959
Auftraggeber: Goliath, Bremen

Abb. 54 (S. 59) **Borgward**
Farbige (?) Illustrationen mit Satz und Grafik kombiniert, einfarbig (braun) gedruckt. 33 x 18,5 cm
Aus: *Freundin* 21/1958
Auftraggeber: Borgward, Bremen
Zeichnung: Buchmann

Abb. 55 (S. 60) **Lloyd**
Farbige Illustration mit farbigem Satz kombiniert, vierfarbig gedruckt. 35 x 26 cm
Aus: *Das Schönste* 10/1959
Auftraggeber: Lloyd, Bremen

Abb. 56 (S. 61) **Borgward**
Farbige Illustration mit Satz und Grafik kombiniert, vierfarbig gedruckt. 28 x 21 cm
Aus: *Elegante Welt* 6/1959
Auftraggeber: Borgward, Bremen
Zeichnung: A. Höfer

Abb. 57 (S. 63) **Borgward**
Zeichnungen mit Satz und Grafik kombiniert, zweifarbig (grau/schwarz) gedruckt. 18,5 x 13 cm
Aus: *Das Beste aus Reader's Digest* 6/1955
Auftraggeber: Borgward, Bremen
Gestaltung: Atelier Arkenberg

Abb. 58 (S. 64) **BMW**
Zeichnung mit Fotografie, Satz und Grafik kombiniert, einfarbig (braun) gedruckt. 35 x 13 cm
Aus: *Freundin* 21/1955
Auftraggeber: BMW AG, München
Agentur: Dorland

Abb. 59 (S. 65) **BMW**
Zum Teil freigestellte Fotografien mit Zeichnung, Grafik und Satz kombiniert, zweifarbig (grau/schwarz) gedruckt. 18,5 x 13 cm
Aus: *Das Beste aus Reader's Digest* 5/1958
Auftraggeber: BMW AG, München

Abb. 60 (S. 66) **Glas**
Freigestellte, durch Zeichnung ergänzte Fotografien mit Satz, Zeichnung und Grafik kombiniert, einfarbig (schwarz) gedruckt. 31 x 24,5 cm
Aus: *Constanze Sommermode* 1959
Auftraggeber: Hans Glas GmbH
Goggomobilwerke, Dingolfing

Abb. 61 (S. 67) **NSU**
Farbige (?) Illustration mit Strichzeichnung, Satz und Grafik kombiniert, einfarbig (schwarz) gedruckt.
29 x 20 cm
Aus: *Auto Motor und Sport* 10/1962
Auftraggeber: NSU Motorenwerke AG, Neckarsulm

Abb. 62 (S. 68) **BMW**
Freigestellte, zum Teil nachkolorierte Fotografien mit zum Teil farbigem Satz kombiniert, vierfarbig gedruckt. 33 x 26 cm
Aus: *Constanze Sommermode* 1959
Auftraggeber: BMW AG, München

Abb. 63 (S. 69) **Opel**
Verschiedene ineinanderkopierte Farbfotografien mit Satz und Grafik kombiniert, vierfarbig gedruckt. 32 x 23,5 cm
Aus: *Chic* 40/1959
Auftraggeber: Opel AG, Rüsselsheim
Agentur: McCann, Frankfurt a. M.

Abb. 64 (S. 70) **Daf**
Freigestellte ineinanderkopierte Fotografien mit Satz und Grafik kombiniert, einfarbig (schwarz) gedruckt. 34 x 18 cm
Aus: *Constanze* 7/1963
Auftraggeber: Daf-Automobilgesellschaft, Düsseldorf

Abb. 65 (S. 70) **Auto Union**
Fotografie kombiniert mit Satz und Grafik, einfarbig (schwarzbraun) gedruckt.
35 x 24 cm
Aus: *Constanze* 7/1964
Auftraggeber: Auto Union GmbH, Ingolstadt

Abb. 66 (S. 71) **NSU**
Fotografie mit Satz und Grafik kombiniert, einfarbig (schwarz) gedruckt. 17 x 24 cm
Aus: *Constanze* 22/1965
Auftraggeber: NSU Motorenwerke AG, Neckarsulm

Abb. 67 (S. 73) **Opel**
Zum Teil freigestellte, farblich verstärkte Fotografien mit zum Teil farbigem Satz und Grafik kombiniert, vierfarbig gedruckt. 35 x 24,5 cm
Aus: *Quick* 2/1962
Auftraggeber: Opel AG, Rüsselsheim
Agentur: McCann, Frankfurt a. M.

Abb. 68 (S. 75) **Ford**
Zeichnung kombiniert mit Satz, einfarbig (schwarz) gedruckt. 18,5 x 13 cm
Aus: *Das Beste aus Reader's Digest* 12/1952
Auftraggeber: Ford-Werke AG, Köln
Zeichnung: Walter Gotschke
© VG Bild-Kunst, Bonn 1994

Abb. 69 (S. 76) **Ford**
Farbige Illustration kombiniert mit Satz, vierfarbig gedruckt. 18,5 x 13 cm
Aus: *Leica Fotografie* 2/1951
Auftraggeber: Ford-Werke AG, Köln

Abb. 70 (S. 77) **Ford**
Farbige Zeichnung (Aquarell) vierfarbig gedruckt. 18,5 x 13 cm
Aus: *Das Beste aus Reader's Digest* 6/1949
Auftraggeber: Ford-Werke AG, Köln
Agentur: Gerd van Husen, Köln
Gestaltung: Gerd van Husen, Köln

Abb. 71 (S. 79) **Ford**
Freigestellte Fotografie mit Satz und Grafik kombiniert, einfarbig (schwarz) gedruckt.
21 x 28 cm
Aus: *Die Kunst* 8/1954
Auftraggeber: Ford-Werke AG, Köln

Abb. 72 (S. 80) **Ford**
Farbige Zeichnung mit zum Teil farbigem Satz und Grafik kombiniert, vierfarbig gedruckt.
37 x 27 cm
Beilage aus: *Freundin* 6/1955
Auftraggeber: Ford-Werke AG, Köln
Zeichnung: Walter Gotschke
© VG Bild-Kunst, Bonn 1994

Abb. 73 (S. 80) **Ford**
Farbige Zeichnungen mit Satz und Grafik kombiniert, vierfarbig gedruckt.
24,5 x 17 cm
Aus: *Orion* 4/1955
Auftraggeber: Ford-Werke AG, Köln
Zeichnung: Walter Gotschke
© VG Bild-Kunst, Bonn 1994

Abb. 74 (S. 81) **Ford**
Farbige Illustrationen mit zum Teil farbigem Satz und einer kleinen einfarbigen Zeichnung kombiniert, vierfarbig gedruckt. 18,5 x 26 cm
Aus: *Das Beste aus Reader's Digest* 9/1955
Auftraggeber: Ford-Werke AG, Köln

Abb. 75 (S. 83) **Ford**
Zum Teil farbige (?) Zeichnungen mit Satz und Grafik kombiniert, einfarbig (schwarz) gedruckt.
30 x 21 cm
Aus: *Innendekoration* 8/1955
Auftraggeber: Ford-Werke AG, Köln

Abb. 76 (S. 84) **Ford**
Farbige Illustration mit zum Teil farbigem Satz kombiniert, vierfarbig gedruckt. 34 x 25 cm
Aus: *Constanze* 20/1958
Auftraggeber: Ford-Werke AG, Köln

Abb. 77 (S. 85) **Ford**
Weiß gehöhtes Aquarell (?) kombiniert mit Satz und zum Teil farbiger Grafik, vierfarbig gedruckt. 37 x 26 cm
Aus: *Constanze* 6/1959
Auftraggeber: Ford-Werke AG, Köln
Agentur: J. Walter Thompson
Zeichnung: Walter Gotschke
© VG Bild-Kunst, Bonn 1994

Abb. 78 (S. 87) **Ford**
Farbige (?) Zeichnungen mit Satz und Grafik kombiniert, einfarbig (schwarz) gedruckt.
30 x 23 cm
Aus: *Innendekoration* 10/1955
Auftraggeber: Ford-Werke AG, Köln

Abb. 79 (S. 87) **Ford**
Zum Teil gerasterte Strichzeichnung mit Satz und Grafik kombiniert, einfarbig (schwarz) gedruckt.
18,5 x 13 cm
Aus: *Das Beste aus Reader's Digest* 4/1956
Auftraggeber: Ford-Werke AG, Köln
Zeichnung: Walter Gotschke
© VG Bild-Kunst, Bonn 1994

Abb. 80 (S. 88/89) **Ford**
Farbige Zeichnung mit Satz, Streichzeichnung und Grafik kombiniert, vierfarbig gedruckt.
36,5 x 51,5 cm
Aus: *Constanze* 8/1959
Auftraggeber: Ford-Werke AG, Köln
Zeichnung: Walter Gotschke
© VG Bild-Kunst, Bonn 1994

Abb. 81 (S. 90) **Ford**
Strichzeichnung und Grafik, einfarbig (schwarz) gedruckt. 36 x 26 cm
Aus: *Constanze* 12/1963
Auftraggeber: Ford-Werke AG, Köln
Agentur: J. Walter Thompson

Abb. 82 (S. 91) **Ford**
Fotografie mit Satz und Grafik kombiniert, einfarbig (schwarz) gedruckt. 35 x 24,5 cm
Aus: *Constanze* 24/1963
Auftraggeber: Ford-Werke AG, Köln
Agentur: J. Walter Thompson

Abb. 83 (S. 92) **Ford**
Farbfotografien mit zum Teil farbigem Satz und Grafik kombiniert, vierfarbig gedruckt. 31 x 23 cm
Aus: *Praline* 21/1964
Auftraggeber: Ford-Werke AG, Köln

Abb. 84 (S. 92) **Ford**
Fotografien mit Satz und Grafik kombiniert, vierfarbig gedruckt. 31 x 25 cm
Aus: *Epoca* 2/1966
Auftraggeber: Ford-Werke AG, Köln

Abb. 85 (S. 93) **Ford**
Fabige Illustration (?) mit Satz und Grafik kombiniert, vierfarbig gedruckt. 31 x 25 cm
Aus: *Epoca* 10/1967
Auftraggeber: Ford-Werke AG, Köln

Abb. 86 (S. 95) **Opel**
Strichzeichnung mit Satz und Grafik kombiniert, einfarbig (schwarz) gedruckt.
23 x 16,5 cm
Aus: *Orion* 6/1954
Auftraggeber: Opel AG, Rüsselsheim
Agentur: McCann, Frankfurt a. M.

Abb. 87 (S. 96) **Opel**
Farbige (?) Zeichnung mit Satz und Grafik kombiniert, einfarbig (braun) gedruckt.
17 x 25 cm
Aus: *Constanze* 13/1953
Auftraggeber: Opel AG, Rüsselsheim
Agentur: McCann, Frankfurt a. M.

Abb. 88 (S. 97) **Opel**
Strichzeichnungen mit Satz und Grafik kombiniert, einfarbig (schwarz) gedruckt.
23 x 16,5 cm
Aus: *Orion* 6/1955
Auftraggeber: Opel AG, Rüsselsheim
Agentur: McCann, Frankfurt a. M.

Abb. 89 (S. 97) **Opel**
Fotografie mit Satz und Grafik kombiniert, einfarbig (braun) gedruckt. 36,7 x 26 cm
Aus: *Stern* 7/1956
Auftraggeber: Opel AG, Rüsselsheim
Agentur: McCann, Frankfurt a. M.

Abb. 90 (S. 98) **Opel**
Farbige (?) Zeichnung mit Satz und Grafik kombiniert, einfarbig (schwarz) gedruckt.
28,5 x 20 cm
Aus: *Die Kunst* 10/1955
Auftraggeber: Opel AG, Rüsselsheim
Agentur: McCann, Frankfurt a. M.

Abb. 91 (S. 98) **Opel**
Farbige (?) Zeichnung mit Satz und Grafik kombiniert, einfarbig (schwarz) gedruckt.
32 x 23,5 cm
Aus: *Innendekoration* 6/1954
Auftraggeber: Opel AG, Rüsselsheim
Agentur: McCann, Frankfurt a. M.

Abb. 92 (S. 99) **Opel**
Strichzeichnung mit Satz und Grafik kombiniert, einfarbig (schwarz) gedruckt. 18,5 x 13 cm
Aus: *Das Beste aus Reader's Digest* 5/1955

Auftraggeber: Opel AG, Rüsselsheim
Agentur: McCann, Frankfurt a. M.

Abb. 93 (S. 99) **Opel**
Strichzeichnungen mit Satz und Grafik kombiniert, einfarbig (schwarz) gedruckt. 30 x 21,5 cm
Aus: *Innendekoration* 12/1955
Auftraggeber: Opel AG, Rüsselsheim
Agentur: McCann, Frankfurt a. M.

Abb. 94 (S. 100) **Opel**
Farbige (?) Zeichnung mit Satz und Grafik kombiniert, einfarbig (braun) gedruckt. 17 x 24 cm
Aus: *Constanze* 14/1955
Auftraggeber: Opel AG, Rüsselsheim
Agentur: McCann, Frankfurt a. M.

Abb. 95 (S. 101) **Opel**
Farbfotografie (auf der Druckplatte farblich verstärkt?) mit Satz und Grafik kombiniert, vierfarbig gedruckt. 34 x 25,5 cm
Aus: *Schöner Wohnen* 11/1961
Auftraggeber: Opel AG, Rüsselsheim
Agentur: McCann, Frankfurt a. M.

Abb. 96 (S. 102) **Opel**
Zum Teil ineinanderkopierte, freigestellte Fotografien mit zum Teil farbigem Satz kombiniert, vierfarbig gedruckt. 35 x 25 cm
Aus: *Quick* 48/1961
Auftraggeber: Opel AG, Rüsselsheim
Agentur: McCann, Frankfurt a. M.

Abb. 97 (S. 103) **Opel**
Zum Teil freigestellte Fotografien mit Satz und Grafik kombiniert, einfarbig (schwarz) gedruckt. 29 x 20 cm
Aus: *Auto Motor und Sport* 10/1962
Auftraggeber: Opel AG, Rüsselsheim
Agentur: McCann, Frankfurt a. M.

Abb. 98 (S. 104) **Opel**
Freigestellte Fotografien mit zum Teil farbigem Satz und Grafik kombiniert, vierfarbig gedruckt. 37 x 27 cm
Aus: *Neue Illustrierte* 13/1964
Auftraggeber: Opel AG, Rüsselsheim
Agentur: McCann, Frankfurt a. M.

Abb. 99 (S. 105) **Opel**
Fotografie mit zum Teil farbigem Satz kombiniert, vierfarbig gedruckt. 33 x 24,5 cm
Aus: *Petra* 3/1964
Auftraggeber: Opel AG, Rüsselsheim
Agentur: McCann, Frankfurt a. M.

Abb. 100 (S. 107) **Opel**
Fotografien mit Satz und Grafik kombiniert, einfarbig (schwarz) gedruckt. 36 x 25 cm
Aus: *Freundin* 6/1963
Auftraggeber: Opel AG, Rüsselsheim
Agentur: McCann, Frankfurt a. M.

Abb. 101 (S. 108) **Opel**
Fotografie mit Satz kombiniert, vierfarbig gedruckt. 18,5 x 13 cm
Aus: *Das Beste aus Reader's Digest* 5/65
Auftraggeber: Opel AG, Rüsselsheim
Agentur: McCann, Frankfurt a. M.
Gestaltung: McCann, Frankfurt a. M.

Abb. 102 (S. 109) **Opel**
Fotografien mit Satz kombiniert, vierfarbig gedruckt. 31 x 25 cm
Aus: *Epoca* 6/1965
Auftraggeber: Opel AG, Rüsselsheim
Agentur: McCann, Frankfurt a. M.
Gestaltung: McCann, Frankfurt a. M.

Abb. 103 (S. 111) **Opel**
Fotografien mit Satz kombiniert, einfarbig (schwarz) gedruckt.
31 x 22,5 cm
Aus: *Praline* 21/1964
Auftraggeber: Opel AG, Rüsselsheim
Agentur: McCann, Frankfurt a. M.

Abb. 104 (S. 112) **Opel**
Fotografien mit Satz und Grafik kombiniert, vierfarbig gedruckt. 31 x 25 cm
Aus: *Epoca* 4/1966
Auftraggeber: Opel AG, Rüsselsheim
Agentur: McCann, Frankfurt a. M.
Gestaltung: McCann, Frankfurt a. M.

Abb. 105 (S. 113) **Opel**
Fotografien mit Satz kombiniert, vierfarbig gedruckt. 31 x 25 cm
Aus: *Epoca* 5/1966
Auftraggeber: Opel AG, Rüsselsheim
Agentur: McCann, Frankfurt a. M.
Gestaltung: McCann, Frankfurt a. M.

Abb. 106 (S. 115) **VW**
Strichzeichnung mit Satz und Grafik kombiniert, einfarbig (schwarz) gedruckt. 17 x 12 cm
Aus: *Schauspiel Köln* Aboheft 1955/1956
Auftraggeber: Autohaus Jacob Fleischhauer GmbH & Co KG, Köln
Gestaltung: Gerd van Husen, Köln
Zeichnung: Bernd Reuters (?)

Abb. 107 (S. 116) **VW**
Farbige Zeichnung mit Handschrift und Grafik kombiniert, vierfarbig gedruckt.
24 x 17 cm
Aus: *Westermanns Monatshefte* 9/1956
Auftraggeber: VW AG, Wolfsburg
Zeichnung: Hans Looser

Abb. 108 (S. 117) **VW**
Zum Teil freigestellte Fotografien mit Satz kombiniert, vierfarbig gedruckt.
33 x 25,5 cm
Aus: *Quick* 50/1962
Auftraggeber: VW AG, Wolfsburg
Agentur: Doyle Dane Bernbach GmbH, Düsseldorf
Art-director: Paul Wollman
Text: David Herzbrun, Claus Harden
Fotografie: Charles Wilp Studios

Abb. 109 (S. 118) **VW**
Fotografie mit Satz kombiniert, einfarbig (schwarz) gedruckt. 35 x 25,5 cm
Aus: *Revue* 48/1962
Auftraggeber: VW AG, Wolfsburg
Agentur: Doyle Dane Bernbach GmbH, Düsseldorf

Abb. 110 (S. 118) **VW**
Fotografie mit Satz kombiniert, einfarbig (schwarz) gedruckt. 24 x 17 cm
Aus: *Westermanns Monatshefte* 11/1963
Auftraggeber: VW AG, Wolfsburg
Agentur: Doyle Dane Bernbach GmbH, Düsseldorf

Abb. 111 (S. 119) **VW**
Verschiedene Fotografien mit Satz kombiniert, einfarbig (schwarz) gedruckt.
36 x 26 cm
Aus: *Stern* 2/1963
Auftraggeber: VW AG, Wolfsburg
Agentur: Doyle Dane Bernbach GmbH, Düsseldorf
Art-director: Paul Wollman
Text: David Herzbrun, Claus Harden
Fotografie: Charles Wilp Studios

Abb. 112 (S. 121) **VW**
Illustration kombiniert mit Satz, zweifarbig (blau/schwarz) gedruckt. 34 x 25 cm
Aus: *Revue* 38/1963
Auftraggeber: VW AG, Wolfsburg
Agentur: Doyle Dane Bernbach GmbH, Düsseldorf

Abb. 113 (S. 123) **VW**
Zum Teil freigestellte Fotografien kombiniert mit Satz, einfarbig (schwarz) gedruckt. 35 x 25 cm
Aus: *Stern* 16/1964
Auftraggeber: VW AG, Wolfsburg
Agentur: Doyle Dane Bernbach GmbH, Düsseldorf

Abb. 114 (S. 123) **Rosenthal**
Fotografie mit Satz und Grafik kombiniert, einfarbig (schwarz) gedruckt. 18 x 12,5 cm
Aus: *Innendekoration* 8/1955
Auftraggeber: Rosenthal AG, Selb

Abb. 115 (S. 124) **VW**
Strichzeichnung mit Satz und Grafik kombiniert, einfarbig (schwarz) gedruckt.
21 x 16 cm
Aus: *DM* 22/1962
Auftraggeber: VW AG, Wolfsburg

Abb. 116 (S. 124) **VW**
Fotografie mit Satz und Grafik kombiniert, vierfarbig gedruckt. 25 x 19 cm
Aus: *Neues Rheinland* 8/1965
Auftraggeber: VW AG, Wolfsburg
Agentur: Doyle Dane Bernbach GmbH, Düsseldorf

Abb. 117 (S. 125) **VW**
Fotografie mit Satz und Grafik kombiniert, vierfarbig gedruckt. 33 x 25,5 cm
Aus: *Epoca* 2/1966
Auftraggeber: VW AG, Wolfsburg
Agentur: Doyle Dane Bernbach GmbH, Düsseldorf

Abb. 118 (S. 126) **VW**
Fotografie mit Satz und Grafik kombiniert, einfarbig (schwarz) gedruckt.
18,5 x 26 cm
Aus: *Das Beste aus Reader's Digest* 5/1965
Auftraggeber: VW AG, Wolfsburg
Werbeleiter des Auftraggebers: Helmut Schmitz
Agentur: Doyle Dane Bernbach GmbH, Düsseldorf
Kontakter: Michael Packenius
Art-director: Roy Grace
Text: Charles Ewell
Fotograf: Franz Erwin Wagner

Abb. 119 (S. 127) **VW**
Fotografie mit Satz und Grafik kombiniert, einfarbig (schwarz) gedruckt. 29 x 21 cm
Aus: *Deutsche Berufsfahrerzeitung* 9/1965
Auftraggeber: VW AG, Wolfsburg
Werbeleiter des Auftraggebers: Helmut Schmitz
Agentur: Doyle Dane Bernbach GmbH, Düsseldorf
Kontakter: Michael Packenius
Art-director: Roy Grace
Text: Charles Ewell
Fotograf: Franz Erwin Wagner

Abb. 120 (S. 128) **VW**
Farbige Illustration mit Satz kombiniert, vierfarbig gedruckt. 34 x 25,5 cm
Aus: *Quick* 47/1964
Auftraggeber: VW AG, Wolfsburg
Agentur: Doyle Dane Bernbach GmbH, Düsseldorf

Abb. 121 (S. 129) **Mercedes-Benz**
Farbige Illustration kombiniert mit Satz und Grafik, vierfarbig gedruckt.
24 x 18 cm
Aus: *Leica Fotografie* 2/1950
Auftraggeber: Daimler-Benz AG, Stuttgart
Zeichnung: Walter Gotschke
Text: Daimler-Benz AG
© VG Bild-Kunst, Bonn 1994

Abb. 122 (S. 131) **Mercedes-Benz**
Strichzeichnung mit Satz und Grafik kombiniert, zweifarbig (grau/schwarz) gedruckt.
18,5 x 13 cm
Aus: *Das Beste aus Reader's Digest* 5/1953
Auftraggeber: Daimler-Benz AG, Stuttgart
Gestaltung: Maiwald (?)
Interne Nummer: 833 (?)

Abb. 123 (S. 132) **Mercedes-Benz**
Farbige Zeichnung mit Satz und Grafik kombiniert, vierfarbig gedruckt.
18,5 x 13 cm
Aus: *Das Beste aus Reader's Digest* 6/1954
Auftraggeber: Daimler-Benz AG, Stuttgart
Zeichnung: Maiwald

Abb. 124 (S. 132) **Mercedes-Benz**
Farbige Illustration mit Satz und Grafik kombiniert, vierfarbig gedruckt.
18,5 x 13 cm
Aus: *Das Beste aus Reader's Digest* 10/1954
Auftraggeber: Daimler-Benz AG, Stuttgart
Zeichnung: Maiwald
Text: Daimler-Benz AG

Abb. 125 (S. 133) **Mercedes-Benz**
Farbige Zeichnung mit Satz kombiniert, vierfarbig gedruckt. 32,5 x 23 cm
Aus: *Neue Illustrierte* 39/1955
Auftraggeber: Daimler-Benz AG, Stuttgart
Gestaltung: Heumann, Frankfurt a. M. (?)
Interne Nummer: MR 5504

Abb. 126 (S. 134) **Mercedes-Benz**
Farbige (?) Zeichnung mit Satz und Grafik kombiniert, einfarbig (braun) gedruckt.
15,5 x 24 cm
Aus: *Constanze* 11/1955
Auftraggeber: Daimler-Benz AG, Stuttgart
Gestaltung: Heumann, Frankfurt a. M. (?)

Abb. 127 (S. 135) **Mercedes-Benz**
Strichzeichnung mit Satz und Grafik kombiniert, einfarbig(braunschwarz) gedruckt.
15 x 24 cm
Aus: *Neue Illustrierte* 23/1954
Auftraggeber: Daimler-Benz AG, Stuttgart
Gestaltung: WW (?)
Zeichnung: Maiwald

Abb. 128 (S. 137) **Mercedes-Benz**
Auf der Druckplatte farblich verstärkte Fotografie mit Satz und Grafik kombiniert, vierfarbig gedruckt. 36 x 25 cm
Aus: *Film und Frau* 23/1958
Auftraggeber: Daimler-Benz AG, Stuttgart
Gestaltung: Heumann, Frankfurt a. M. (?)
Fotografie: Daimler-Benz AG
Text: Daimler-Benz AG
Interne Nummer: 895 PG

Abb. 129 (S. 139) **Mercedes-Benz**
Fotografie (?) mit Zeichnung, Satz und Grafik kombiniert, einfarbig (braun) gedruckt.
35 x 18 cm
Aus: *Film und Frau* 10/1956
Auftraggeber: Daimler-Benz AG, Stuttgart
Gestaltung: Heumann, Frankfurt a. M. (?)
Interne Nummer: 1049 MPI 5602

Abb. 130 (S. 140) **Mercedes-Benz**
Farbige Zeichnung mit Satz und Grafik kombiniert, vierfarbig gedruckt. 18,5 x 13 cm
Aus: *Das Beste aus Reader's Digest* 9/1958
Auftraggeber: Daimler-Benz AG, Stuttgart
Gestaltung: Heumann, Frankfurt a. M. (?)
Interne Nummer: 818 J

Abb. 131 (S. 141) **Mercedes-Benz**
Dreifarbig angelegte Zeichnung (?) kombiniert mit Satz und Grafik, einfarbig gedruckt. 31,5 x 23,5 cm
Aus: *Praline* 19/1959
Auftraggeber: Daimler-Benz AG, Stuttgart
Gestaltung: Heumann, Frankfurt a. M. (?)
Zeichnung: Kopp oder Bracq
Text: Daimler-Benz AG
Interne Nummer: 985 PG

Abb. 132 (S. 142) **Mercedes-Benz**
Farbige (?) Zeichnungen mit Satz und Grafik kombiniert, einfarbig (schwarz) gedruckt.
29 x 21,5 cm
Aus: *Auto Motor und Sport* 8/1962
Auftraggeber: Daimler-Benz AG, Stuttgart
Gestaltung: Heumann, Frankfurt a. M. (?)
Interne Nummer: 256 PGF

Abb. 133 (S. 143) **Mercedes-Benz**
Fotografie mit Satz und Grafik kombiniert, einfarbig (schwarz) gedruckt. 23,5 x 16,5 cm
Aus: *Westermanns Monatshefte* 6/1961
Auftraggeber: Daimler-Benz AG, Stuttgart
Gestaltung: Heumann, Frankfurt a. M. (?)
Interne Nummer: 168 PG

Abb. 134 (S. 144) **Mercedes-Benz**
Fotografie mit Satz und Grafik kombiniert, vierfarbig gedruckt. 24 x 16 cm
Aus: *Westermanns Monatshefte* 11/1963
Auftraggeber: Daimler-Benz AG, Stuttgart
Gestaltung: Heumann, Frankfurt a. M. (?)
Interne Nummer: 3262 PGF

Abb. 135 (S. 144) **Mercedes-Benz**
Fotografie kombiniert mit Satz und Grafik, vierfarbig gedruckt. 35,5 x 25,5 cm
Aus: *Constanze* 17/1964
Auftraggeber: Daimler-Benz AG, Stuttgart
Gestaltung: Heumann, Frankfurt a. M. (?)
Fotografie: Daimler-Benz AG
Text: Daimler-Benz AG
Interne Nummer: 413 Alm

Abb. 136 (S. 145) **Mercedes-Benz**
Fotografie mit Satz und Grafik kombiniert, vierfarbig gedruckt. 24 x 16 cm
Aus: *Westermanns Monatshefte* 6/1963
Auftraggeber: Daimler-Benz AG, Stuttgart
Agentur: Heumann Werbegesellschaft mbH & Co, Frankfurt a. M.
Fotografie: Studio Kipp, Frankfurt a. M.
Interne Nummer: 3158 Ma 1

Abb. 137 (S. 147) **Mercedes-Benz**
Fotografie mit Satz und Grafik kombiniert, einfarbig (schwarz) gedruckt. 30 x 42 cm
Aus: *Auto Motor und Sport* 20/1965
Auftraggeber: Daimler-Benz AG, Stuttgart
Agentur: Heumann, Ogilvy & Mather GmbH & Co., Frankfurt a. M.
Gestaltung: Heumann, Frankfurt a. M.
Fotografie: Goetz E. Sobek, Frankfurt a. M. Perathona, Stuttgart
Interne Nummer: 5176 Pl

Abb. 138 (S. 148) **Mercedes-Benz**
Fotografie mit Satz und Grafik kombiniert, vierfarbig gedruckt. 23,5 x 16 cm
Aus: *Westermanns Monatshefte* 12/1966
Auftraggeber: Daimler-Benz AG, Stuttgart
Gestaltung: Heumann, Frankfurt a. M. (?)
Interne Nummer: 6142 Alm

Abb. 139 (S. 148) **Mercedes-Benz**
Fotografie mit Satz und Grafik kombiniert, vierfarbig gedruckt. 31 x 25 cm
Aus: *Epoca* 5/1965
Auftraggeber: Daimler-Benz AG, Stuttgart
Agentur: Heumann, Ogilvy & Mather GmbH & Co., Frankfurt a. M.
Gestaltung: Heumann, Werbegesellschaft
Fotografie: Tom Gublin, Zürich (?)
Interne Nummer: 582 Pl

Abb. 140 (S. 149) **Mercedes-Benz**
Fotografie mit Satz und Grafik kombiniert, vierfarbig gedruckt. 31 x 25 cm
Aus: *Epoca* 5/1967
Auftraggeber: Daimler-Benz AG, Stuttgart
Gestaltung: Heumann, Frankfurt a. M. (?)
Interne Nummer: 719 Pl

Abb. 141 (S. 151) **BMW**
Fotografien mit Satz und Grafik kombiniert, einfarbig (schwarz) gedruckt. 18,5 x 13 cm
Aus: *Das Beste aus Reader's Digest* 6/1954
Auftraggeber: BMW AG, München
Agentur: Dorland, München
Gestaltung: Dorland, München

Abb. 142 (S. 152) **BMW**
Fotografie mit Satz und Grafik kombiniert, einfarbig (braun) gedruckt. 17 x 24,5 cm
Aus: *Freundin* 8/1958
Auftraggeber: BMW AG, München

Abb. 143 (S. 153) **BMW**
Handzeichnungen, ein Logo und eine Fotografie mit Satz kombiniert, zweifarbig (braun/gold) gedruckt. 36 x 26 cm
Aus: *Film und Frau* 26/1953
Auftraggeber: BMW AG, München

Abb. 144 (S. 154) **BMW**
Strichzeichnungen mit Satz und Grafik kombiniert, einfarbig (schwarz) gedruckt.
16,5 x 24 cm
Aus: *Neue Revue* 52/1958
Auftraggeber: BMW AG, München

Abb. 145 (S. 155) **BMW**
Freigestellte Fotografie (?) mit Satz und Grafik kombiniert, einfarbig (schwarz) gedruckt.
25 x 24,5 cm
Aus: *Constanze* 10/1963
Auftraggeber: BMW AG, München

Abb. 146 (S. 156/157) **BMW**
Freigestellte Fotografien mit Satz und Grafik kombiniert, einfarbig (braun) gedruckt.
8 x 49 cm
Aus: *Für Sie* 22/1959
Auftraggeber: BMW AG, München

Abb. 147 (S. 158) **BMW**
Fotografie mit Satz und Grafik kombiniert, einfarbig (schwarz) gedruckt. 35 x 25 cm
Aus: *Constanze* 30/1965
Auftraggeber: BMW AG, München
Agentur: Werbe-Gramm, Gesellschaft für Wirtschaftswerbung K.G., Düsseldorf

Abb. 148 (S. 158) **BMW**
Fotografie mit Satz und Grafik kombiniert, einfarbig (schwarz) gedruckt. 35 x 24,5 cm
Aus: *Constanze* 31/1965
Auftraggeber: BMW AG, München
Agentur: Werbe-Gramm, Gesellschaft für Wirtschaftswerbung K.G., Düsseldorf

Abb. 149 (S. 159) **BMW**
Fotografie mit Satz und Grafik kombiniert, einfarbig (schwarz) gedruckt. 31 x 25 cm
Aus: *Epoca* 10/1967
Auftraggeber: BMW AG, München
Agentur: Werbe-Gramm, Gesellschaft für Wirtschaftswerbung K.G., Düsseldorf

Abb. 150 (S. 160) **Renault**
Farbige (?) Zeichnung mit Satz und Grafik kombiniert, einfarbig (braun) gedruckt.
16,5 x 24 cm
Aus: *Film und Frau* 8/1959
Auftraggeber: Deutsche Renault Automobilgesellschaft, Brühl
Gestaltung: Gerd van Husen, Köln

Abb. 151 (S. 161) **Citroën**
Fotografie mit zum Teil farbigem Satz und Grafik kombiniert, vierfarbig gedruckt. 29 x 21 cm
Aus: *Elegante Welt* 6/1959
Auftraggeber: Citroën Automobil AG, Köln

Abb. 152 (S. 162) **Wartburg**
Fotografie mit Satz kombiniert, einfarbig (schwarz) gedruckt. 9 x 13 cm
Aus: *Stern* 52/1959
Auftraggeber: TM, Berlin DDR (?)

Abb. 153 (S. 163) **Renault**
Freigestellte Fotografien mit Satz und Grafik kombiniert, einfarbig (schwarz) gedruckt.
31,5 x 23,5 cm
Aus: *Das Schönste* 5/1961
Auftraggeber: Deutsche Renault Automobilgesellschaft, Brühl

Abb. 154 (S. 164) **BMC**
Fotografie mit Satz und Grafik kombiniert, einfarbig (schwarz) gedruckt.
18,5 x 13 cm
Aus: *Das Beste aus Reader's Digest* 7/1962
Auftraggeber: Nuffield Exports Ltd. Cowley Oxford, England

Abb. 155 (S. 164) **Citroën**
Freigestellte Fotografie mit Zeichnung und Satz kombiniert, einfarbig (schwarz) gedruckt.
35 x 26 cm
Aus: *Quick* 38/1962
Auftraggeber: Citroën Automobil AG, Porz

Abb. 156 (S. 165) **Renault**
Farbige (?) Zeichnung mit Satz und Grafik kombiniert, einfarbig (braun) gedruckt.
34 x 24 cm
Aus: *Constanze* 6/60
Auftraggeber: Deutsche Renault Automobilgesellschaft, Brühl
Zeichnung: René Ahrlé

Abb. 157 (S. 166) **Hillmann**
Freigestellte Fotografie (?) kombiniert mit Satz und Strichzeichnung, einfarbig (schwarz) gedruckt. 17 x 24 cm
Aus: *Quick* 20/1962
Auftraggeber: Rootes Autos (Deutschland) GmbH, Düsseldorf

Abb. 158 (S. 169) **Daf**
Strichzeichnung mit Satz kombiniert, einfarbig (schwarz) gedruckt. 17 x 24 cm
Aus: *Revue* 45/1962
Auftraggeber: Daf Automobilgesellschaft, Düsseldorf

Abb. 159 (S. 170) **Fiat**
Strichzeichnung mit Satz und Grafik kombiniert, einfarbig (schwarz) gedruckt. 29 x 22 cm
Aus: *Auto Motor und Sport* 26/1964
Auftraggeber: Deutsche Fiat AG, Heilbronn

Abb. 160 (S. 170) **Fiat**
Strichzeichnung kombiniert mit Satz, einfarbig (schwarz) gedruckt.
29 x 21 cm
Aus: *mot* 12/1962
Auftraggeber: Deutsche Fiat AG, Heilbronn

Abb. 161 (S. 172) **Simca**
Retuschierte freigestellte Fotografie kombiniert mit technischen Fonds, Satz und Grafik, einfarbig (schwarz) gedruckt. 17 x 24,5 cm
Aus: *Quick* 21/1962
Auftraggeber: Deutsche Simca, Raunheim/Hessen

Abb. 162 (S. 173) **Skoda**
Strichzeichnungen mit Satz und Grafik kombiniert, einfarbig (schwarz) gedruckt.
18 x 24,5 cm
Aus: *Neue Illustrierte* 13/1964
Auftraggeber: Auto Pachtner, München

Abb. 163 (S. 174) **Volvo**
Fotografien mit Satz und Grafik kombiniert, einfarbig (schwarz) gedruckt.
28,5 x 21 cm
Aus: *Auto Motor und Sport* 23/1964
Auftraggeber: Volvo GmbH, Frankfurt a. M.

Abb. 164 (S. 174) **Saab**
Strichzeichnungen mit Satz und Grafik kombiniert, einfarbig (schwarz) gedruckt.
28 x 20 cm
Aus: *Auto Motor und Sport* 10/1964
Auftraggeber: Svenska Aeroplan AB (Saab), Linköping, Schweden

Abb. 165 (S. 175) **Peugeot**
Strichzeichnungen mit Satz und Grafik kombiniert, einfarbig (schwarz) gedruckt.
29 x 21,5 cm
Aus: *Auto Motor und Sport* 5/1965
Auftraggeber: Peugeot Deutschland
Gestaltung: Stigulinszky (?)

Abb. 166 (S. 176) **Honda**
Strichzeichnung mit Satz und Grafik kombiniert, einfarbig (schwarz) gedruckt. 10 x 18 cm
Aus: *Großer Preis von Europa* 1968
Auftraggeber: Honda Deutschland GmbH, Offenbach

Abb. 167 (S. 177) **Wartburg**
Fotografie mit zum Teil farbigem Satz, Strichzeichnung und Grafik kombiniert, vierfarbig gedruckt. 31 x 25 cm
Aus: *Epoca* 3/1967
Auftraggeber: TM, Berlin DDR

Abb. 168 (S. 178) **Sunbeam**
Freigestellte Fotografie mit farbiger (?) Illustration, Satz und Grafik kombiniert, einfarbig (schwarz) gedruckt. 17 x 24,5 cm
Aus: *Revue* 45/1962
Auftraggeber: Rootes Autos (Deutschland) GmbH, Düsseldorf

Abb. 169 (S. 179) **Jaguar**
Strichzeichnung mit Satz kombiniert, einfarbig (schwarz) gedruckt. 25 x 31 cm
Aus: *Epoca* 4/1964
Auftraggeber: Peter Lindner, Frankfurt a. M.

Abb. 170 (S. 181) **Simca**
Farbige (?) Illustration mit Strichzeichnung, Satz und Grafik kombiniert, einfarbig (schwarz) gedruckt. 34 x 13 cm
Aus: *Revue* 48/62
Auftraggeber: Deutsche Simca, Raunheim/Hessen

Cover: Abb. 1
Ford
Naturerlebnis und Autofahrt
(noch) in ungetrübter Harmonie.
Aus: *Constanze* 3/1959

Backcover: Abb. 2
Mercedes-Benz
Für Herrn Adenauer unverzichtbar, aber
ansonsten nicht der »große Erfolg« – der Typ *300.*
Aus: *Das Beste aus Reader's Digest* 3/1952

Seite 1: Abb. 3
Opel
Das *Opel*-Credo: »liebenswert [...] solide [...]
bescheiden« – und erfolgreich.
Aus: *Film und Frau* 26/1962

Seite 4: Abb. 4
Borgward
Der beste Anzeigenkunde unter den
Autoherstellern hatte naturgemäß auch die
besten Beziehungen zu den Redaktionen.
Aus: *Freundin* 13/1954

Die Deutsche Bibliothek – CIP-Einheitsaufnahme
Automobilwerbung in Deutschland 1948–1968 :
Bilder eines Aufstiegs / Michael Kriegeskorte. –
Köln : DuMont, 1994
ISBN 3-7701-3311-0
NE: Kriegeskorte, Michael

Satz: Fotosatz Harten, Köln
Reproduktion: APEX, Köln
Druck und buchbinderische Verarbeitung:
Druckerei Uhl, Radolfzell

Printed in Germany ISBN 3-7701-3311-0